21世纪应用型本科计算机专业实验系列教材

江苏省高等学校精品教材

网络安全实验教程

第二版

主编 乐德广

主审 屠立忠

南京大学出版社

图书在版编目(CIP)数据

网络安全实验教程/乐德广主编. —2版. —南京：南京大学出版社，2016. 1

21世纪应用型本科计算机专业实验系列教材

ISBN 978-7-305-16407-1

Ⅰ. ①网… Ⅱ. ①乐… Ⅲ. ①计算机网络—安全技术—高等学校—教材 Ⅳ. ①TP393. 08

中国版本图书馆CIP数据核字(2016)第009942号

出版发行 南京大学出版社
社 址 南京市汉口路22号 邮编 210093
出 版 人 金鑫荣

丛 书 名 21世纪应用型本科计算机专业实验系列教材
书 名 网络安全实验教程(第二版)
主 编 乐德广
责任编辑 揭维光 吴 汀 编辑热线 025-83686531

照 排 南京理工大学资产经营有限公司
印 刷 南京人民印刷厂
开 本 787×960 1/16 印张 16.5 字数 360千
版 次 2016年1月第2版 2016年1月第1次印刷
ISBN 978-7-305-16407-1
定 价 34.00元

网 址：http://www.njupco.com
官方微博：http://weibo.com/njupco
官方微信号：njupress
销售咨询热线：(025)83594756

前　言

随着互联网安全的日益重要，对网络安全专业人才的需求也与日俱增。目前，国内外许多高等院校纷纷将网络安全作为计算机专业的必修专业课程，甚至开设了网络安全专业，以培养网络安全方面的专业人才。长期以来，编者一直从事网络安全方面的教学、科研及其技术产品开发工作，经过编者多年的网络安全教学实践发现网络安全不仅是一门综合性课程，也是一门具有很强实践性的课程，学生对于网络安全概念与原理的理解深度往往取决于其在实践操作中的感性认识程度。为此，我们在“21 世纪应用型本科计算机专业实验教材编委会”的组织下编写了网络安全实验教程，以满足高校在网络安全专业人才培养中的实验教学需求。

本书基于 P2DR 模型覆盖了网络安全的防御、检测和响应三大领域，以满足不同学院和专业的网络安全课程的实验教学需求。另外，本书的实验设计注意层次性，保证实验指导、实验报告和综合实训三位一体，有机结合，体现由浅入深、逐步提高的学习过程。因此，我们根据以上设计考虑将本书分 9 章共 18 个实验项目和 1 个综合实训项目。

第 1 章学习和掌握网络安全中的第一个环节，如何利用密码技术对计算机系统的各种数据信息进行加密保护实验，实现网络安全中的数据信息保密性服务。该章属于网络安全防御领域，包含 3 个实验项目。

第 2 章学习和掌握网络安全中的第二个环节，如何利用身份认证技术对计算机和网络系统的各种资源进行身份认证保护实验，实现网络安全中的信息鉴别性服务。该章属于网络安全防御领域，包含 2 个实验项目。

第 3 章学习和掌握网络通信中合法用户数据信息的安全传输，如何利用密码技术对网络通信中传输数据进行加密保护，并对通信用户和传输数据进行身份认证实验，实现网络安全中的保密性、鉴别性和完整性服务。该章属于网络安全防御领域，包含 3 个实验项目。

第 4 章学习和掌握如何利用防火墙技术对网络通信中的各种传输数据进行鉴别和控制实验，实现网络安全中的保密性和鉴别性服务。该章属于网络安全防御领域，包含 2 个实验项目。

第 5 章学习和掌握各种网络安全扫描技术的操作实验，并能综合运用网络安全扫描技术进行网络安全分析，有效避免网络攻击行为。该章属于网络安全检测领域，包含 2 个实验项目。

第 6 章学习各种网络监听技术的操作实验，以及掌握能够利用网络监听工具进行分析、诊断、测试网络安全性的能力。该章属于网络安全检测领域，包含 2 个实验项目。

第 7 章学习和掌握各种入侵检测系统的基本原理、操作与应用实验。该章属于网络安

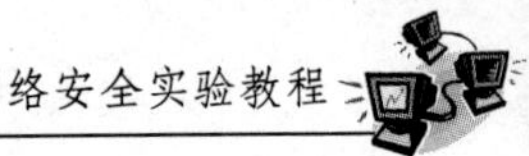

全检测领域,包含2个实验项目。

第8章学习并掌握数据恢复的基本操作和方法,包括磁盘克隆与镜像和删除文件恢复等。该章属于网络安全响应领域,包含2个实验项目。

第9章进一步学习和掌握网络安全的各种技术原理与应用,及在一个实际网络通信系统中的综合运用与有效设计和部署。

在本书的每个实验项目中,分别从实验目的、实验原理、实验环境、实验内容、实验步骤和实验报告六个方面进行设计,并力求做到实验目的明确、实验原理清晰、实验环境简单、实验内容具体、实验步骤详细和实验报告灵活。

与第一版教程相比,本书从以下几方面进行了改进:① 在实验内容方面,采用新的操作系统和应用,使本书的实验内容符合当前主流的操作系统与应用;② 在实验环境方面,采用虚拟化技术实现实验所需的网络环境,不但实验院校不需要网络安全实验设备等硬件投入,而且实验教师无需进行复杂的专业实验设备培训;③ 在实验步骤方面,学生在实验课中无需进行实验环境部署,把有限的实验课时间花在关键的实验步骤上,提高实验效率。总之,本书以促进学生综合能力培养为出发点,符合网络安全专业人才培养目标及课程教学的要求,着重应用技能的培养。

本书在编写出版过程中得到了各位编写老师的大力支持和帮助,常晋义老师和徐文彬老师更给予编者深切的关怀与鼓励。特别要感谢屠立忠教授,他在百忙之中对该教材进行了仔细的审阅,并提出了许多宝贵的意见。此外,在本书的编写过程中还得到了其他众多网络安全专家的指导、审阅及宝贵的意见和建议,在此一并表示真诚的感谢。

本书的所有实验项目已经在相应的实验环境下测试通过,并已经在本科生的网络安全课程的实验教学中运用。本书作为教材,在具体实验授课中,实验教师可以根据具体的理论课程情况和课时安排进行取舍,选择一部分给学生做,也可以给不同需求的学生做不同层次的实验。为了便于教学和实验操作,本书配有各实验项目所需要的程序和代码,学生可以直接使用这些程序和代码来完成相应的实验项目操作。由于编者水平有限,书中难免疏漏和错误之处,如果发现书中有任何问题或者有改进意见,请读者和编者直接联系:ledeguang@gmail.com,给予批评指正,以期再版时修订。

编　者

2016年1月

目　录

第 1 章　数据安全与保密

随着互联网时代的到来，计算机不再是以单机的形式存在，它已经是成为整个互联网的一份子。由于现有的互联网不是一个绝对安全的网络，各种病毒和木马就常常入侵用户的计算机系统，篡改、删除或窃取存储在计算机系统上的各种数据信息。因此，如何保护计算机系统上的数据信息是网络安全中需要面对和解决的基本问题。目前，对数据进行加密变换是对计算机系统的数据信息进行安全保护的最实用和最可靠的方法。在本章中，我们将学习和掌握网络安全中的第一个环节，如何利用密码技术对计算机系统的各种数据信息进行加密保护实验，实现网络安全中的数据信息保密性服务。

实验 1.1　Word 文件加解密实验

【实验目的】

(1) 了解和学习 Word 文件加密原理与技术。
(2) 学习和掌握 Word 文件加密方法。
(3) 思考：
① Microsoft Word 2010 能为其文档提供哪些安全服务？
② Microsoft Word 2010 采用哪种加密算法？
③ Microsoft Word 2010 采用的加密算法与 Word 2003 有什么不同？

【实验原理】

在现实网络通信中，威胁和攻击的形式一般分为两类：① 对通信实体的威胁和攻击；② 对数据信息的威胁和攻击。其中，对数据信息的人为故意威胁，称为信息攻击，简称攻击。常见的攻击主体包括黑客、未授权者和非法入侵者，他们的攻击手段随着能力、目的、时间和工具等的不同而千变万化。一般而言，攻击的主要目的是破坏数据信息的机密性、完整性、真实性、可用性和可控性。为此，我们常常利用密码技术来防止攻击者对数据信息的威胁和攻击。

1. 数据保密原理与技术

计算机密码学是研究计算机信息加密、解密及其变换的科学，是数学和计算机的交叉学科，也是一门新兴的学科。随着计算机网络安全和计算机通讯技术的发展，计算机密码学得到前所未有的重视并迅速普及和发展起来。目前，它已成为计算机安全主要的研究方向，也是计算机安全课程教学中的主要内容。

(1) 数据保密安全基本原理

计算机系统中存储的数据信息及其在网络信道中传输的数据信息的安全问题，主要是数据信息的保密性，即防止非法获悉数据；二是数据的完整性，即防止非法修改数据。

解决上述问题的基础是现代密码学。现代密码学所采用的加密方法通常是用一定的数学计算操作来改变原始信息。用某种方法伪装消息并隐藏它的内容，称作加密(Encryption)。待加密的消息称作明文(Plaintext)，所有明文的集合称为明文空间；被加密以后的消息称为密文(Ciphertext)，所有密文的集合称为密文空间。把密文转变成明文的过程，称为解密(Decryption)。其中，加解密运算是由一个算法类组成的，这些算法的不同运算可用不同的参数表示，这些参数称作密钥，密钥空间是所有密钥的集合。因此，一个密码系统包含明文空间、密文空间、密钥空间和算法及其密钥。简单加密和解密过程如图 1.1.1 所示。

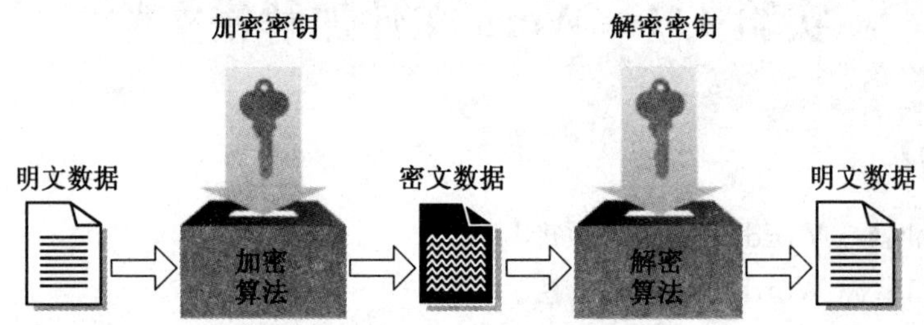

图 1.1.1 数据加解密基本原理

从图中可以看出，密码系统的两个基本单元是算法和密钥。其中，算法是相对稳定的，视为常量；密钥则是不固定的，视为变量。密钥安全性是密码系统安全的关键。为了密码系统的安全，频繁更换密钥是必要的；且在密钥的分发和存储时，应当特别小心。发送方用加密密钥，通过加密算法或设备，将信息加密后发送出去。接收方在收到密文后，用解密密钥通过解密算法将密文解密，恢复为明文。如果传输中有人窃取，他只能得到无法理解的密文，从而对信息起到保密作用。

(2) 数据加密技术

在密码系统中，算法与相应的密钥构成一个密码体制。根据密钥的特点，密码体制分为对称密钥密码体制与公钥密码体制。其中，对称密钥密码体制也称为私钥密码体制或单密钥密码体制。在对称密钥密码体制中，加密密钥与解密密钥是相同的或从一个容易推出另一个。公钥密码体制也称为非对称密钥密码体制或双密钥密码体制。在公钥密码体制中，加密密钥与解密密钥是不同的或从一个很难推出另一个。

根据加密的不同方式，对称密钥密码可分为分组密码(Block Cipher)和流密码(Stream

Cipher)。其中,分组密码将明文按一定的位长分组,输出也是固定长度的密文。明文组经过加密运算得到密文分组。解密时密文分组经过解密运算还原成明文分组。分组密码的优点是密钥可以在一定时间内固定,不必每次变换,因此给密钥配发带来了方便。DES(Data Encryption Standard)密码是 1977 年由美国国家标准局公布的第一个分组密码。目前,国际上公开的分组密码算法有 100 多种,例如,Lucifer、IDEA、SAFER 等,以及 2000 年 2 月制定和评估的高级数据加密标准 AES(Advanced Encryption Standard)。对这些算法感兴趣的读者可在 Schneier 的 Applied Cryptography:Protocals,Algorithms, and Source Code in C 一书和会议论文集 Fast Software Encryption 中找到它们的详细论述。

流密码又称序列密码,它将明文信息按单个字符(一般以二进制位 bit 为单位)一个一个地进行加密运算产生密文。在流密码中,通常使用称为密钥流的一个位序列作为密钥对明文逐位应用"异或"运算。有些序列密码基于一种称作线形反馈移位寄存器(Linear Feedback Shift Register,LFSR)的机制,该机制生成一个二进制位序列。常用的流密码算法包括 RC4、A5、软件优化加密算法(Software Optimized Encryption Algorithm,SEAL)、SNOW2.0、WAKE 和 PKZIP 等算法。与分组密码相比,序列密码具有更快速度。

在对称密钥密码体制中,解密密钥与加密密钥相同或容易从加密密钥推导出,加密密钥的暴露会使系统变得不安全,因此使用对称密钥密码体制在传送任何密文之前,发送者和接收者必须使用一个安全信道预先通信传输密钥,称为安全密钥交换,这在实际通信中做到这一点很困难。公钥密码体制能很好地解决对称密钥密码体制中的安全性问题。在公钥密码中,解密密钥和加密密钥不同,从一个难于推出另一个,解密和加密是可分离的,加密密钥是可以公开的。公钥密码系统的观点是由 Diffie 和 Hellman 在 1976 年首次提出的,称为 Diffie-Hellman 算法,它使密码学发生了一场革命。1977 年由 Rivest,Shamir 和 Adleman 提出了第一个比较完善的公钥密码算法,这就是著名的 RSA 算法。自那时起,人们基于不同的计算问题,提出了大量的公钥密码算法,代表性的算法有 DSA 算法、Merke-Hellman 背包算法和椭圆曲线算法等。

2. Microsoft Word 加密安全保护

Microsoft Word 软件是常用的办公软件之一,它除了可以编辑文档外,还可以对 Word 文档自身进行加密,以确保文档的安全。

(1) Microsoft Word 加密原理与技术

Microsoft Word 2010 默认采用密钥长度为 128 位的高级数据加密标准 AES 算法实现对 Word 数据的加密保护。AES 加密是可用的业界最强标准算法,并由美国国家安全局(NSA)选择用作美国政府的标准。早期 Microsoft Word 2003 则采用 RC4 对称流加密技术实现对 Word 文档信息的加密保护。

(2) Microsoft Word 文档的保护方式

Microsoft Word 2010 程序提供了多种不同的方法来保护文档。这些方法是操作系统级别功能的补充，并与系统级功能一起使用。表 1.1.1 列出了 Microsoft Word 2010 为文档提供的五种不同保护方式。

表 1.1.1 Microsoft Word 2010 文档保护类型

文档保护类型	描 述
标记为最终状态	此保护可以令 Word 将文档标记为只读模式，Word 在打开一个已经标记为最终状态的文档时，将自动禁用所有编辑功能。
用密码进行加密	此保护需要用户输入密码才能打开文件。文档被加密，因此只有知道密码的用户才能阅读文档。
限制编辑	限制编辑功能提供了三个选项：格式设置限制、编辑限制、启动强制保护。其中，格式设置限制可以有选择地限制格式编辑选项，用户可以点击其下方的“设置”进行格式选项自定义；编辑限制可以有选择地限制文档编辑类型，包括“修订”、“批注”、“填写窗体”以及“不允许任何更改(只读)”；启动强制保护可以通过密码保护或用户身份验证的方式保护文档。
按人员限制权限	按人员限制权限可以通过 Windows Live ID 或 Windows 用户帐户限制 Word 文档的权限。用户可以选择使用一组由企业颁发的管理凭据或手动设置“限制访问”对 Word 文档进行保护。
添加数字签名	利用数字签名技术对文件、文档、表达式、工作表及其他数据文件进行签署。如果对整个文件进行签署，则可保证文件在签署后不能再进行修改。

在表 1.1.1 中，限制编辑选项不对文档进行密码加密。因此，此安全性有可能遭到攻击。如果存在此风险，建议加密文档。

(3) Microsoft Word 支持的加密类型

表 1.1.2 列出了 Micorsoft Word 支持的加密类型及其描述。

表 1.1.2 Micorsoft Word 加密类型

加密类型	描 述
密码保护的 Word 2007—2013 文件的加密类型	允许在可用的加密服务提供程序 (CSP) 中为 Word 2007—2013(Open XML)文件指定加密类型。Word 可用的加密算法取决于可通过 Windows 操作系统中的 API(应用程序编程接口)访问的算法。Office 2010 除了支持加密 API (CryptoAPI) 之外，还支持 CNG(CryptoAPI：下一代加密技术)。Word 2010 支持 CNG 以下加密算法：AES、DES、DESX、3DES、3DES_112 和 RC2。

（续表）

加密类型	描　　述
受密码保护的 Word 97—2003 文件的加密类型	允许在可用的加密服务提供程序（CSP）中为 Word 97—2003（二进制）文件指定加密类型。在使用此设置时支持的加密算法是 RC4。

【实验环境】

1. 实验配置

本实验所需的软硬件配置如表 1.1.3 所示。

表 1.1.3　Word 文件加解密实验配置

配　置	描　　述
硬件	CPU：Intel Core i7 4790 3.6GHz；主板：Intel Z97；内存：8G DDR3 1333
系统	Windows
应用软件	Vmware Workstation；Microsoft Office 2010

2. 实验环境

本实验的环境如图 1.1.2 所示。

图 1.1.2　Word 文件加解密实验环境

【实验内容】

（1）Microsoft Word 文档加密保护。

（2）Microsoft Word 文档编辑保护。

（3）加密 Microsoft Office 其他类型文档。

【实验步骤】

1. Word 文档加密保护

（1）检查安装 Microsoft Office 2010 软件

(2) 打开需要加密的 Word 文档

在 Windows 系统下用鼠标双击需要加密的 Word 文档,例如:"销售合同.docx",如图 1.1.3 所示。

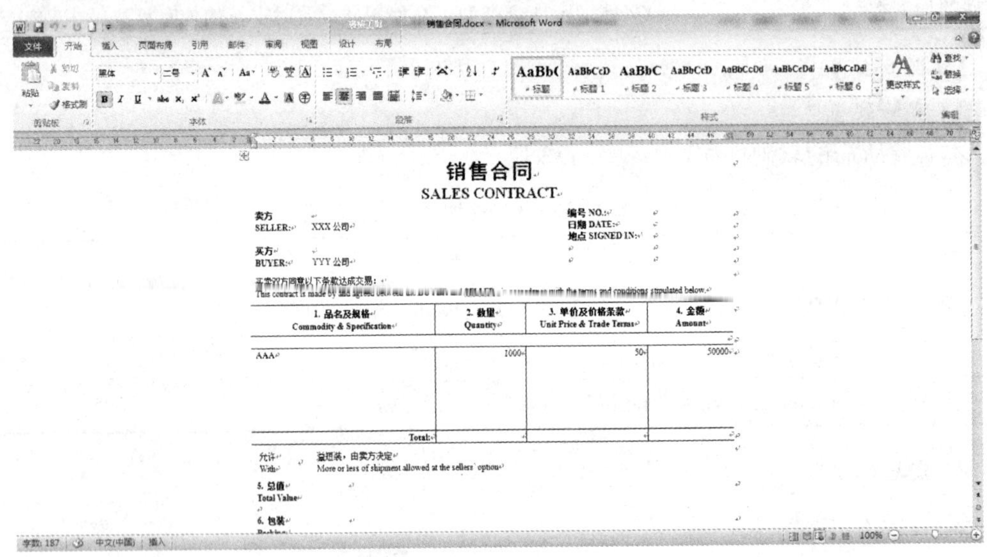

图 1.1.3 保密文档

(3) Word 选项设置

在 Word 操作界面的"文件"菜单上,单击"信息"子菜单,如图 1.1.4 所示。

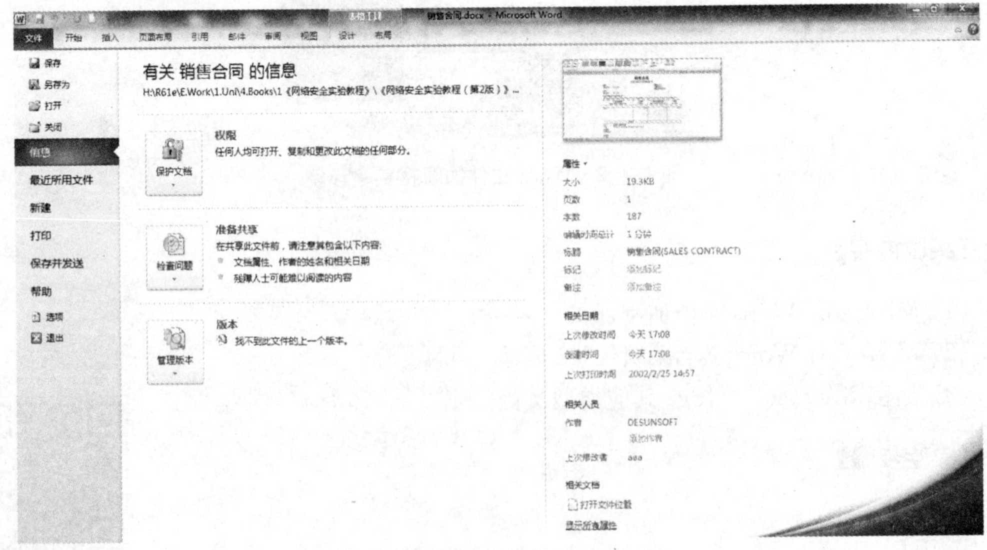

图 1.1.4 Word 文档信息子菜单

(4) Word 安全性设置

在 Word 文档“信息”子菜单中，单击“文档保护”按钮，弹出文档保护类型列表，如图 1.1.5所示。

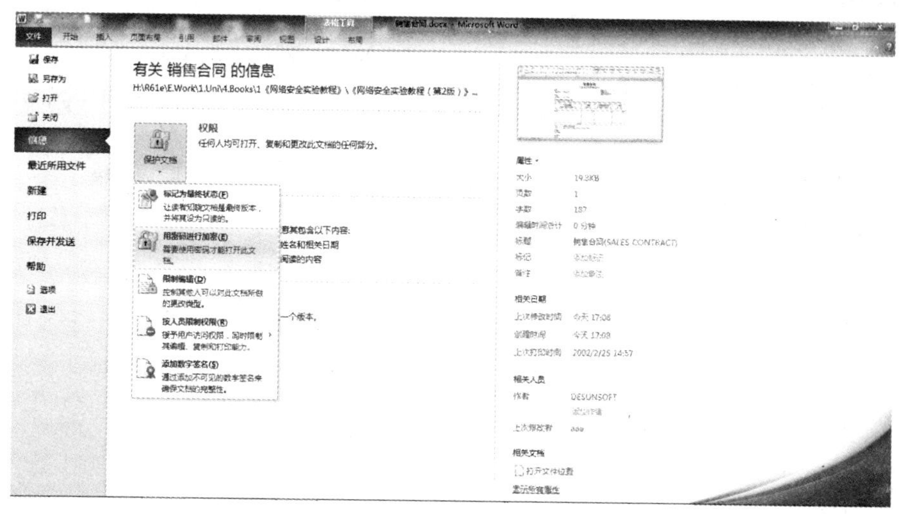

图 1.1.5　文档保护类型列表

(5) 选择文档包含类型

在“文档保护类型”列表中，单击“用密码进行加密”保护类型，弹出如图 1.1.6 所示的对话框。

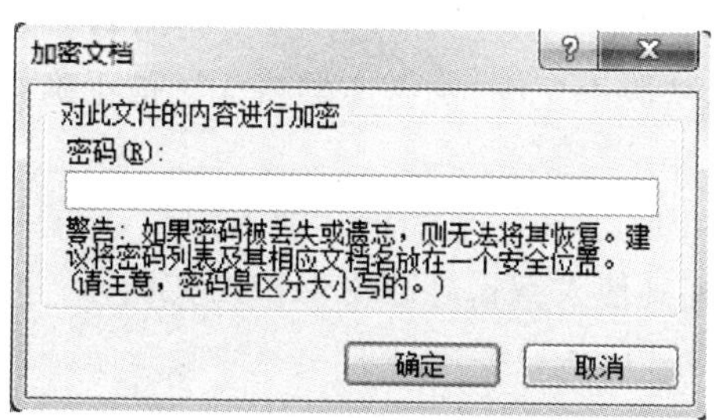

图 1.1.6　加密文档对话框

(6) 设置“打开文件”密码

在“加密文档”对话框中键入密码 desedfj，如图 1.1.7 所示，然后单击“确定”按钮。

在弹出的“确认密码”对话框中再次键入该密码，如图 1.1.8 所示，然后单击“确定”按钮。

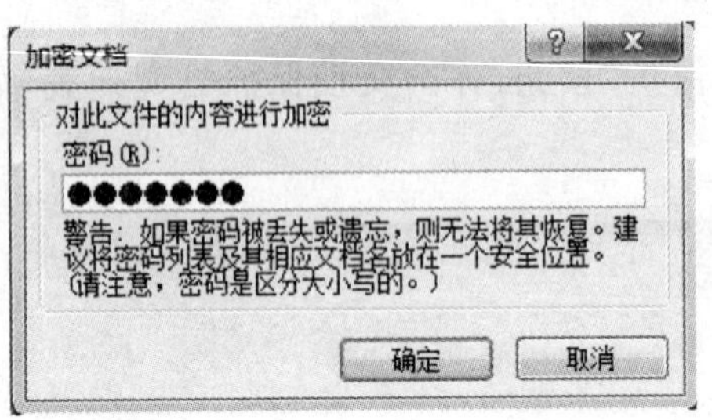

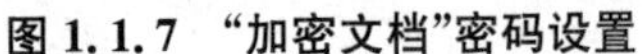
图 1.1.7 “加密文档”密码设置

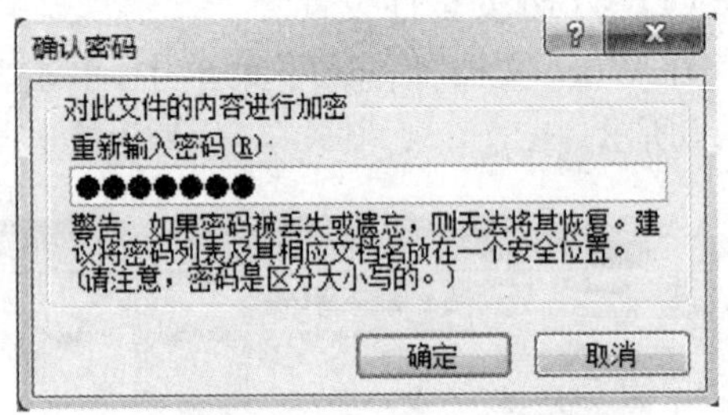

图 1.1.8 确认密码

保存加密文档，并退出。

(7) 验证

在 Windows 下用鼠标双击加密后的文档“销售合同. docx”，出现如图 1.1.9 所示的对话框。

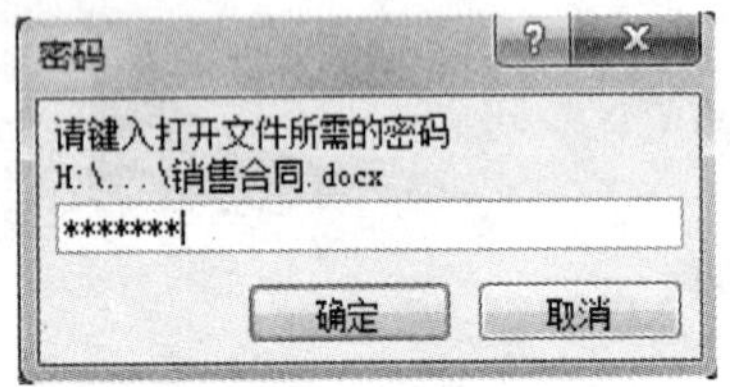

图 1.1.9 密码验证对话框

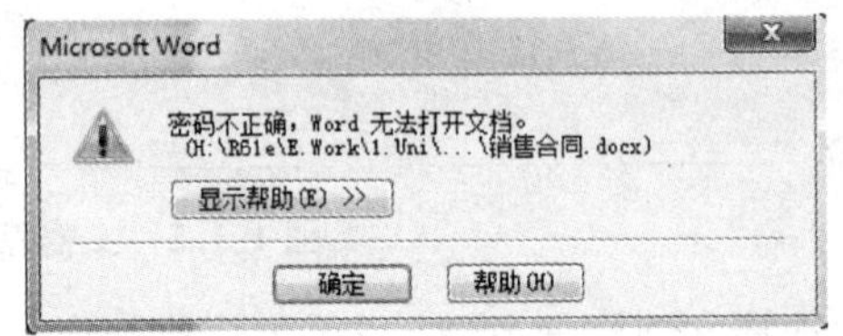

图 1.1.10 密码不正确，Word 无法打开文档提示框

在图 1.1.9 所示的密码验证对话框中输入打开该文档所需的正确密码 desedfj，然后点击“确定”按钮。这时就可打开如图 1.1.3 所示的文档内容。如果密码不正确，则出现图 1.1.10所示的提示框，提示密码不正确，加密文档将无法被正确打开。

2. Word 文档修改保护

如果需要允许其他人阅读文档，但是禁止其他人编辑，或篡改文档内容，可以通过设置“修改文件时的密码”来限制其他人编辑修改受保护的文档。

(1) 重复实验内容 1 的(1)～(4)步

(2) 设置“限制编辑”密码

在图 1.1.5 的“文档保护类型”列表中，单击“限制编辑”保护类型，弹出如图 1.1.11 所示的对话框。

在图 1.1.11 中选择“限制对选定的式样格式设置”和“仅允许在文档中进行此类型的编辑”复选项，然后点击“是，启动强制保护”按钮。在弹出的“启动强制保护”对话框中，选择密码单选项，并输入密码“erbvty”，如图 1.1.12 所示，然后单击“确定”按钮。

1. 格式设置限制
☑ 限制对选定的样式设置格式
设置...
2. 编辑限制
☑ 仅允许在文档中进行此类型的编辑:
不允许任何更改(只读)
例外项(可选)
选择部分文档内容，并选择可以对其进行编辑的用户。
组:
☐ 每个人
更多用户...
3. 启动强制保护
您是否准备应用这些设置?(您可以稍后将其关闭)
是，启动强制保护
另请参阅
限制权限...

图 1.1.11　“限制编辑”设置

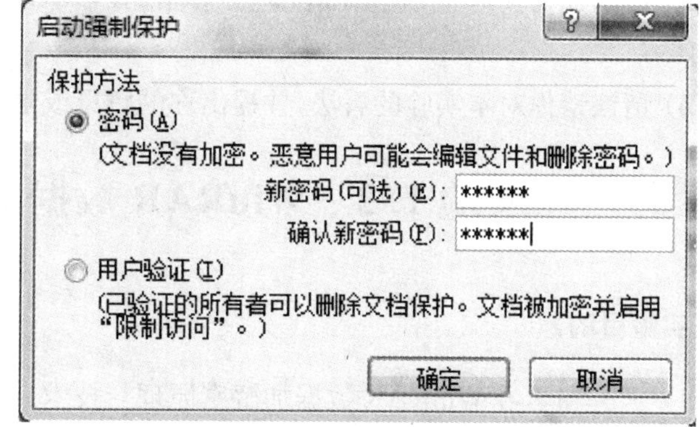

图 1.1.12　密码设置对话框

(3) 验证

在 Windows 下用鼠标双击加密后的文档，例如“销售合同.docx”，出现如图 1.1.3 所示的文档内容，该文档可以浏览，但是不能被编辑修改。如果需要进行文档编辑，在“限制格式和编辑”对话框中点击“停止保护”按钮，出现如图 1.1.13 所示的对话框。

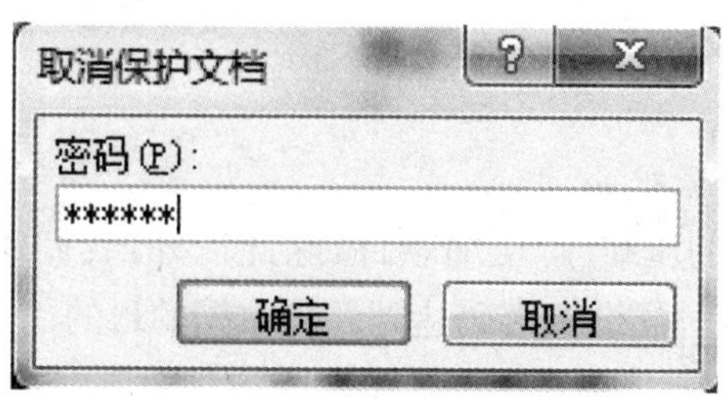

图 1.1.13　取消保护文档对话框

在图 1.1.13 所示的取消文档保护对话框中输入编辑该文档所需的正确密码“erbvty”，然后点击“确定”按钮，这时就可编辑如图 1.1.3 所示的文档内容。

3. 加密 Microsoft Office 其他类型文档

(1) 参考本节实验内容 1 和 2 加密 Microsoft Excel 文档

(2) 参考本节实验内容 1 和 2 加密 Microsoft PowerPoint 文档

【实验报告】

(1) 请回答实验目的中的思考题。

(2) 说明在 Microsoft Word 2010 中对文件进行打开文档的加密保护操作步骤。

(3) 说明在 Microsoft Word 2010 中对文件进行修改文档的加密保护操作步骤。

(4) 说明如何对 Microsoft Office 2010 中，其他类型文档(如 EXCEL、PPT 等)进行加密保护。

(5) 请谈谈你对本实验的看法，并提出你的意见或建议。

实验 1.2 WinRAR 数据加解密实验

【实验目的】

(1) 了解和学习 WinRAR 数据加解密原理与技术。

(2) 学习和掌握 WinRAR 数据加解密方法。

(3) 思考：

① WinRAR 能为其文档提供哪些安全服务？

② WinRAR 采用哪种加密算法？

【实验原理】

1. 数据保密原理与技术

参见实验 1.1。

2. WinRAR 加密安全保护

WinRAR 是一种常用的压缩/解压缩软件，除此以外，我们还常常把 WinRAR 当作加密工具使用，在压缩文件的时候设置密码达到保护数据的目的。

(1) WinRAR 简介

WinRAR 是由 Eugene Roshal 开发的一款功能强大的压缩包管理器。该软件可用于备份数据，缩减数据大小。由于其压缩效率高、速度快、安全可靠，无论是数据资料的交流与传播，还是共享软件或者商业软件包的发行，WinRAR 都是首选的压缩格式，WinRAR 工具及其压缩的文件包在互联网上广为流传，已经成为事实上的工业标准。有关 WinRAR 的详细介绍及软件下载可以从 http://www.rarlab.com/获取到。

为了保证数据的安全性，WinRAR 为其压缩文件包提供了基于密码的保护措施，通过设定密码，WinRAR 可以通过加密方法保护压缩文件包中的全部或者部分被压缩文档。

(2) WinRAR 加密算法

WinRAR 采用 AES(Advanced Encryption Standard)对称流加密技术实现对文档信息的加密保护。AES 又称 Rijndael 加密法，是美国联邦政府采用的一种分组加密标准。这个标准用来替代原先的 DES(Data Encryption Standard)算法，已经被多方认可且广为全世界所使用。AES 是一个迭代的、对称密钥分组的密码算法，它可以使用 128、192 和 256 位密钥，并且用 128 位(16 字节)分组来加密和解密数据，通过分组密码返回的加密数据的位数与输入数据相同。迭代加密使用一个循环结构模式，在该循环中重复置换和替换输入数据。排列是指对数据重新进行排序，置换是将一个数据单元替换为另一个数据单元。WinRAR 在进行数据加密时先获得用户设定的密码，然后采用 AES-128 标准加密来实现基本加密，接着将密文添加到 WinRAR 的压缩文件的进程中，生成乱序加密模式的压缩文件，最后加密后的文件压缩完成。

【实验环境】

1. 实验配置

本实验所需的软硬件配置如表 1.2.1 所示。

表 1.2.1 WinRAR 数据加解密实验配置

配　置	描　述
硬件	CPU:Intel Core i7 4790 3.6GHz;主板:Intel Z97;内存:8G DDR3 1333
系统	Windows
应用软件	WinRAR; Microsoft Office; Vmware Workstation

2. 实验环境

本实验的环境如图 1.2.1 所示。

图 1.2.1 WinRAR 数据加解密实验环境

【实验内容】

(1) 使用 WinRAR 加密任意类型文件。

(2) 使用 WinRAR 加密整个目录。

(3) 使用 WinRAR 安全删除源文件。

【实验步骤】

1. 使用 WinRAR 加密任意类型文件

(1) 安装 WinRAR 软件

检查系统是否安装有 WinRAR 软件。如果系统未安装 WinRAR，则双击 WinRAR 安装程序，并根据安装向导提示逐步操作完成 WinRAR 的安装。

(2) 选中保密文件

在 Windows 系统中选中需要加密的文档，如“保密协议.doc”，然后点击鼠标右键，弹出右键菜单，如图 1.2.2 所示。

图 1.2.2 右键菜单

(3) 设置密码

在右键菜单中选择“添加到压缩文件...”选项，出现如图 1.2.3 所示的对话框。

图 1.2.3　压缩文件名和参数对话框

图 1.2.4　带密码压缩对话框

在打开的“压缩文件名和参数”对话框中单击“高级”标签，然后单击“设置密码”按钮，出现如图 1.2.4 所示的对话框。

在打开的“带密码压缩”窗口中输入密码，并选中“加密文件名”选项，然后按下“确定”按钮，返回“压缩文件名和参数”窗口，再次按下“确定”按钮后出现图 1.2.5 所示的 WinRAR 压缩过程提示框，表示 WinRAR 对所选文件进行加密。

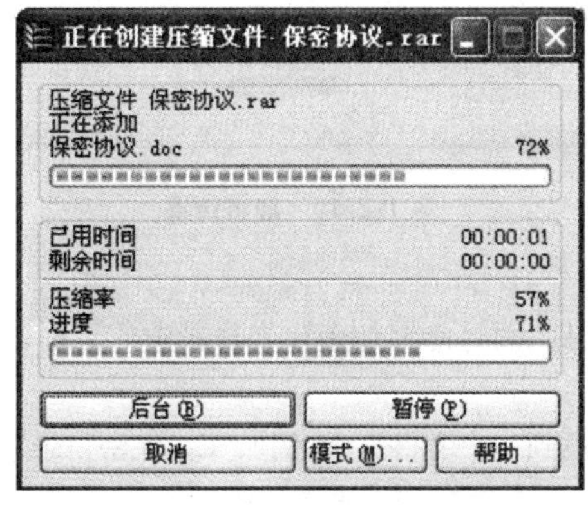

图 1.2.5　WinRAR 压缩过程提示框

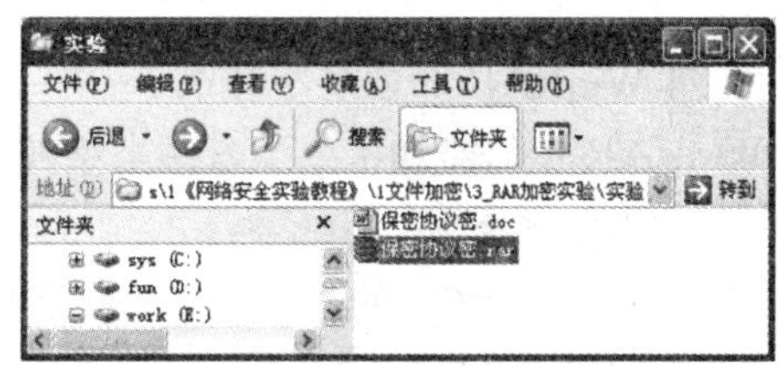

图 1.2.6　加密结果

加密压缩完后，在图 1.2.6 所示的 Windows 资源管理器窗口中可以看到加密后的 WinRAR 文档：“保密协议. rar”。

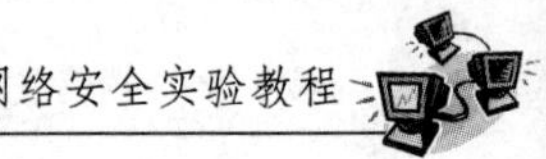

(4) 解密压缩

在 Windows 下用鼠标双击加密后的 WinRAR 文档:"保密协议.rar",出现如图 1.2.7 所示的对话框。

图 1.2.7 解密对话框

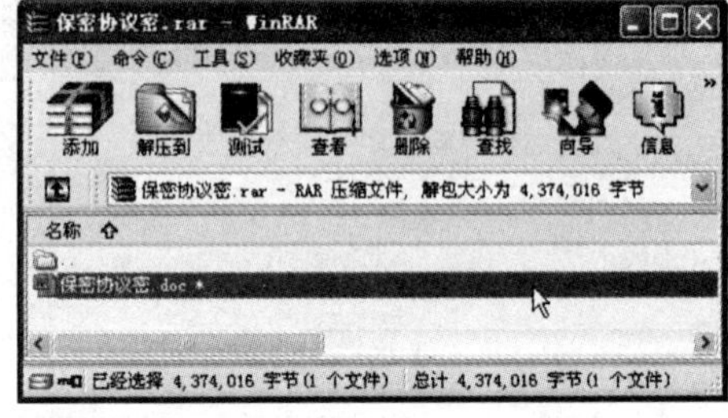

图 1.2.8 解密结果

在图 1.2.7 所示的密码输入验证对话框中输入打开该文档所需的正确密码,然后点击"确定"按钮。这时就可打开如图 1.2.8 所示的解密文档内容。

如果密码不正确,则出现图 1.2.9 所示的提示框,提示密码不正确,加密文档将无法被正确打开。

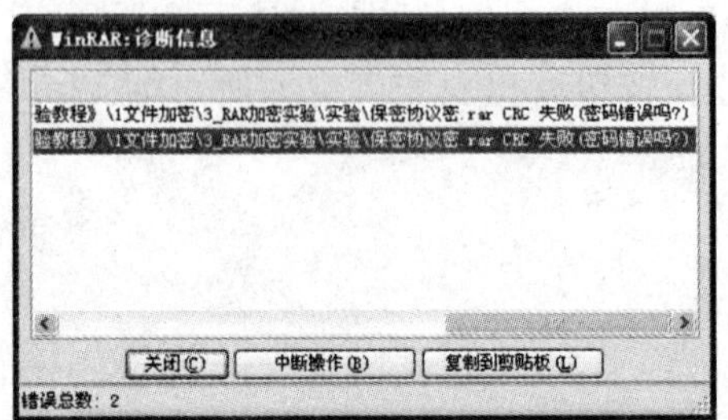

图 1.2.9 WinRAR 诊断信息

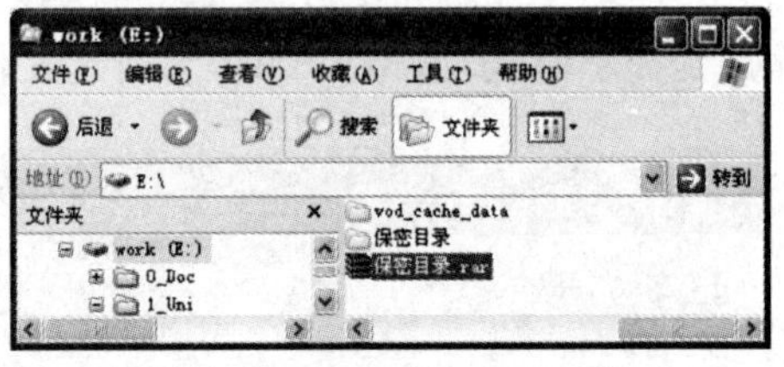

图 1.2.10 加密结果

2. 用 WinRAR 加密整个目录

WinRAR 不但能加密单个各种类型的数据文件,而且能够加密整个目录中的数据。

(1) 整理保密数据

将 Windows 系统中的各种重要和保密文件拷贝到一个文件夹中,例如"E:\保密目录"。

(2) 选中保密目录

点击鼠标选中需要加密的保密目录,例如"E:\保密目录",然后点击右键,弹出右键菜单,如图 1.2.2 所示。

(3) 设置加密密码

根据本节实验内容 1 的步骤(3)设置加密密码。加密压缩完后,在图 1.2.10 所示的

Windows 资源管理器窗口中可以看到加密后的 WinRAR 文档："保密目录. rar"。

(4) 解密压缩

在 Windows 下用鼠标双击加密后的 WinRAR 文档："保密目录. rar"，出现如图 1. 2. 11 所示的对话框。

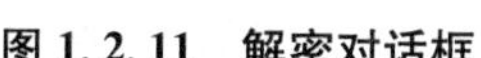
图 1. 2. 11　解密对话框

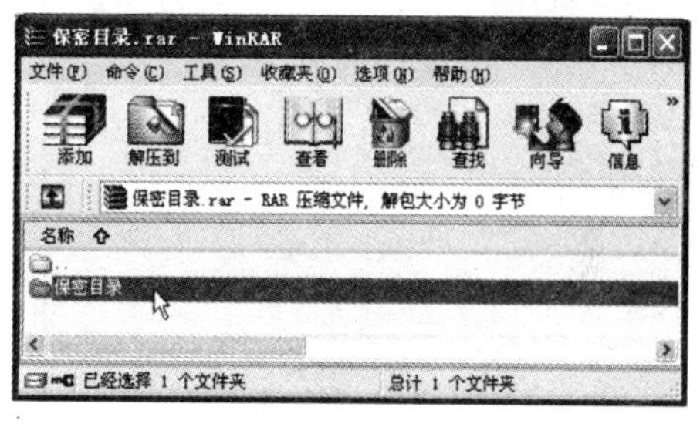

图 1. 2. 12　解密结果

在图 1. 2. 11 所示的密码输入验证对话框中，输入打开该文档所需的正确密码，然后点击"确定"按钮。这时就可打开如图 1. 2. 12 所示的解密文档内容。

如果密码不正确，则出现图 1. 2. 13 所示的提示框，提示密码不正确，加密文档将无法被正确打开。

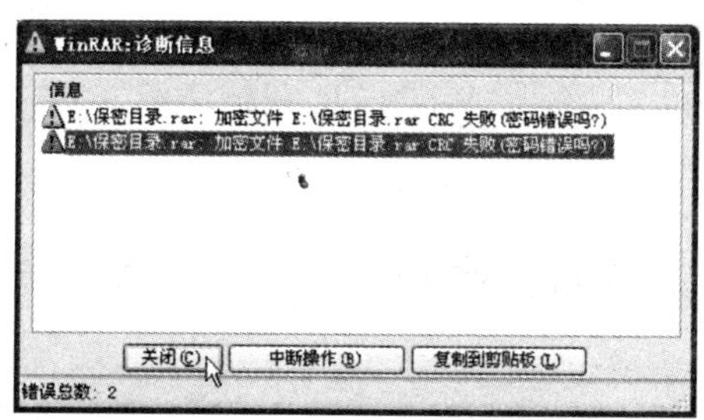

图 1. 2. 13　WinRAR 诊断信息

3. 用 WinRAR 安全删除源文件

当系统中的文件或目录经过 WinRAR 加密压缩成保密的 RAR 文件后，我们需要把源文件或目录删除，这样才能真正使数据保密。用 WinRAR 自带的删除方法比 Windows 系统下的删除命令具有更高的安全性。下面是用 WinRAR 进行安全删除文件的操作步骤。

(1) 选中保密文件

在 Windows 系统中选中保密文件，例如"保密协议. doc"，然后点击右键，弹出右键菜单，如图 1. 2. 2 所示。

(2) 设置压缩选项

在图 1. 2. 2 所示的右键菜单中选择"添加到压缩文件..."选项，出现如图 1. 2. 3 所示的对话框。在该对话框“常规”标签的“压缩选项”栏中选中“压缩后删除源文件”复选项，如图 1.2.14 所示。

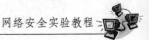

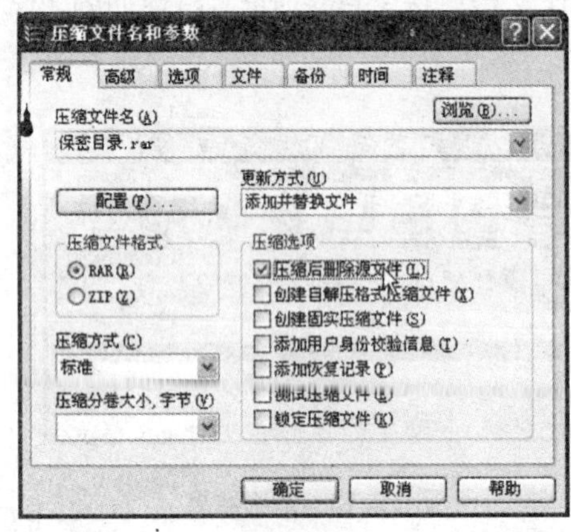

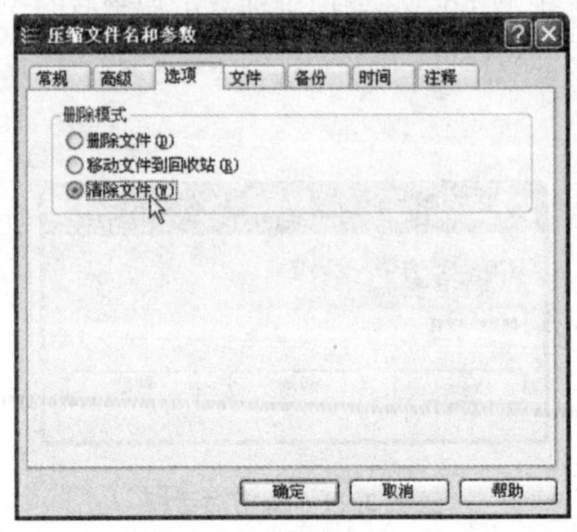

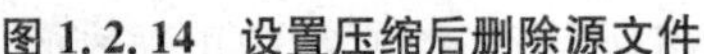
图 1.2.14 设置压缩后删除源文件

图 1.2.15 删除模式设置

(3) 设置删除模式

在打开的“压缩文件名和参数”对话框中单击“选项”标签，然后在该标签的“删除模式”栏中选择“清楚文件”单选框，如图 1.2.15 所示。

(4) 验证

在图 1.2.15 中，点击“确定”按钮，WinRAR 开始压缩。当压缩结束后，查看 Windows 的实验目录，可以看到图 1.2.16 所示结果。

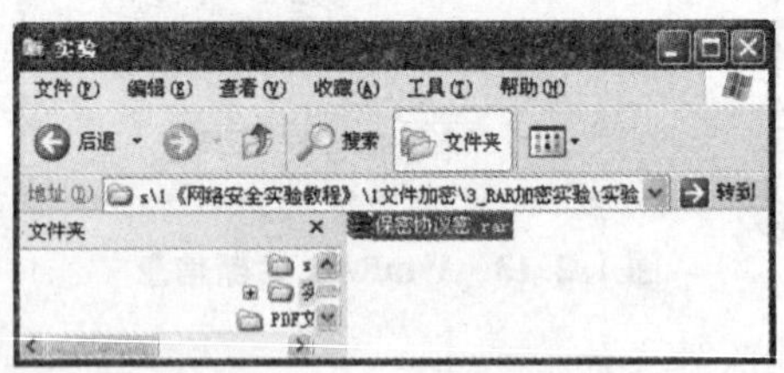

图 1.2.16 删除源文件结果

与图 1.2.6 进行比较可以发现，在图 1.2.16 中“保密协议.doc”源文件已经被安全清除。用删除数据恢复工具对该文件进行恢复时，恢复不成功。

【实验报告】

(1) 请回答实验目的中的思考题。

(2) 说明在 WinRAR 中对文件进行加密保护操作步骤。

(3) 说明在 WinRAR 中对整个目录进行加密保护操作步骤。

(4) 请思考分析对整个目录进行加密的其他方法，并举例说明(选做)。

(5) 比较分析实验内容 3 中的三种删除源文件方式。

(6) 举例说明具有 WinRAR 类似数据加密功能的工具，分析说明它们的加密原理，并结合实验说明基本操作(选做)。

(7) 请谈谈你对本实验的看法，并提出你的意见或建议。

实验 1.3　dsCrypt 数据加解密实验

【实验目的】

(1) 了解和学习 dsCrypt 文件加解密原理与技术。

(2) 学习和掌握 dsCrypt 文件加解密方法。

(3) 思考：

① dsCrypt 能为其文档提供哪些安全服务？

② dsCrypt 采用哪种加密算法？

③ dsCrypt 能否对目录进行加密保护？

【实验原理】

1. 数据保密原理与技术

参见实验 1.1。

2. dsCrypt 文件加密安全保护

dsCrypt 是一款使用简单、支持多文件和拖放操作的文件加密软件。它使用了一个先进的加密算法(AES)和唯一的解密途径来增强其加密安全性，因此它可以获得非常好和安全的执行效果。此外，dsCrypt 还非常的小巧，免费且提供源代码。有关 dsCrypt 的详细信息及软件下载可访问其官方网站 http://members.ozemail.com.au/~nulifetv/freezip/freeware/。

dsCrypt 的操作界面包括 Mode、Pass、Open、Opt、Info 和 Www 菜单选项和主窗口。其中，Mode 是模式的意思，通过它可解选择 ENCRYPT(加密模式)或 DECRYPT(解密模式)。Pass 是密码的意思，即对文件加解密操作时用户输入的字符串口令。Open 是打开要加解密的文件。Opt 是显示 dsCrypt 当前的开发状态。Info 是该软件的介绍及操作说明。Www 是该软件的网站链接。主窗口显示 dsCrypt 当前的运行状态。

【实验环境】

1. 实验配置

本实验所需的软硬件配置如表 1.3.1 所示。

表 1.3.1 dsCrypt 数据加解密实验配置

配 置	描 述
硬件	CPU:Intel Core i7 4790 3.6GHz;主板:Intel Z97;内存:8G DDR3 1333
系统	Windows
应用软件	dsCrypt;Microsoft Office;Vmware Workstation

2. 实验环境

本实验的环境如图 1.3.1 所示。

图 1.3.1 dsCrypt 数据加解密实验环境

【实验内容】

(1) 使用 dsCrypt 加密 Word 文件。

(2) 使用 dsCrypt 解密 Word 文件。

(3) 使用 dsCrypt 加解密其他类型文件的数据。

【实验步骤】

1. 用 dsCrypt 加密 Word 文件

(1) 运行 dsCrypt 软件

dsCrypt 是一款绿色加密软件,不需要安装。双击 dsCrypt 可执行程序“dscrypt.exe”,弹出如图 1.3.2 所示的操作界面。

图 1.3.2　dsCrypt 操作界面

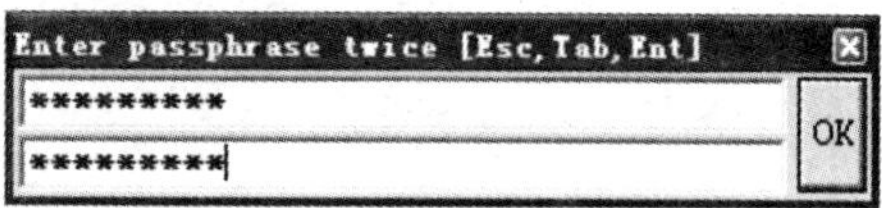

图 1.3.3　加密密码设置对话框

(2) 设置加密模式

dsCrypt 有两种操作模式：ENCRYPT 和 DECRYPT。其中，ENCRYPT 表示加密模式，DECRYPT 表示解密模式。点击 dsCrypt 操作界面的"Mode"菜单，会改变 dsCrypt 的操作模式。在需要进行文件加密时，我们点击"Mode"菜单，在 dsCrypt 主窗口中出现"ENCRYPT"，如图 1.3.2 所示。

(3) 设置密码

点击 dsCrypt 操作界面的"Pass"菜单，会弹出如图 1.3.3 所示的对话框。在该对话框中输入对文件加密时所需的密码。在本例中，加密密码设置为 wlaq. cslg。

点击"OK"按钮，完成加密密码设置。

(4) 选中保密文件

点击 dsCrypt 操作界面的"Open"菜单，会弹出如图 1.3.4 所示的对话框。

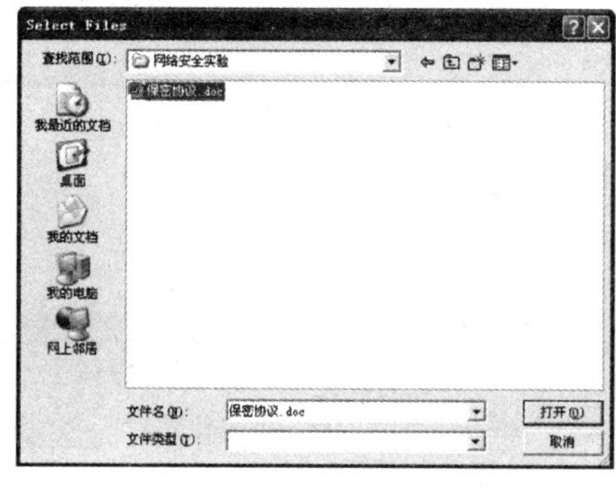

图 1.3.4　解密对话框

图 1.3.5　加密结果

在该对话框中选中需要保密的文件。在本例中，需要保密的文件为"E:\网络安全实验\保密协议.doc"。然后，点击"打开"按钮，这时 dsCrypt 将开始对保密文件进行加密处理。加密结束后，通过 Windows 的资源管理查看加密结果，如图 1.3.5 所示。

从图 1.3.5 可以看出，加密结果是一个扩展名为".dsc"的加密文件。调用 Word 程序打开该文件时，可以看到图 1.3.6 显示结果。

从图 1.3.6 可以看出，经过 dsCrypt 加密后的 Word 文件用 Word 程序打开时，只能看到乱码，无法看到真正文档信息，说明文件信息被加密保护。

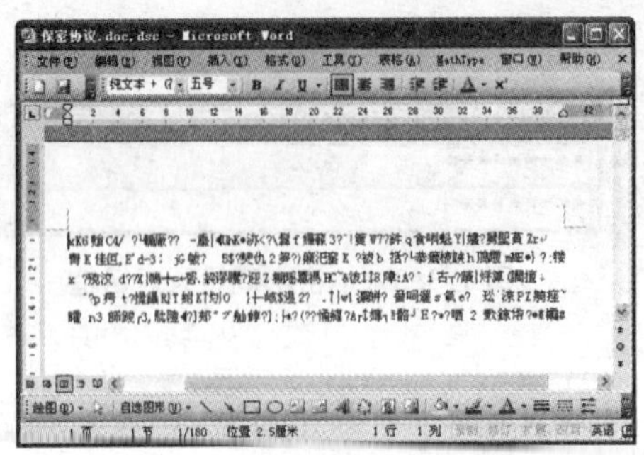

图 1.3.6 打开加密 Word 文件

图 1.3.7 解密模式设置

2. 使用 dsCrypt 解密 Word 文件

(1) 运行 dsCrypt 软件

(2) 设置解密模式

点击 dsCrypt 操作界面的"Mode"菜单，在 dsCrypt 主窗口中出现"DECRYPT"，如图 1.3.7 所示。

(3) 设置密码

点击 dsCrypt 操作界面的"Pass"菜单，会弹出如图 1.3.8 所示的对话框。在该对话框中输入对文件解密时所需的密码。由于 dsCrypt 采用 AES 加密算法，所以解密密码和加密密码是同一个密码。在本例中，加密的文件为本节实验内容 1 所加密的文件，所以解密密码设置为 wlaq. cslg。

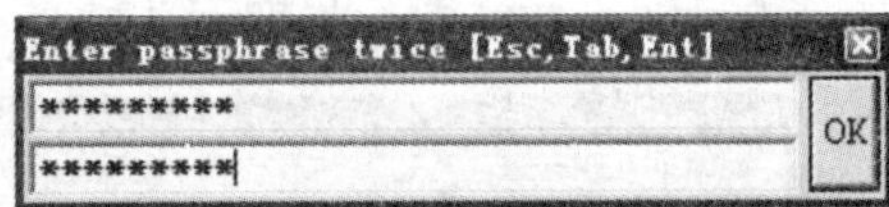

图 1.3.8 解密密码设置对话框

点击"OK"按钮，完成解密密码设置。

(4) 选中需要解密的文件

点击 dsCrypt 操作界面的"Open"菜单，会弹出如图 1.3.9 所示的对话框。

在该对话框中选中需要解密的密文文件。在本例中，密文文件为"E:\网络安全实验\保密协议. doc. dsc"。然后，点击"打开"按钮，这时 dsCrypt 将开始对密文文件进行解密处理。解密结束后，通过 Windows 的资源管理查看解密结果，如图 1.3.10 所示。

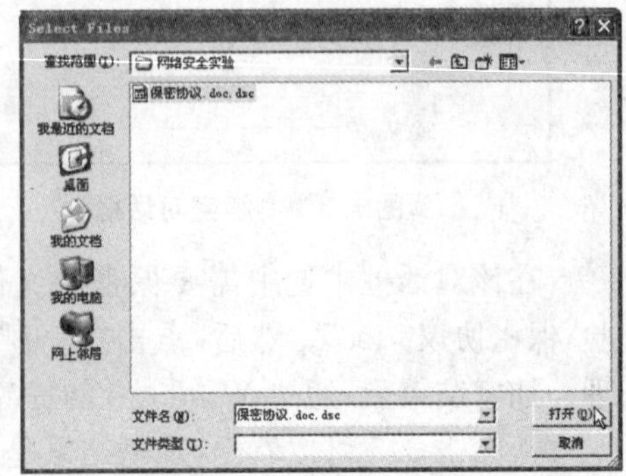

图 1.3.9 解密对话框

从图 1.3.10 可以看出，解密结果是一个扩展名为“.doc”的解密文件。调用 Word 程序打开该文件时，可以看到图 1.3.11 显示结果。

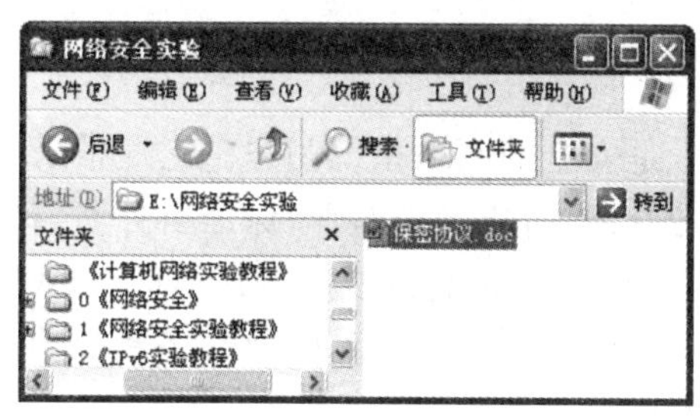

图 1.3.10　解密结果

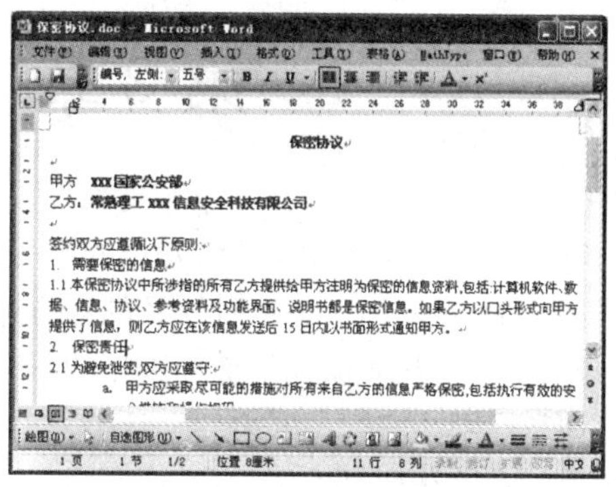

图 1.3.11　打开解密 Word 文件

从图 1.3.11 可以看出，经过 dsCrypt 解密后的 Word 文件用 Word 程序打开时，能看到真正文档信息。

3. 使用 dsCrypt 加解密其他类型文件的数据

根据本节实验内容 1 和 2，进行其他类型文件数据(如 PDF 文件、语音数据、图像数据和视频数据等)的加解密操作。

【实验报告】

(1) 请回答实验目的中的思考题。

(2) 举例说明在 dsCrypt 中对其他类型的数据进行加密保护操作步骤。

(3) 尝试进行 dsCrypt 加解密的其他操作方法和步骤。

(4) 举例说明具有 dsCrypt 类似数据加密功能的其他工具，分析说明它们的加密原理，并结合实验说明基本操作(选做)。

(5) 分析比较 dsCrypt 与 WinRAR 加密数据的异同。

(6) 请自己设计实现一个数据文件加密软件(选做)。

(7) 请谈谈你对本实验的看法，并提出你的意见或建议。

第 2 章　身份认证

身份认证作为系统与网络安全的第一道防线，是安全的网络系统门户。它通常采用各种认证技术，对网络事务中所涉及的各方进行身份鉴别，防止身份欺诈，保证事务参与各方身份的真实性，从而保证系统和数据的安全以及授权访问者的合法权益。在本章中，我们将学习和掌握网络安全中的第二个环节，如何利用身份认证技术对计算机及网络系统的各种资源进行身份认证保护实验，实现网络安全中的鉴别性服务。

实验 2.1　Windows 系统中基于帐户/密码的身份认证实验

【实验目的】

(1) 了解和学习帐户/密码身份认证的基本原理。

(2) 学习和掌握 Windows 系统基于帐户/密码进行身份认证的原理、方法及应用。

(3) 学习和掌握 Windows 系统帐户及密码的安全管理。

(4) 思考：

① 身份认证的基本方法有哪些？

② Windows 系统身份认证基本原理是什么？

【实验原理】

在计算机系统中，操作系统登录身份认证是计算机系统安全的基础。在本节实验中，我们将学习和掌握基于帐户/密码认证方法的 Windows 系统登录身份认证实验。

1. 身份认证

(1) 身份认证概念

身份认证就是指用户必须提供他是谁的证明，例如他是某个雇员，某个组织的代理等。在计算机网络通信中，身份认证是计算机系统的用户在进入系统或访问不同保护级别的系统资源时，系统确认该用户的身份是否真实、合法和唯一。通过身份认证，可以防止非法人员进入系统，防止非法人员通过违法操作获取不正当利益，访问受控信息，恶意破坏系统数据完整性的情况发生。同时，在一些需要具有较高安全性的系统中，通过用户身份的唯一性，系统可以自动记录用户所作的操作，进行有效稽核。

(2) 身份认证方法

认证的标准方法就是弄清楚他是谁,他具有什么特征,他知道什么可用于识别他的东西。因此,身份认证主要通过下面三种基本途径之一或其组合来实现:① 用户所知,即个人所知道的或掌握的知识,如帐户/密码。② 用户所有,即个人所拥有的东西,如磁卡、条码卡、IC 卡或智能令牌等各种智能卡。③ 用户个人特征,即用户所具有的个人生物特性,如指纹、掌纹、声纹、脸形、DNA 或视网膜等。基于密码的身份认证技术因其简单、易用,得到了广泛的使用。但随着网络应用的深入化和网络攻击手段的多样化,密码认证技术也不断发生变化,产生了各种各样的新技术。

(3) 身份认证分类

从身份认证过程中与系统的通信次数不同来分,有一次认证或多次认证;从身份认证所应用的系统来分,有单机系统身份认证和网络系统身份认证;从身份认证的基本原理不同可分为静态身份认证和动态身份认证。

2. 基于帐户/密码的身份认证基本原理

用帐户/密码是最简单也是最常用的身份认证方法,是基于"用户所知"的验证手段。每个用户的帐户/密码信息由用户自己设定的,只有用户自己才知道。只要能够正确输入帐户/密码,计算机就认为操作者就是合法用户。图 2.1.1 显示了基于帐户/密码的身份认证基本原理。

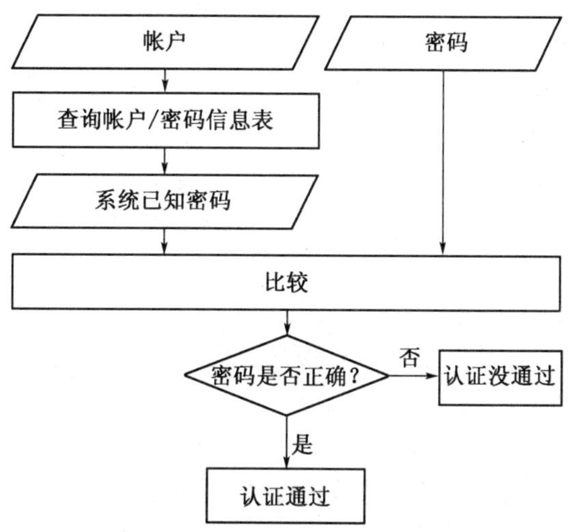

图 2.1.1　帐户/密码身份认证基本原理

从图 2.1.1 中可以看出,在身份认证过程中,当计算机系统收到用户输入的帐户/密码信息时,计算机系统将根据帐户信息从系统的帐户/密码信息表中查询该帐户所对应的密码信息。然后将该密码信息与用户输入的密码信息进行比较。如果它们一致,则认为该用户是合法用户,身份认证通过;如果它们不一致,那么认为该用户不是合法用户,无法通过身份认证。

3. Windows 系统帐户/密码身份认证

为了防止非法用户登录 Windows 系统并使用系统资源,Windows 系统内置支持用户认证功能。

(1) Windows 系统安全登录原理及其验证机制概述

Windows 系统支持交互式登录和网络登录等多种形式的用户认证。其中,交互式登录是我们平常最常见类型,就是用户通过相应的用户帐户和密码在本机进行登录。交互式登录包括本地帐户登录和域帐户登录。因为不同的用户帐户类型,其处理方法也不同,在交互式登录时,系统会首先检验登录的用户帐户类型,判断是本地用户帐户,还是域用户帐户,再采用相应的验证机制。如果是采用本地用户帐户登录,系统会通过存储在本机 SAM(Security Accounts Manage)数据库中的信息进行验证。用本地帐户登录后,只能访问到具有访问权限的本地资源。图 2.1.2 显示了 Windows 系统本地登录认证的基本原理和验证机制。

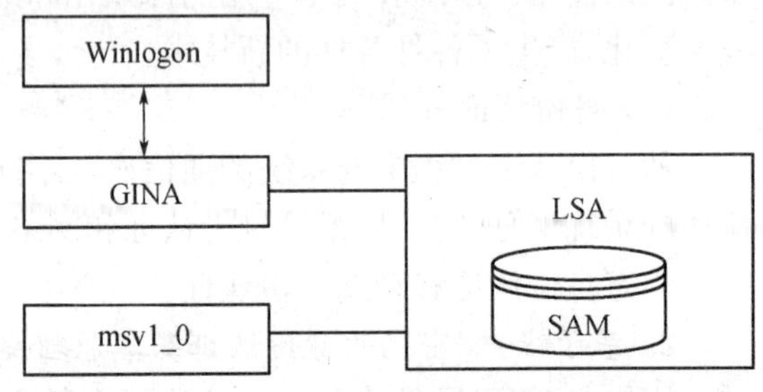

图 2.1.2 Windows 本地登录认证基本原理

从图 2.1.2 中我们可以看出,在交互式本地登录过程中,Winlogon 调用了 GINA (Graphical Identification and Authentication)组件,将用户提供的帐户和密码传达给 GINA,由 GINA 与 LSA(Local Security Authority)本地安全认证服务器、msv1_0 身份验证软件包、SAM 数据库协同工作,负责对帐户和密码的有效性进行验证,然后把验证结果反馈给 Winlogon 程序。最后,Winlogon 程序根据 GINA 的反馈结果进行相应处理,完成了整个登录身份认证过程。

(2) Windows 系统帐户类型

帐户是主机的基本安全对象,Windows 包含两种帐户:用户帐户和组帐户。用户帐户用于识别用户身份,允许用户登录主机和访问主机资源,而组帐户则用于组织用户帐户和指派访问资源的权限。系统通常根据不同管理角色内置了一些用户帐户和组帐户以便执行不同的计算机网络管理任务,也允许管理员创建新的用户帐户和组,进行更加灵活的管理。

(3) Windows 系统帐户/密码管理功能

在基于帐户/密码的身份认证方式中,要求用户的帐户/密码信息预先存在系统中,因此需要系统支持帐户/密码管理功能。表 2.1.1 列出了 Windows 系统包含的帐户/密码管理基本功能及其描述。

表 2.1.1　Windows 系统帐户/密码管理基本功能

功　能	描　　述
新建用户帐户	创建新的帐户，并设置帐户密码，及用户相关信息。
指定所属组	将用户指定到所隶属的用户组。
新建用户组	创建新的组名、组作用域和组类型。
用户组添加成员	将新建的用户加入到新建的用户组。
限制帐户属性	包括限制用户登录网络时间、登录的工作站、帐户过期时间、帐户选项。
设定登录环境	包括用户配置文件路径、登录脚本、本地路径。
限制拨入权限	设置是否允许用户帐户具有拨入系统的权限。
设定安全属性	设置其他帐户和组对本帐户的访问权限。
设置帐户规则	设置帐户规则，包括密码必须符合复杂性要求、密码长度最小值、密码最长存留期、密码最短存留期、强制密码历史、复位帐户锁定计数器、帐户锁定时间和帐户锁定阈值等。
设置审核策略	设置审核策略，审核的事件包括策略更改、登录事件、对象访问、过程追踪、目录服务访问、系统事件、帐户登录事件和帐户管理等。
设置安全选项	设置安全选项，包括登录时间用完自动注销用户、登录屏幕上不再显示上次登录的用户名、在密码到期前提示用户更改密码等。

(4) Windows 系统帐户/密码安全管理

表 2.1.2 列出了 Windows 系统帐户/密码安全管理。

表 2.1.2　Windows 系统帐户/密码安全管理

帐户/密码安全策略	描　　述
管理员帐户	将 Administrator 重命名，并增加一个属于管理员组的帐户。
普通帐户	所有普通帐户权限需严格控制，不要给普通帐户以特殊权限。
禁用 Guest 帐户	将 Guest 帐户禁用，或直接将它删除。
设置复杂密码	长度最少在 8 位以上，且必须同时包含字母、数字、特殊字符。
定期更改密码	为防止重复攻击，需要定期的更改密码。
设立帐户锁定次数	为防止某些大规模的登录尝试，设置帐户登录失败锁定次数。

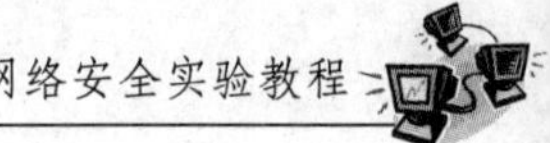

【实验环境】

1. 实验配置

本实验所需的软硬件配置如表 2.1.3 所示。

表 2.1.3 Windows 系统帐户/密码身份认证实验配置

配 置	描 述
硬件	CPU:Intel Core i7 4790 3.6GHz;主板:Intel Z97;内存:8G DDR3 1333
系统	Windows
应用软件	Vmware Workstation

2. 实验环境

本实验的环境如图 2.1.3 所示。

图 2.1.3 Windows 系统帐户/密码身份认证实验环境

【实验内容】

(1) 创建 Windows 系统帐户。
(2) 设置 Windows 系统帐户密码。
(3) Windows 系统帐户/密码登录身份认证。
(4) 取消自动登录功能。
(5) Windows 系统帐户/密码安全管理。

【实验步骤】

1. 创建 Windows 系统帐户

(1) 打开用户帐户管理

在 Windows 7 系统中,打开“控制面板”,点击“用户帐户”,弹出用户帐户管理主窗口,如图 2.1.4 所示。

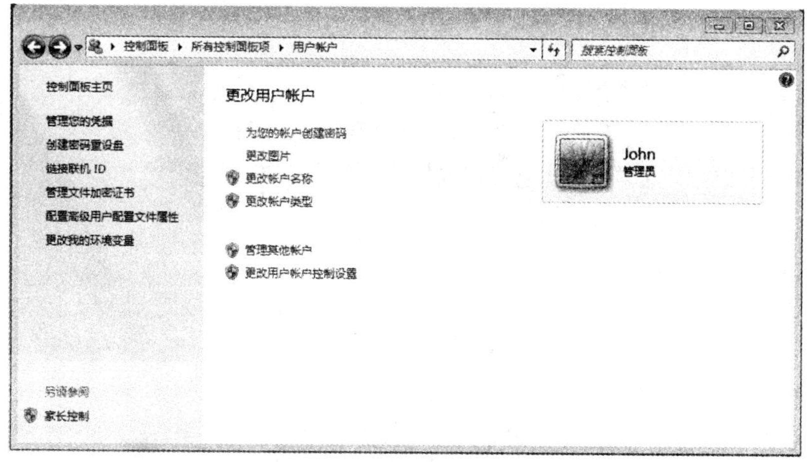

图 2.1.4　用户帐户管理窗口

在图 2.1.4 中，点击“管理其他帐户”，出现图 2.1.5 所示界面。

图 2.1.5　用户帐户管理窗口

在图 2.1.5 中，点击“创建一个新帐户”。

(2) 设置新帐户名

在弹出的对话框中输入新帐户名，本例中为“alice”，如图 2.1.6 所示。

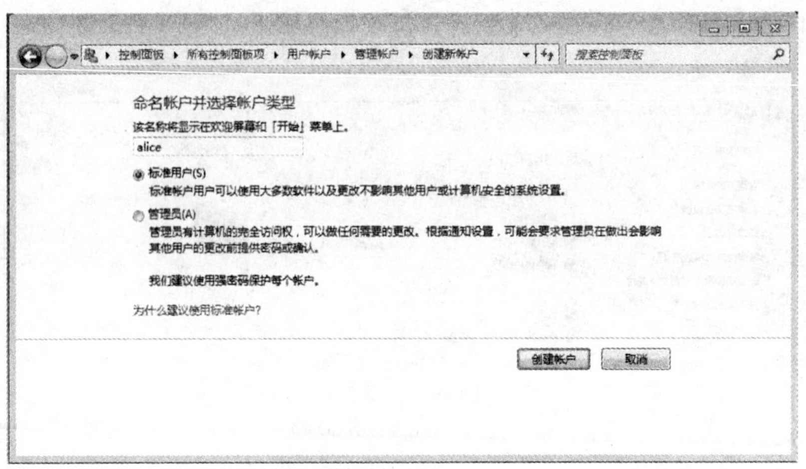

图 2.1.6 设置新帐户名

(3) 设置帐户类型

在图 2.1.6 对话框中包含两种类型的用户：计算机管理员帐户和标准用户帐户，本例中选择“alice”帐户为标准用户帐户类型。然后，点击“创建帐户”按钮。

这时在“用户帐户”主页中可以看到一个新的帐户“alice”，如图 2.1.7 所示。

图 2.1.7 新增帐户“alice”

2. 设置 Windows 系统帐户密码

Windows 系统创建好新帐户后，下一步就是要设置系统新帐户的密码。在图 2.1.7 所示的“用户帐户”主页中点击新帐户“alice”图标，出现如图 2.1.8 所示的对话框。

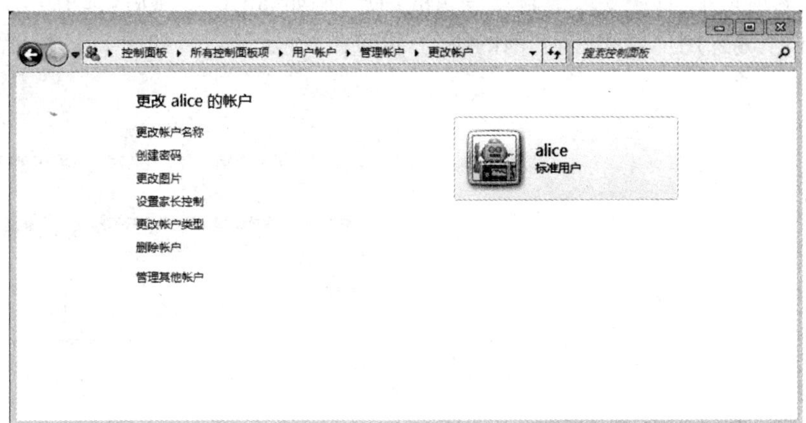

图 2.1.8　创建密码

在图 2.1.8 中点击“创建密码”，弹出图 2.1.9 所示对话框。

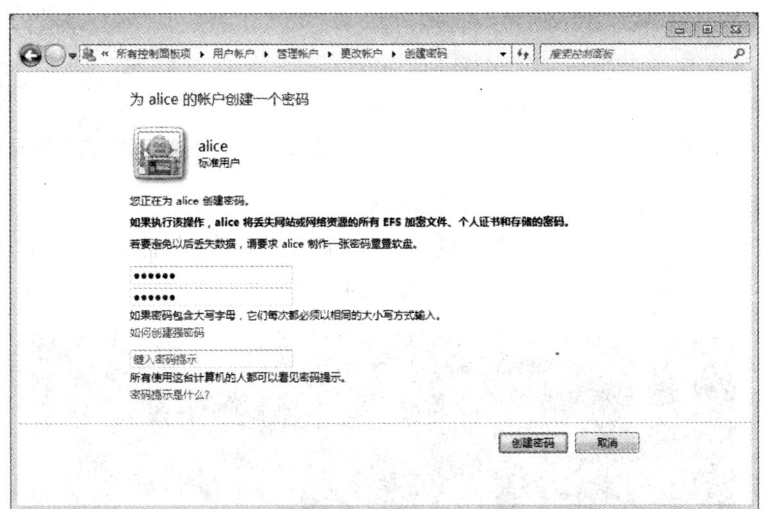

图 2.1.9　输入用户“alice”密码

在弹出的对话框中，输入帐户“alice”的密码“mufort”，如图 2.1.9 所示。点击“创建密码”按钮，完成系统新帐户“alice”的密码设置。

3. 取消自动登录功能

如果 Windows 系统中已经存在自动登录账户，例如 John，则需要取消其自动登录功能。点击 Windows 的“开始”菜单，在“运行”中执行 rundll32 netplwiz. dll，UsersRunDll，如图2.1.10 所示。

在弹出的窗口中，选中要取消自动登录的用户，例如“alice”。然后，选中上方的“要使用本机，用户必须输入用户名和密码”前的小勾，再点击“确定”按钮，如图 2.1.11 所示。

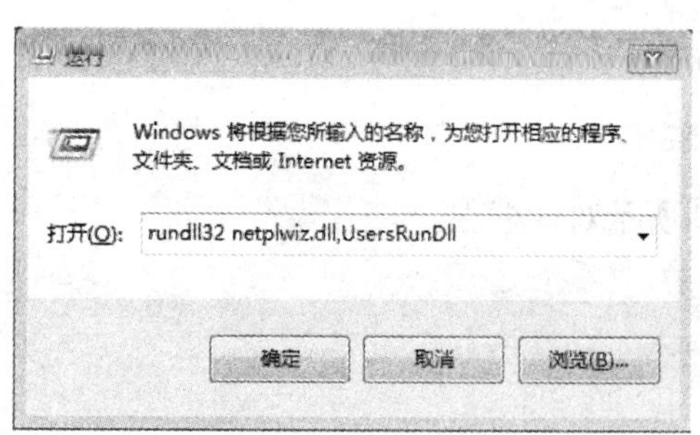

图 2.1.10　运行窗口

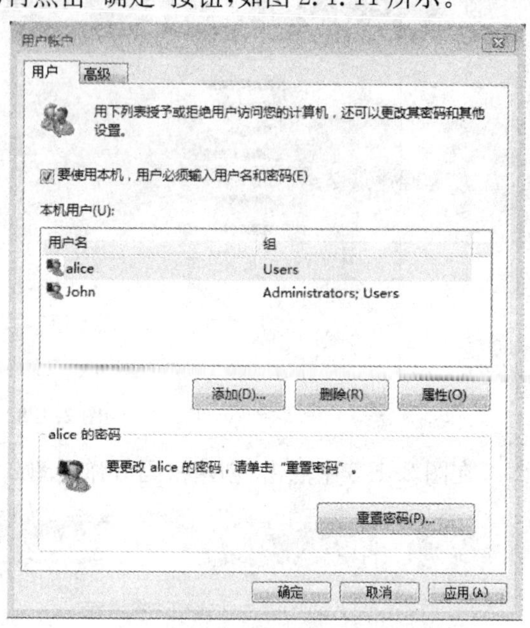

图 2.1.11　设置用户/密码登录身份认证

4. Windows 系统帐户/密码登录身份认证

重新启动计算机，并通过前面创建的帐户/密码实现身份认证登录 Windows 系统。例如，在 Windows 系统后，出现如图 2.1.12 所示的登录界面。

图 2.1.12　Windows 系统帐户/密码登录身份认证

在图 2.1.12 的登录界面中，选择用户“alice”，弹出对话框，如图 2.1.13 所示。

图 2.1.13　Windows 系统帐户/密码登录身份认证

在图 2.1.13 中，输入用户名帐户“alice”的密码，本例为“mufort”。然后，点击“确定”按钮。Windows 完成帐户/密码验证后，如果验证成功，将登录 Windows 系统。

如果出现帐户或密码不正确，那么将无法通过 Windows 身份认证。这时，Windows 将出现“用户名或密码不正确”的错误提示消息框。

5. Windows 帐户/密码安全管理

帐户和密码是登录系统的基础，也是众多黑客攻击和窃取的对象。因此，系统帐户和密码的安全是非常重要的。普通用户常常在安装系统后长期使用系统的默认设置，忽视了 Windows 系统默认设置的不安全性，而这些不安全性常常被攻击者利用，通过各种手段获得合法的帐户，进一步破解密码。所以，在本实验内容中，我们通过学习帐户/密码的安全管理，来保障帐户和密码的安全。

(1) 锁定帐户

为了防止多次尝试帐户/密码登录攻击，Windows 可以通过设定一个帐户锁定阀值 n，当出现 n 次无效登录(如帐户/密码不正确)时，Windows 将会锁定该帐户。Windows 可以设定帐户锁定的时间。锁定帐户设置操作如下：

首先，用管理员帐户登录 Windows 7 系统，到“控制面板→管理工具”中，双击“本地安全策略”，弹出如图 2.1.14 所示的对话框。

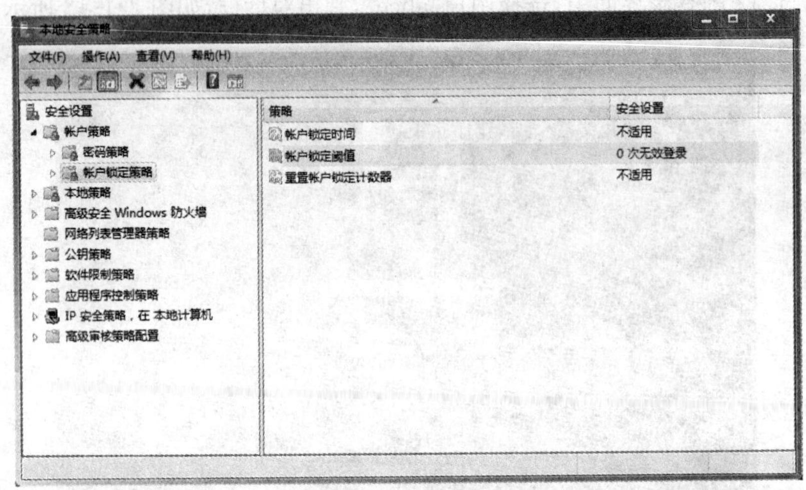

图 2.1.14　本地安全设置

其次，在图 2.1.14 所示的对话框中，选中“帐户策略→帐户锁定策略”，然后双击“帐户锁定阀值”策略项，出现如图 2.1.15 所示的对话框。

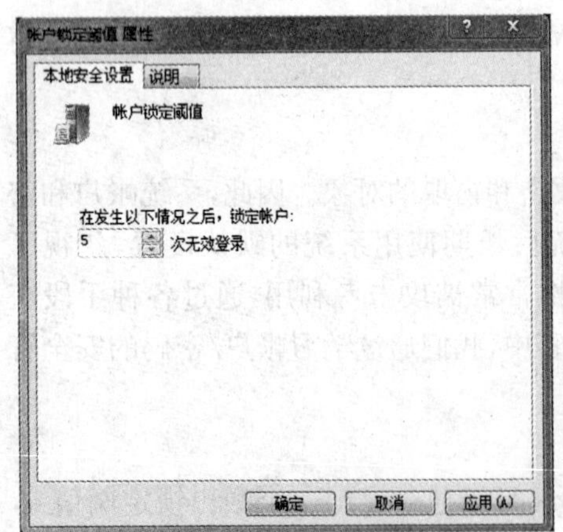

图 2.1.15　帐户锁定阀值属性

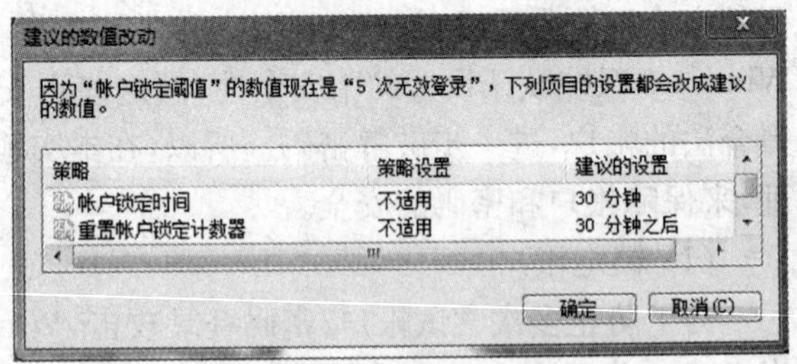

图 2.1.16　帐户锁定时间

然后，在图 2.1.15 的对话框中，输入 n 次无效登录的帐户锁定阀值，例如 5 次。点击“确定”按钮。出现如图 2.1.16 所示的对话框，显示默认的帐户锁定时间“30 分钟”，该时间可以通过双击图 2.1.14 中的“帐户锁定时间”和“复位帐户锁定计数器”策略进行修改。点击“确定”按钮。

最后，切换帐户，用“alice”帐户登录，当输入错误密码 5 次以上时，该帐户将被锁定，系统将在 30 分钟内不允许再用该帐户登录。

(2) 停用帐户

用管理员帐户登录 Windows 7 系统，到“控制面板→管理工具”中，双击“计算机管理”，弹出如图 2.1.17 所示的对话框。

图 2.1.17　计算机管理对话框

在图 2.1.17 的计算机管理对话框中，选中“本地用户和组→用户”，双击帐户“alice”，出现“alice”属性对话框。在该对话框中选中“帐户已禁用”复选项，如图 2.1.18 所示。点击“确定”按钮。

图 2.1.18　停用帐户

图 2.1.19　禁止用户更改密码

这时“alice”帐户将被禁用，无法用该帐户登录 Windows 系统。

(3) 禁止用户更改密码

在图 2.1.17 的计算机管理对话框中，选中“本地用户和组→用户”，双击帐户“alice”，出现“alice”属性对话框。在该对话框中选中“用户不能更改密码”复选项，如图 2.1.19 所示。点击“确定”按钮。

这时候，当用户用“alice”帐户登录 Windows 系统后，如果在“管理面板→用户帐户”中更改本帐户的密码时，将出现如图 2.1.20 所示的无法更改该帐户的密码提示框。

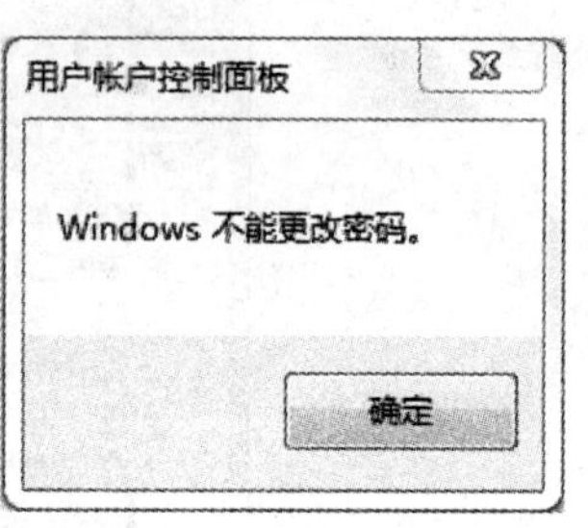

图 2.1.20 不能更改密码

(4) 用户登录更改密码

用管理员帐户登录 Windows 7 系统，在图 2.1.17 的计算机管理对话框中，选中“本地用户和组→用户”，双击帐户“alice”，出现“alice”属性对话框。在该对话框中选中“用户下次登录时须更改密码”复选项，如图 2.1.21 所示。点击“确定”按钮。

切换帐户，用“alice”帐户登录，这时系统提示“必须在登录时更该密码”，并出现“更改密码”对话框。在该对话框中输入新的密码，才能登录系统。

图 2.1.21 用户登录更改密码

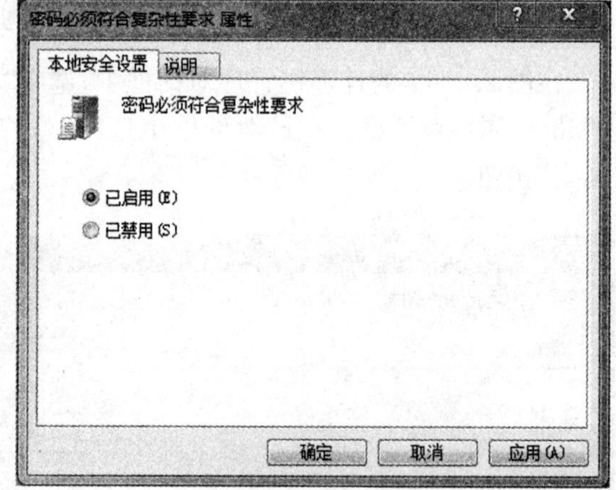

图 2.1.22 密码必须符合复杂性要求属性

(5) 密码必须符合复杂性要求

用管理员帐户登录 Windows 7 系统，到“控制面板→管理工具”中，双击“本地安全策略”，弹出如图 2.1.14 所示的对话框。在此对话框中，选中“帐户策略→密码策略”。然后，双击“密码必须符合复杂性要求”策略项，出现如图 2.1.22 所示的对话框。

在图 2.1.22 中，选中“已启用”属性值。点击“确定”按钮。这样在设置系统帐户密码时，如果出现有规律的密码，系统将提示该密码不满足密码策略要求，需要重新设置密码。

(6) 设置密码长度最小值

在图 2.1.14 所示的对话框中，选中“帐户策略→密码策略”。然后，双击“密码长度最小值”策略项，出现如图 2.1.23 所示的对话框。

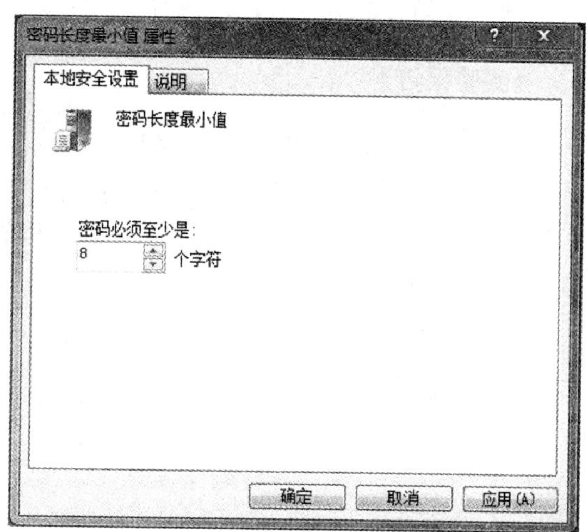

图 2.1.23　密码长度最小值属性

在图 2.1.23 中，选中设置密码必须最少为 8 位字符。这样在设置系统帐户密码时，如果出现有密码长度小于 8 位，系统将提示该密码不满足密码策略要求，需要重新设置密码。

(7) 设置密码最短与最长存留期

在图 2.1.14 所示的对话框中，选中“帐户策略→密码策略”。然后，双击“密码最长存留期”策略项，出现如图 2.1.24 所示的对话框。

在图 2.1.24 中，选中设置密码最长存留期为 7 天。这样在设置系统帐户密码时间为 7 天时，该密码将无效，系统将提示用户更改该帐户的密码。

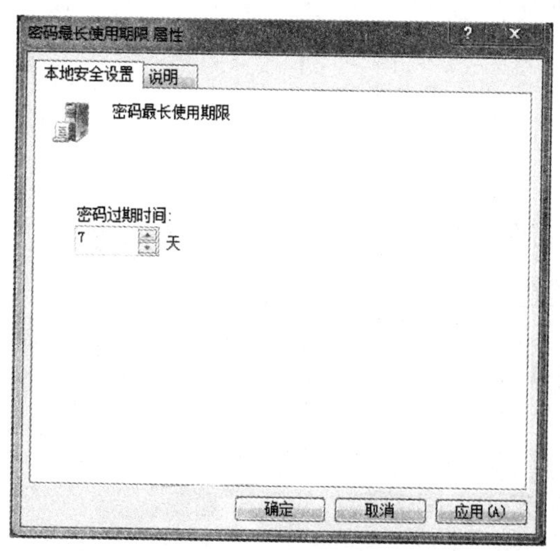

图 2.1.24　密码最长存留期属性

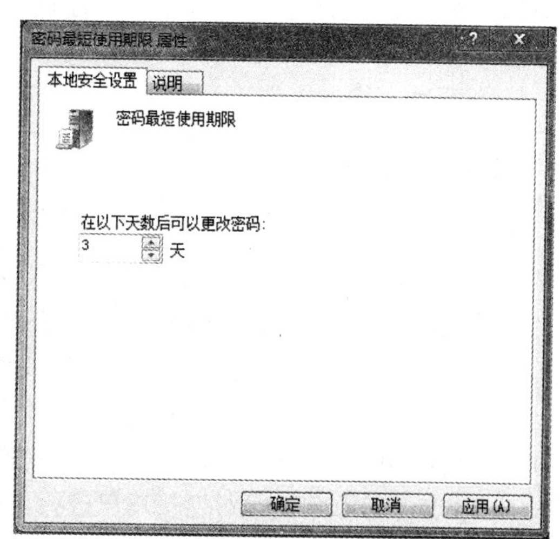

图 2.1.25　密码最短存留期属性

在图 2.1.14 所示的对话框中，选中“帐户策略→密码策略”。然后，双击“密码最短存留期”策略项，出现如图 2.1.25 所示的对话框。

在图 2.1.25 中，选中设置密码最短存留期为 3 天。这样在设置系统帐户密码后的 3 天时间内,将不允许用户更改该帐户的密码。

【实验报告】

(1) 请回答实验目的中的思考题。

(2) 结合实验,说明在 Windows 系统中实现帐户/密码认证的操作步骤。

(3) 举例说明 Windows 系统的帐户安全管理策略和密码安全管理策略。

(4) 在 Windows 系统的帐户安全管理中,如何限制用户的登录时间(选做)?

(5) 请谈谈你对本实验的看法,并提出你的意见或建议。

实验 2.2 PAP/CHAP 网络身份认证实验

【实验目的】

(1) 了解和学习 PAP/CHAP 身份认证协议的基本原理、方法及应用。

(2) 了解和学习基于 PPPoE 的网络通信原理及应用。

(3) 学习和掌握基于 PAP/CHAP 的 PPPoE 身份认证方法。

(4) 思考:

① PPP 连接通信的网络身份认证机制/协议有哪些?它们是基于哪一种身份认证方法?

② 哪种网络连接是基于 PPPoE 协议?

【实验原理】

在网络通信中,通信主体之间进行身份认证是网络安全通信的基础。在本实验中,我们将学习和掌握基于帐户/密码认证方法的网络身份认证协议及其应用实验。

1. 基于帐户/密码的网络身份认证协议

在 Internet 的点对点通信中,PPP 协议提供了一整套方案来解决链路建立、维护、拆除、上层协议协商和身份认证等问题。其中,在身份认证方面 PPP 采用了密码认证协议 PAP (Password Authentication Protocol)和挑战握手认证协议 CHAP(Challenge-Handshake Authentication Protocol)对连接用户进行身份验证,以防非法用户的 PPP 连接。

(1) PAP 协议

PAP 是一种简单的明文验证协议。例如,网络接入服务器(NAS, Network Access Server)要求用户提供帐户和密码,PAP 以明文方式传输用户信息。因此,采用 PAP 协议,整个身份认证过程是两次握手验证过程,用户和密码以明文传送。图 2.2.1 显示了 PAP 认证原理及过程。

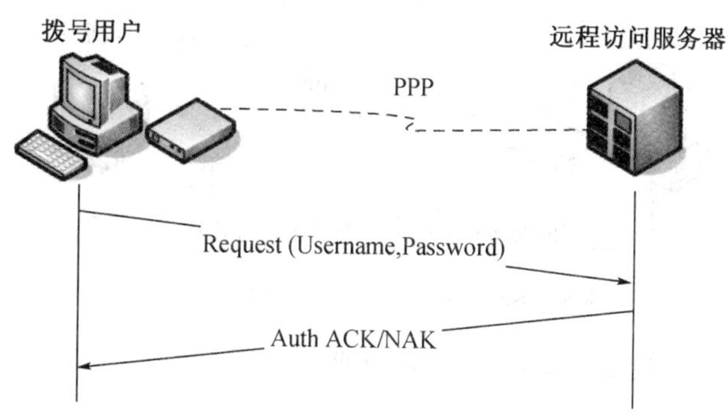

图 2.2.1 PAP 认证原理

从图 2.2.1 可以看出，被验证方发送帐户和密码信息到验证方，示例中是以拨号用户(即被验证方)向远程访问服务器请求身份验证。远程访问服务器(即验证方)根据自己的网络用户配置信息查看是否有此帐户，以及对应密码是否正确，然后返回不同的响应：应答确认(Acknowledge，ACK)或者不确认(Not Acknowledge，NAK)。如果密码正确，则会给对端发送应答确认报文，通知对方已被允许进入下一阶段协商；否则发送不确认报文，通知对方验证失败。但此时并不会直接将链路关闭，客户端还可以继续尝试新的帐户密码。只有当验证不通过次数达到一定值(如 4 次)时，才会关闭链路。这样可以防止因误传、网络干扰等造成不必要的重新协商过程。

PAP 协议的特点是在网络上以文明的方式传递帐户及密码信息，如果在网络传输过程中被截获，便有可能对网络安全造成极大的威胁。因此，它并不是一种强有效的网络身份认证方法，其密码以文本格式在电路上进行发送，对于窃听、重放或重复尝试和错误攻击没有任何保护，仅适用于对网络安全要求相对较低的环境。

(2) CHAP 协议

CHAP 对 PAP 进行了改进，不再直接通过链路发送明文密码，是一种加密的验证方式，即使用挑战口令以哈希算法对密码进行加密，因此，它能够避免建立连接时传送帐户的真实密码。采取 CHAP 协议进行身份验证，需要三次握手验证协议，不直接发送密码，由验证方首先发起验证请求。CHAP 身份验证的三次握手流程如图 2.2.2 所示。

从图 2.2.2 可以看出，当客户端要求与验证服务器连接时，并不是像 PAP 验证方式那样直接由客户端发送帐户/密码信息，而首先由验证方(如远程访问服务器)向被验证方(如拨号用户)发送一个作为身份认证请求的随机产生的挑战报文(Challenge)；被验证方得到验证方的挑战报文后，便利用该用户的密码和接收到的挑战报文中的随机数，通过 MD5 算法生成加密密码，随后将加密密码和用户帐户一起通过应答(Response)报文发送给验证服务器；验证方接到此应答后，再利用对方的用户帐户在自己的用户表中查找自己系统中保留的密码。找到后，再用该密码和挑战报文的随机数一起进行 MD5 加密运算，并把运算结果

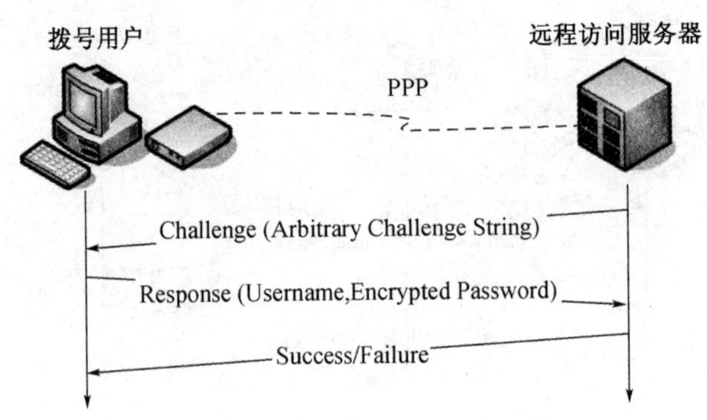

图 2.2.2 CHAP 认证原理与过程

与被验证方的应答加密密文进行比较。如果验证成功，验证方会发送一条成功(Success)报文，否则会发送一条失败(Failure)报文。

CHAP 身份认证的特点是只在网络上传输用户名，而并不传输用户明文密码，因此它的安全性要比 PAP 高。另外，CHAP 认证方式使用不同的询问消息，每个消息都是不可能预测的唯一值，这样就可以防范再生攻击。此外，CHAP 可以在通信过程中不定时的向客户端重复发送挑战报文重复认证，这样如果非法用户截获并成功破解了一次密码，此密码也将在一段时间内失效，因此可以使被攻击限制在一次攻击的时间内。

2. PPPoE 协议

PPPoE(Point-to-Point Protocol over Ethernet)技术最早是由 Redback 、RouterWare 和 UUNET Technologies 等公司，于 1998 年后期在 IETF RFC 基础上联合开发，并与 1999 年成为 RFC 标准技术(RFC 2516)。PPPoE 技术通过把最经济的以太局域网(Ethernet)和点对点协议(PPP)的可扩展性和管理控制功能结合在一起。网络服务提供商和电信运营商便可利用可靠、熟悉的技术来加速部署高速互联网业务。

(1) PPPoE 工作原理

PPPoE 协议的工作流程包含发现和会话两个阶段。当一个主机想开始一个 PPPoE 会话，它必须首先进行发现阶段，发现阶段是无状态的，目的是获得 PPPoE 终结端的以太网 MAC 地址，并建立一个唯一的 PPPoE SESSION_ID。在发现阶段，基于网络的拓扑，主机可以发现多个接入集中器，然后允许用户选择其中的一个。当发现阶段成功完成，主机和选择的接入集中器都有了它们在以太网上建立 PPP 连接的信息，就进入标准的 PPP 会话阶段。一旦 PPP 会话建立，主机和接入集中器都必须为 PPP 虚接口分配资源。

(2) PPPoE 身份认证

PPPoE 采用 PPP 的用户身份认证，客户端会将自己的身份发送给远端的接入服务器。这时，PPPoE 使用一种安全验证方式避免第三方窃取数据或冒充远程客户接管客户端的连接。在认证完成之前，禁止从认证阶段前进到网络层协议阶段。如果认证失败，认证者应该跃迁到链路终止阶段。在这一阶段里，只有链路控制协议、认证协议和链路质量监视协议等的数据报文是被允许的。在该阶段里接收到其他的数据报文必须被丢弃。最常用的认证协议有 PAP 和 CHAP。在本实验中，我们将通过 PPPoE 进行基于 PAP/CHAP 的网络身份认证操作。

【实验环境】

1. 实验配置

本实验所需的软硬件配置见表 2.2.1 所示。

表 2.2.1　基于 PAP/CHAP 的 PPPoE 身份认证实验配置

配　置	描　　　述
硬件	CPU：Intel Core i7 4790 3.6GHz；主板：Intel Z97；内存：8G DDR3 1333
系统	Linux；Windows
应用软件	Vmware Workstation；ppp；rp－pppoe

2. 实验环境网络拓扑

本实验的网络环境拓扑如图 2.2.3 所示。

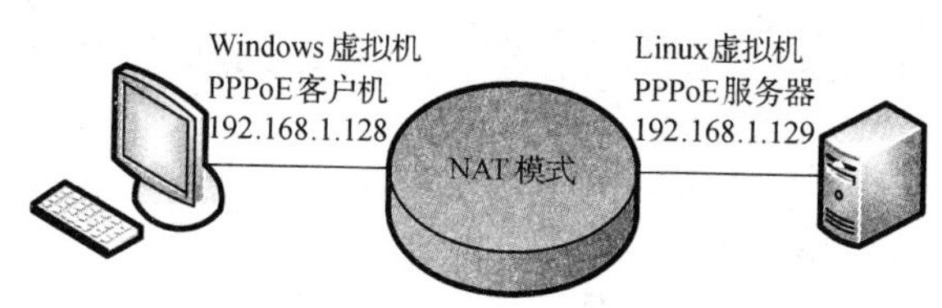

图 2.2.3　基于 PAP/CHAP 的 PPPoE 身份认证实验网络环境

【实验内容】

(1) 安装 PPPoE 服务器。
(2) 基于 PAP 的 PPPoE 身份认证配置。
(3) 启动 PPPoE 服务器。
(4) 基于 PAP 的 PPPoE 身份认证测试。
(5) 基于 CHAP 的 PPPoE 身份认证配置。
(6) 基于 CHAP 的 PPPoE 身份认证测试。

【实验步骤】

1. PPPoE 服务器安装

(1) 检查系统是否已安装 PPPoE 服务器

首先，检查 Linux 虚拟机是否已经安装 PPPoE 服务器软件包 ppp 和 rp-pppoe。例如，在 IP 地址为 192.168.1.129 的 Linux 虚拟机上，用 root 帐户登录系统，并执行以下操作。

```
[root@PPPoE-Server ~]# rpm -qa ppp
[root@PPPoE-Server ~]# rpm -qa rp-pppoe
```

如果显示 ppp 和 rp-pppoe 的版本信息则说明已经安装。如果没有显示，那么通过安装命令进行安装。

(2) 安装 rp-pppoe 服务器

获取 PPPoE 服务器所需的软件包 ppp-2.4.5-5.el6.x86_64.rpm 和 rp-pppoe-3.10-11.el6.x86_64.rpm，并将 PPPoE 安装软件包拷贝到 Linux 虚拟机上，例如图 2.2.3 所示的 192.168.1.129 虚拟机。在软件包所在的当前目录下执行以下安装命令。

```
[root@PPPoE-Server ~]# rpm -ivh ppp-2.4.5-5.el6.x86_64.rpm
warning: ppp-2.4.5-5.el6.x86_64.rpm: HeaderV3DSAsignature: NOKEY, keyID1e9c9308
Preparing... ##########################################
#####[100%]
1:ppp##########################################
##[100%]
[root@PPPoE-Server ~]# rpm -ivh rp-pppoe-3.10-11.el6.x86_64.rpm
warning: rp-pppoe-3.10-11.el6.x86_64.rpm: HeaderV3DSAsignature: NOKEY, keyID1e9c9308
Preparing... ##########################################
#####[100%]
1: rp-pppoe ##########################################
#####[100%]
```

2. 基于 PAP 的 PPPoE 身份认证配置

(1) PPPoE 身份认证配置

首先，修改/etc/ppp/pppoe-server-options 配置文件，全部内容如下所示：

```
[root@net ~]# vi /etc/ppp/pppoe-server-options
require-pap
lcp-echo-interval 60
lcp-echo-failure 5
```

其中，“require-pap”表示 PPPoE 使用 PAP 验证协议。“lcp-echo-interval”表示每隔 n 秒，PPPoE 向客户发出一个 echo-request 数据包，正常情况下，客户收到 echo-request 请求包后将回复一个 echo-reply 数据包，本例中 n 的值为 60，表示 PPPoE 发送 echo-request 数据包的间隔时间为 60 秒。“lcp-echo-failure”表示 PPPoE 服务器连续发出 n 次 echo-request 数据包都没有收到客户的 echo-reply 应答包时，PPPoE 将中断和客户的连接，本例中 n 的值设为 5。

(2) 添加身份认证帐户

接着，修改/etc/ppp/pap-secrets 配置文件，在该文件中添加 PAP 认证帐户/密码。例如，添加“cslg”帐户，并将该帐户的密码设置为“cslg123456789”，则在/etc/ppp/pap-secrets配置文件中添加以下一行内容：

```
[root@net ~]# vi /etc/ppp/pap-secrets
cslg * cslg123456789 *
```

3. *启动 PPPoE 服务器*

(1) 启动 PPPoE 服务器

rp-pppoe 服务器的启动命令为/sbin/pppoe-server，在 root 帐户下执行以下操作，启动 PPPoE 服务器。

```
[root@net ~]# /sbin/pppoe-server -I eth0 -L 192.168.1.10 -R 192.168.1.210 -N 10
```

其中，“-I eth0”表示指定 PPPoE 服务器在哪个网卡接口监听连接请求，本例中 PPPoE 服务器监听网卡为 eth0；“-L 192.168.1.10”表示指定 PPPoE 服务器的 IP 地址，本例中 PPPoE 服务器的 IP 地址为 192.168.1.10；“-R 192.168.1.210”表示 PPPoE 服务器分配给客户端的 IP 地址，本例中从 192.168.1.210 开始递增；“-N 10”表示指定最多可以连接 PPPoE 服务器的客户端数量。

4. *基于 PAP 的 PPPoE 身份认证测试*

下面我们通过在客户端上建立一个 PPPoE 连接来测试 PPPoE 的身份认证。测试的客户端系统为 Windows 7。Windows 7 操作系统包含内建 PPPoE 客户端。在 Windows 7 系统上建立一个 PPPoE 的拨号连接，其操作步骤如下：

首先，在 Windows 7 虚拟机系统中点击桌面“开始”菜单，选择“控制面板”，并在“控制面板”中选择“网络和共享中心”，如图 2.2.4 所示。

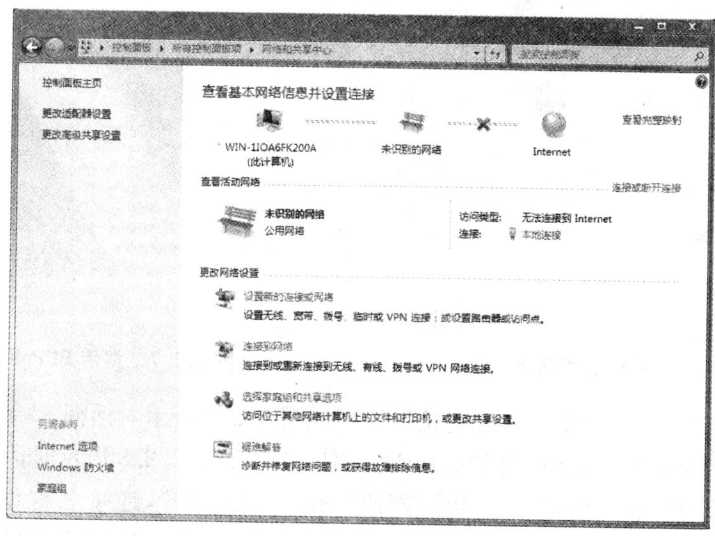

图 2.2.4　网络和共享中心

在图 2.2.4 中单击“网络和共享中心”中的“设置新的连接或网络”以启动“网络连接向导”，如图 2.2.5 所示。

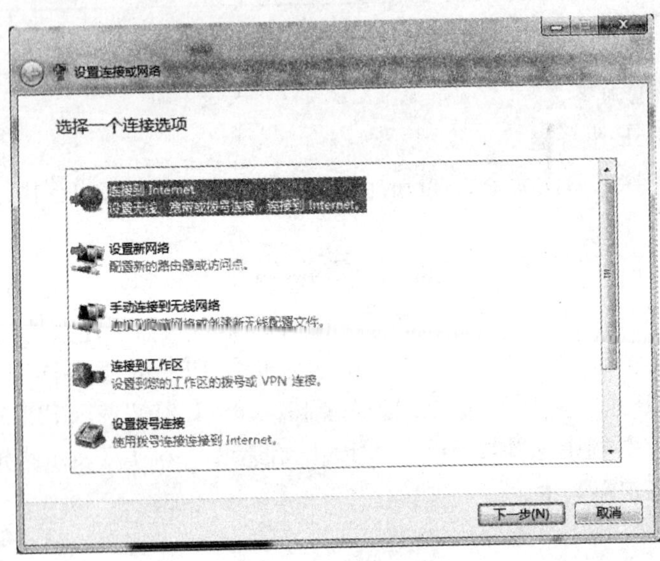

图 2.2.5　连接到 Internet

在图 2.2.5 的“设置连接或网络”页面中，选择“连接到 Internet”，然后点击“下一步”按钮，出现如图 2.2.6 所示对话框。

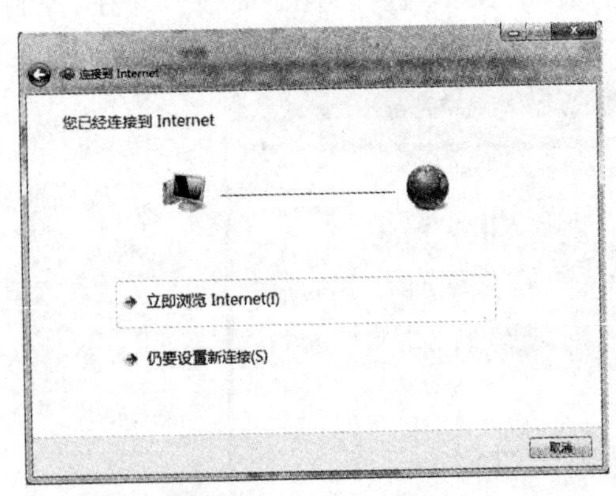

图 2.2.6　手动设置连接

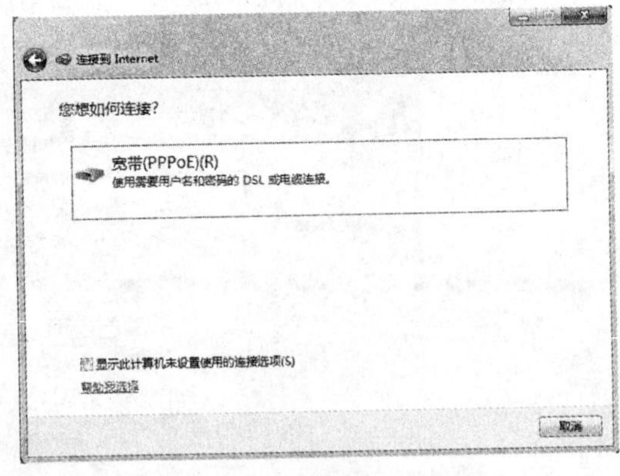

图 2.2.7　宽带 PPPoE 连接

在图 2.2.6 中选择“仍要设置新连接”，出现如图 2.2.7 所示对话框。

在图 2.2.7 中，单击“宽带(PPPoE)(R)”按钮，出现如图 2.2.8 所示对话框。

在图 2.2.8 中，输入用户名“cslg”，密码“cslg123456789”，连接名称设置为“PPPoE-Server”。点击“连接”按钮。如果用户名/密码是在实验内容 3 的 PAP 身份认证配置中设置的帐户/密码，如“cslg/cslg123456789”，那么 Windows 7 客户将成功连上 PPPoE 服务器。否则，将出现如图 2.2.9 所示的错误提示。

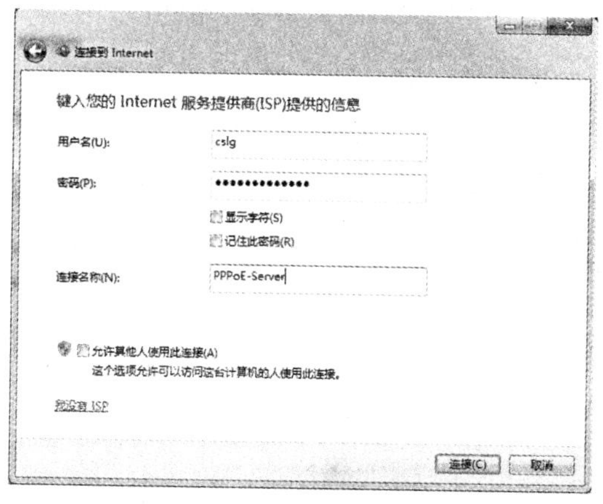

图 2.2.8　PAP 帐户连接 PPPoE-Server

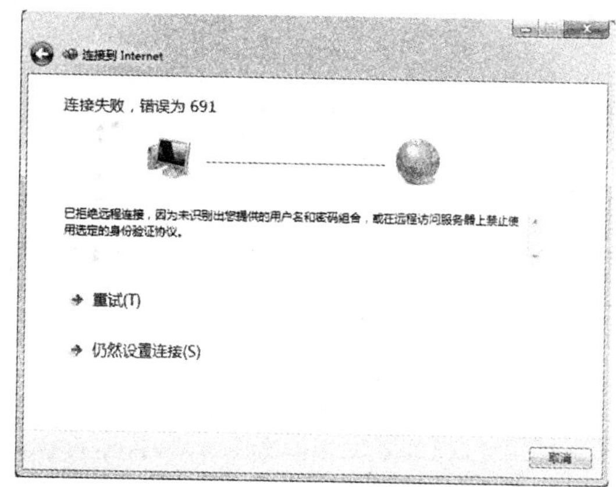

图 2.2.9　认证出错

5. 基于 CHAP 的 PPPoE 身份认证配置

(1) PPPoE 身份认证配置

首先，编辑/etc/ppp/pppoe-server-options 配置文件，其修改内容如下所示：

```
[root@net ~]# vi /etc/ppp/pppoe-server-options
refuse-pap
require-chap
lcp-echo-interval 60
lcp-echo-failure 5
```

其中，“refuse-pap”表示在 PPPoE 身份认证中禁止使用 PAP 协议；“require-chap”表示在 PPPoE 中使用 CHAP 认证协议。

(2) 添加本地身份认证帐户

然后，添加 CHAP 身份认证帐户。例如，新增帐户“ldg”，并设置该帐户的密码为“ldg123456789”，编辑/etc/ppp/chap-secrets 帐户文件，并在该文件中添加以下一行内容：

```
[root@net ~]# vi /etc/ppp/pap-secrets
ldg * ldg123456789 *
```

(3) 重启 PPPoE 服务器

首先，关闭在本节实验内容 4 中启动的 PPPoE 服务器，执行操作如下所示：

```
[root@net ~]# killall pppoe-server
```

然后，执行以下操作命令重新启动 PPPoE 服务器。

```
[root@net ~]# /sbin/pppoe-server -I eth0 -L 192.168.1.110 -R 192.168.1.210 -N 10
```

6. 基于 CHAP 的 PPPoE 身份认证测试

在"网络连接"中双击在本节实验内容 5 中新创建的"PPPoE-Server"，如图2.2.8所示。在弹出如图 2.2.10 所示的对话框中输入帐户/密码信息。点击"连接"按钮。

图 2.2.10 CHAP 帐户连接 PPPoE-Server

如果用户名/密码是在本节实验内容 6 的 CHAP 身份认证配置中设置的帐户/密码，如"ldg/ldg123456789"，那么将 Windows 7 客户将成功连上 PPPoE 服务器。否则，将返回如图 2.2.9 所示的错误提示。

【实验报告】

(1) 请回答实验目的中的思考题。

(2) 说明在 Linux 系统中，PPPoE 服务器的软件是什么？该软件支持的身份认证协议有哪些？

(3) 详细说明本实验中 PPPoE 服务器进行身份认证的配置操作步骤。

(4) 请谈谈你对本实验的看法，并提出你的意见或建议。

第 3 章 网络安全通信

基于 TCP/IP 协议的 Internet 在其早期是一个为研究人员服务的网际网，是完全非营利性的信息共享载体，所以 Internet 建设者们不认为安全是问题。随着 Internet 的全球普及和商业化，Internet 的性质和使用人员的情况发生了很大的变化，如普通用户越来越多，信用卡号等和其自身利益相关的信息也通过 Internet 传输，而且越来越多的信息放在网上是为了营利，而不是完全免费的信息共享，使得 Internet 网络通信的安全问题显得越来越突出。因此，Internet 安全性也成为人们日趋关注的问题。目前，在基于 Internet 的计算机网络通信中，采用密码技术将信息隐蔽起来，再将隐蔽后的信息传输出去，使信息在传输过程中即使被窃取或截获，窃取者也不能了解信息的内容，从而保证信息传输的安全。在本章中，我们将学习和掌握 Internet 网络通信中通信数据的安全性，如何利用加密技术对网络通信中传输数据进行加密保护实验，实现网络安全中的信息保密性服务。

实验 3.1 SSH 网络安全通信实验

【实验目的】

(1) 了解和学习计算机网络通信中，网络信息加密的基本原理、方法及应用。

(2) 学习和掌握 SSH 安全通信协议及应用软件的功能与使用。

(3) 思考：

① 网络通信加密系统有哪几类？分别有哪些加密算法？

② 网络通信中有哪些应用需要用到加密？

③ SSH 协议能够用于解决现有的哪些网络通信协议存在的安全问题？它能为用户提供哪些网络安全通信应用？

【实验原理】

1. Telnet 和 FTP 通信安全问题

由于 TCP/IP 协议在设计时是处在一个相互信任的平台上，因此，早期的 TCP/IP 通信协议没有考虑安全机制。随着 Internet 的迅速发展，各种网络安全威胁不断出现，例如 ARP 欺骗、数据窃听、中间人攻击、DoS 攻击等。这些网络安全威胁给那些缺乏安全机制的网络通信协议的通信带来了很大的网络安全问题，如 Telnet 和 FTP 等。

Telnet是Internet上最早也是使用最为广泛的通信应用协议之一，它实现了基于Telnet协议的远程登录。远程登录是指用户使用Telnet命令，使自己的计算机暂时成为远程主机的一个仿真终端的过程。仿真终端等效于一个非智能的机器，它负责把用户输入的每个字符传递给远程主机，再将远程主机输出的每个信息回显在屏幕上。Telnet协议在Internet上进行数据传输时都是通过明文的形式传输，即不会对传输的数据（包括帐户与密码）进行加密，这样非法攻击者只要有网络侦听工具就可以截获帐户与密码，为下一步的攻击做好准备。FTP(File Transfer Protocol，文件传输协议)是网络通信中最常用的另一个应用协议，它能实现Internet上的文件传输通信。FTP协议也存在着网络安全问题。首先，和Telnet一样，FTP的设计也没有采用加密传送，因此，FTP客户与服务器之间的数据传送都是通过明文的方式。另外，FTP的安全验证方式也有比较大的缺陷，很容易受到攻击，如中间人这种方式的攻击等。因此，如何解决这些常用网络通信协议及其应用的安全性问题，是网络安全通信中首先需要考虑和解决的问题。目前，SSH安全通信是其中的一种解决方案。在本节实验中，我们将学习和掌握基于SSH的安全通信，包括安全远程登录和安全文件传输。

2. SSH网络安全通信原理

(1) SSH概述

SSH(Secure Shell Protocol)将所有传输的数据进行加密，它既可以代替Telnet，又可以为FTP提供一个安全的通道，这样就可以防止网络窃听及中间人等攻击方式。此外，它能够防止DNS和IP欺骗，并具有对传输的数据进行压缩等功能。目前，SSH有两个不兼容的版本分别是1.x和2.x。

(2) SSH基本原理

SSH主要由SSH传输层协议、SSH用户认证协议和SSH连接协议三部分组成。其中，SSH传输层协议(SSH-TRANS)提供了服务器认证，具有保密性及完整性。此外，它还提供压缩功能。SSH-TRANS通常运行在TCP/IP连接上，也可能用于其他可靠数据流上。SSH-TRANS提供了高强度的加密技术、主机认证及完整性保护，它支持DES、3DES、Blowfish、Twofish、IDEA、ARCFOUR和CAST-128等对称密钥算法，DSA和RSA公钥算法，SHA1和MD5等哈希算法以及支持Diffie-Hellman密钥交换方法。该协议中的认证基于主机，并且该协议不执行用户认证。更高层的用户认证协议可以设计为在此协议之上。

一旦建立一个安全传输层连接，客户机就会发送一个服务请求。这时，服务器首先会发起用户认证，它会告诉客户端服务器所支持的认证方式，客户端可以从中进行选择，这些可以通过SSH用户认证协议(SSH-USERAUTH)完成。SSH-USERAUTH用于向服务器提供客户端用户鉴别功能，它运行在SSH传输层协议SSH-TRANS之上。SSH-USERAUTH也需要知道低层协议是否提供保密性保护。当用户进行认证时，假定低层协议已经提供了数据完整性和机密性保护，用户认证协议就会接受传输层协议确定的会话

ID,作为本次会话过程的唯一标识。当 SSH-USERAUTH 开始后,它从低层协议那里接收会话标识符。会话标识符唯一标识此会话,并且适用于标记以证明私钥的所有者。SSH 支持的用户认证方法包括:公钥认证方法、帐户/密码认证方法、基于主机的认证和 PAM 认证等。一旦用户认证成功,根据客户端的请求,服务器将会启动相应的服务。

当用户认证完成之后,会发送第二个服务请求。这样就允许新定义的协议可以与上述协议共存,这部分通过 SSH 连接协议(SSH-CONNECT)完成。SSH-CONNECT 提供了各种安全通道,如交互式登录话路、远程命令执行、转发 TCP/IP 连接和转发 X11 连接。此外,它能将加密隧道分成若干个逻辑通道,提供给更高层的应用协议使用。逻辑通道是由两端的通道号来唯一标识的。要启动某个应用服务,首先要建立一个新的逻辑通道。这期间,先要分配两端的通道号,协商缓存窗口的大小,然后是建立正式的会话,启动应用程序。各种高层应用协议可以相对独立于 SSH 基本体系之外,并依靠这个基本框架,通过连接协议使用 SSH 的安全机制。

(3) 基于 SSH 的通信系统

SSH 安全通信系统采用 C/S 架构,一般分为两部分:客户端部分和服务端部分。其中,服务端是一个守护进程(如 sshd),它在后台运行并响应来自客户端的连接请求,并通过该进程提供了对远程连接请求的处理,一般包括公共密钥认证、密钥交换、对称密钥加密和非安全连接。客户端包含 ssh 远程连接程序以及像 scp(远程拷贝)、slogin(远程登录)、sftp(安全文件传输)等其他的应用程序。图 3.1.1 显示了 SSH 安全通信系统的基本工作原理。

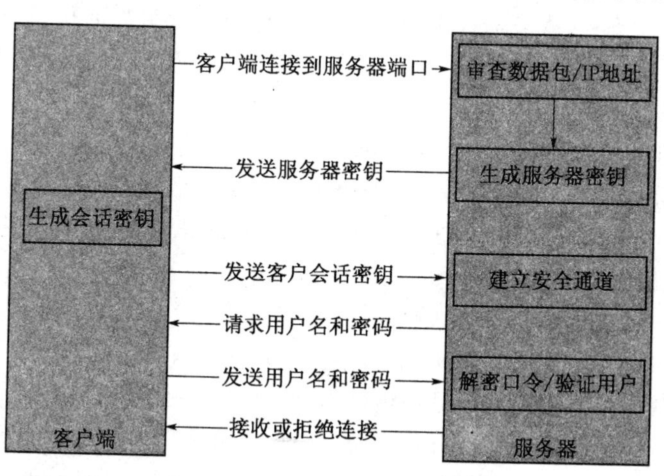

图 3.1.1　SSH 通信系统工作原理

从图 3.1.1 可以看出,客户端首先发送一个连接请求到远程的服务端,服务端检查申请的包和 IP 地址后,发送密钥给 SSH 的客户端,客户端再将会话密钥发送给服务端,自此建立安全通道。然后,SSH 基于安全通道进行身份认证,如通过帐户/密码认证机制进行身份认证。最后建立 SSH 通信。

(4) SSH 安全身份验证

从客户端来看,SSH 提供两种级别的安全验证。第一种级别是基于帐户/密码的安全验证。这种方式不能保证连接的服务器就是用户真正想连接的服务器,可能会有别的服务器在冒充真正的服务器,也就是受到中间人这种方式的攻击。第二种级别是基于密钥的安全验证。与第一种级别相比,第二种级别不需要在网络上传送密码。第二种级别不仅加密所有传送的数据,而且可以防止中间人攻击。

(5) 基于 SSH 的安全通信应用

SSH 在网络安全通信中具有广泛的应用,包括远程安全登录、远程安全拷贝、安全文件传输、端口映射以及 SOCK5 代理等。本实验主要学习和掌握它在远程安全登录、远程安全拷贝和安全文件传输等方面的应用。

(6) SSH 应用软件

最初 SSH 软件(http://www.ssh.com)是由芬兰的一家公司开发的,但是因为受版权和加密算法的限制,现在很多人都转而使用 OpenSSH(Open Secure Shell)。OpenSSH 是 SSH 协议的免费开源实现。目前 OpenSSH 是 OpenBSD 的子计划,它运行在 Unix/Linux 平台。OpenSSH 提供的安全通信工具包括:ssh 、scp、sftp 、sshd、ssh-keygen ssh-agent、ssh-add 和 ssh-keyscan 等,这些安全、加密的网络连接工具代替了传统的 telnet、ftp、rlogin、rsh 和 rcp 等工具。OpenSSH 支持 SSH 协议的版本包括 1.3、1.5 和 2.x。

WinSSHD 这个 SSH 服务器提供图形配置、支持公共密钥鉴定和 Windows 域帐户,使用 SFTP 和 SCP 的安全文件传输,使用远程桌面或者 WinVNC 的安全图形存储以及 vt100, xterm 或者 bvterm 访问通道。

VShell 是高性能的 SSH2(Secure Shell)服务器,提供本地 Windows 访问 Command Shell、控制面板和其他组件的能力。对于系统管理、网络开发和对数据和程序的远程访问,VShell 提供了安全证明、加密的数据传送和数据完整性。此外,VShell 为网络中每个用户提供相应的访问能力,如通过虚拟根目录允许基于用户或用户组来控制安全的文件传输访问特性,通过 Chroot 用户和用户组、Jail Shell 等方式可以将用户对文件系统的访问等行为限制在其主目录下等。此外,VShell 提供可靠的认证机制,包括公共密钥、Kerbero、键盘交互、X.509 数字证明等,能够创建一个更加安全的双重认证策略,从而更为有效的控制网络访问。

PuTTY 是一套免费的跨平台开源 SSH/Telnet 程序,它可以连接 SSH/Telnet 服务器。建立联机以后,所有的通讯内容都是以加密的方式传输。PuTTY 的特点包括:

① 支持 IPv6 连接;

② 可以控制 SSH 连接时加密协议的种类;

③ 目前有 3DES、AES、Blowfish、DES(不建议使用)及 RC4;

④ CLI 版本的 SCP 及 SFTP Client,分别叫做 pscp 与 psftp;

⑤ 内置 SSH Forwarding 的功能，包括 X11 Forwarding；
⑥ 完全模拟 xterm、VT102 及 ECMA-48 终端机的能力；
⑦ 支持公钥认证。

【实验环境】

1. 实验配置

本实验所需的软硬件配置如表 3.1.1 所示。

表 3.1.1　SSH 网络安全通信实验配置

配　置	描　　述
硬件	CPU：Intel Core i7 4790 3.6GHz；主板：Intel Z97；内存：8G DDR3 1333
系统	Linux；Windows
应用软件	Vmware Workstation；openssh；WinSSHD；PuTTY；WinSCP

2. 实验环境网络拓扑

本实验的网络环境拓扑如图 3.1.2 所示。

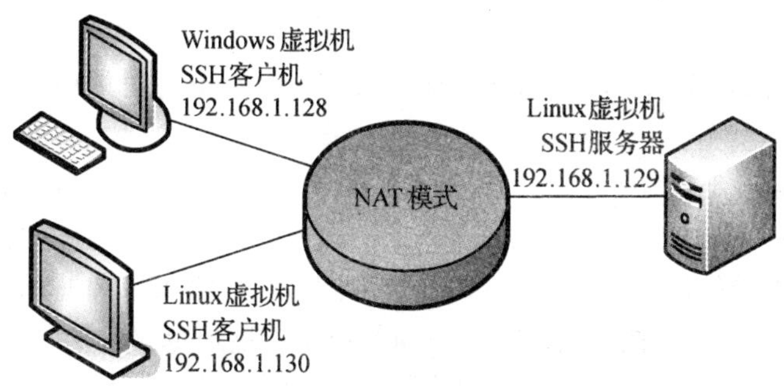

图 3.1.2　SSH 网络安全通信实验网络环境

【实验内容】

(1) Linux 平台下基于 OpenSSH 的 SSH 服务器安装。
(2) OpenSSH 配置。
(3) 启动 SSH 服务器。
(4) 基于 SSH 的远程安全登录。
(5) 基于 SSH 的远程安全数据传输。
(6) 基于公钥的 SSH 用户身份认证。

【实验步骤】

1. 安装 SSH 服务器

(1) 检查系统是否已经安装 SSH 服务器

用 root 帐户登录 IP 地址为 192. 168. 1. 129 的 Linux 虚拟机。在终端下,使用 rpm 命令检查 OpenSSH 的相关软件是否安装。

```
[root@SSH - Server ~]# rpm -qa |grep openssh
openssh-server-5. 3p1-84. 1. el6. x86_64
openssh-5. 3p1-84. 1. el6. x86_64
openssh-clients-5. 3p1-84. 1. el6. x86_64
openssh-askpass-5. 3p1-84. 1. el6. x86_64
```

如果出现以上 OpenSSH 的相关信息,则说明已经安装;如果没有显示,那么通过安装命令进行安装。

(2) 安装 OpenSSH 服务器

获取安装 OpenSSH 所需的软件包,可以从 Linux 安装光盘上获取,也可以通过网上查找(如 http://rpm. pbone. net)下载:

- openssh-5. 3p1-84. 1. el6. x86_64. rpm //包含 OpenSSH 服务器及客户端需要的核心文件。
- openssh-askpass-5. 3p1-84. 1. el6. x86_64. rpm //支持对话框窗口的显示,是一个基于 X 系统的密码诊断工具。
- openssh-clients-5. 3p1-84. 1. el6. x86_64. rpm // OpenSSH 客户端软件。
- openssh-server-5. 3p1-84. 1. el6. x86_64. rpm // OpenSSH 服务器软件包。

将以上 SSH 安装软件包拷贝到 Linux 虚拟机上,例如图 3. 1. 2 所示的 192. 168. 1. 129 Linux 虚拟机。在软件包所在的当前目录下执行以下安装命令:

```
[root@SSH - Server ~]# rpm-ivh openssh-5. 3p1-84. 1. el6. x86_64. rpm
warning: openssh-5. 3p1-84. 1. el6. x86_64. rpm: HeaderV3DSAsignature: NOKEY, keyID1e9c9305
Preparing... ########################################
#####[100%]
1: openssh ########################################
#####[100%]
[root@SSH - Server ~]# rpm-ivh openssh-askpass-5. 3p1-84. 1. el6. x86_64. rpm
warning: openssh-askpass-5. 3p1-84. 1. el6. x86 _ 64. rpm: HeaderV3DSAsignature: NOKEY, keyID79xc68
Preparing... ########################################
#####[100%]
```

```
1: openssh-askpass ##################################################[100%]
[root@SSH - Server ~]# rpm-ivh openssh-clients-5.3p1-84.1.el6.x86_64.rpm
warning: openssh-clients-5.3p1-84.1.el6.x86_64.rpm: HeaderV3DSAsignature: NOKEY, keyID19c9309
Preparing... ##################################################[100%]
1: openssh-clients ##################################################[100%]
[root@SSH - Server ~]# rpm-ivh openssh-server-5.3p1-84.1.el6.x86_64.rpm
warning: openssh-server-5.3p1-84.1.el6.x86_64.rpm: HeaderV3DSAsignature: NOKEY, keyID375c93t8
Preparing... ##################################################[100%]
1: openssh-server ##################################################[100%]
```

以上显示内容说明 SSH 服务器所需软件包已经正确安装。

2. OpenSSH 服务器基本配置

OpenSSH 服务器的功能是通过配置文件/etc/ssh/sshd_config 进行配置。该配置文件包含有 Port、Protocol、PermitEmptyPasswords、PermitRootLogin、PasswordAuthentication、ChallengeResponseAuthentication 和 UsePAM 等常用的配置选项。编辑/etc/ssh/sshd_config 配置文件,并进行以下配置修改。

```
[root@SSH - Server ~]# mv /etc/ssh/sshd_config /etc/ssh/sshd_config.bak
[root@SSH - Server ~]# vi /etc/ssh/sshd_config
Port 22
Protocol 2
PasswordAuthentication yes
PermitEmptyPasswords no
PermitRootLogin yes
ChallengeResponseAuthentication no
UsePAM yes
```

其中,“Port 22”表示 SSH 服务器监听的端口号为 22,“Protocol 2”指定 SSH 支持的通信协议版本,由于 SSH 的版本 1 和 2 不兼容,我们设定为版本 2。“PasswordAuthentication yes” 表示允许密码认证功能。“PermitEmptyPasswords no”表示启用密码验证功能时禁止密码为空。“PermitRootLogin yes”表示允许 root 帐户远程登录。“ChallengeResponseAuthentication no”表示禁止启用 Challenge Response 的验证方法。“UsePAM yes”表示允许使用 PAM 来进行身份验证,这时如果非对称密钥认证失败仍可以用口令验证登录。

3. 启动 SSH 服务器

在 Linux 系统下用 RPM 方式安装 SSH 服务器后,添加了一个 SSH 服务器启动脚本

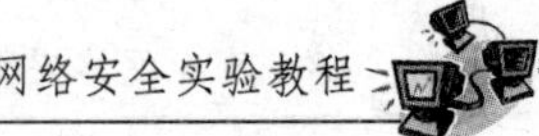

/etc/rc.d/init.d/sshd。因此，可以通过 Linux 的 service 命令来启动 SSH 服务器，或重启 SSH 服务器。操作命令如下所示。

```
[root@SSH-Server ~]# service sshd start
启动 sshd:[确定]
```

以上显示信息表明 SSH 服务器已经正确启动。

如果 SSH 服务已经启动，则在修改 SSH 服务配置后，需要执行以下命令来重启 SSH 服务。

```
[root@SSH-Server ~]# service sshd restart
Stopping sshd: [  OK  ]
  Starting sshd: [  OK  ]
```

4. 基于 SSH 的安全远程登录

下面，我们利用 SSH 实现在客户端上安全登录远程 Linux 服务器，进行安全管理远程 Linux 服务器。

(1) 用帐户/密码方式登录

在 SSH 远程登录认证中，我们采用帐户/密码认证方式，为此在 Linux 服务器上添加用户的认证帐户及密码。例如，用 root 帐户登录 IP 地址为 192.168.1.129 的 Linux 虚拟机，并通过以下操作创建新帐户 bob，并设置帐户密码为 bob123。

```
[root@SSH-Server ~]# useradd bob
[root@SSH-Server ~]# passwd bob
Changing password for user bob.
New UNIX password: bob123
Retype new UNIX password: bob123
passwd: all authentication tokens updated successfully.
[root@SSH-Server ~]
```

(2) 从 Linux 客户端登录 Linux 服务器

在 Linux 客户端安装了 OpenSSH 客户端软件后，可用 ssh 命令连接到 SSH 服务器。例如，在 IP 地址为 192.168.1.130 的 Linux 虚拟机上通过 ssh 命令登录到 IP 地址为 192.168.1.129 的 Linux 虚拟机，登录认证的帐户为“bob”，操作步骤如下所示。

```
[root@SSH-Client ~]# ssh bob@192.168.1.129
bob@192.168.1.129's password: bob123
Last login: Mon May 24 21:21:58 2010 from 192.168.1.130
[bob@SSH-Server ~]$
```

以上结果显示用户 bob 已经从 IP 地址为 192.168.1.130 的 Linux 客户机登录到 IP 地址为 192.168.1.129 的 Linux 服务器上。

(3) 从 Windows 客户端登录 Linux 主机

在 Windows 系统下通过 SSH 登录到 Linux 服务器，需要使用 SSH 客户端软件。

Windows 平台下的 SSH 客户端软件包括 PuTTY、SecureShellClient、SecureCRT 和 F - SecureClient 等。本实验中，我们以 PuTTY 为例说明如何从 Windows 客户端登录到 Linux 服务器。

PuTTY 是开源免费软件，且不需要安装，简单实用。在 Windows 下运行 putty. exe 程序，出现如图 3. 1. 3 所示的对话框。

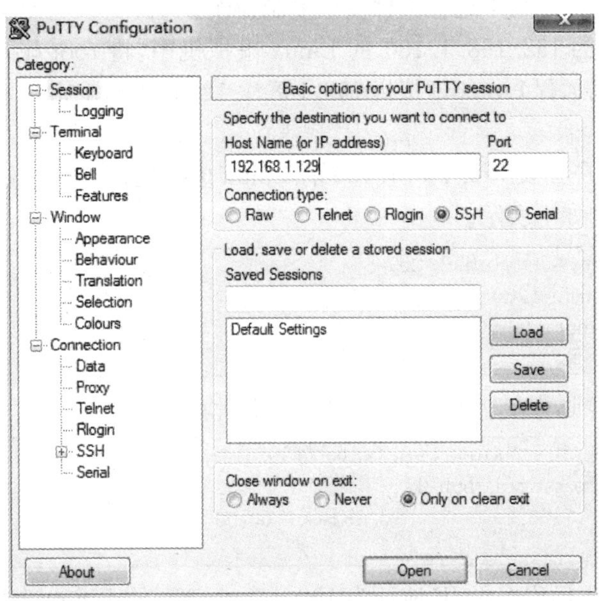

图 3. 1. 3　PuTTY 登录界面

在图 3. 1. 3 的对话框中输入要登录 Linux 服务器的 IP 地址，在本例中为 192. 168. 1. 129。选择 SSH 连接方式，连接端口号默认为 22。点击“Open”按钮，弹出如图 3. 1. 4 所示的窗口。

图 3. 1. 4　远程登录界面

在图 3.1.4 的远程登录界面中输入认证帐户 bob 及其密码 bob123。最后，成功登录 IP 地址为 192.168.1.129 的 Linux 虚拟机。

5. 基于 SSH 的安全远程文件复制

(1) Linux 环境下安全远程文件复制

在 Linux 环境下，通过 SSH 提供的 scp 命令可以实现远程文件安全拷贝。下面我们通过三个实例说明 Linux 环境下远程文件安全复制操作。

例 1：在 IP 地址为 192.168.1.130 的 Linux 虚拟机中，将 root 帐户目录"/root/"下的文件 file1.txt 拷贝到远程 Linux 虚拟机 192.168.1.129 的帐户 bob 的主目录下。操作步骤如下：

首先，用 root 帐户登录 192.168.1.130 的 Linux 虚拟机，并在"/root/"目录下创建文件"file1.txt"，操作命令如下所示。

```
[root@SSH-Client ~]# touch file1.txt
[root@host1~]# ls-al file1.txt
-rw-r--r-- 1 root root 0 06-16 21:27 file1.txt
[root@SSH-Client ~]#
```

然后，用 scp 命令远程复制文件，操作命令如下所示。

```
[root@SSH-Client ~]# scp /root/file1.txt bob@192.168.1.129:/home/bob
bob@192.168.1.129's password: bob123
file1.txt                100%     0     0.0KB/s    00:00
[root@list ~]#
```

接着，用 bob 帐户远程登录 IP 地址为 192.168.1.129 的 Linux 虚拟机，并查看 bob 帐户目录下的内容，操作命令如下所示。

```
[root@SSH-Client ~]# ssh bob@192.168.1.129
bob@192.168.1.129's password: bob123
[bob@net~]$ ls
file1.txt
```

从以上显示内容可以看出，已经将本地 Linux 虚拟机 192.168.1.130 上 root 帐户目录下的文件 file1.txt 成功复制到远程 Linux 虚拟机 192.168.1.129 的 bob 帐户主目录"/home/bob/"下。

例 2：将远程 Linux 虚拟机 192.168.1.129 的 bob 帐户主目录"/home/bob/"下的文件 file2.txt 复制到本地 Linux 虚拟机 192.168.1.130 的 root 帐户主目录"/root/"下。

首先，用 root 帐户登录本地 Linux 虚拟机 192.168.1.130，然后用 bob 帐户登录远程 Linux 虚拟机 192.168.1.129，并在 bob 帐户目录"/home/bob/"下创建一个文件"file2.txt"。接着，退出远程登录，操作命令如下所示。

```
[root@SSH-Client ~]# ssh bob@192.168.1.129
bob@192.168.1.129's password: bob123
[bob@SSH-Server~]$ touch file2.txt
[bob@SSH-Server~]$ ls
file1.txt file2.txt
[bob@SSH-Server~]$ exit
[root@SSH-Client ~]#
```

然后，在本地Linux虚拟机192.168.1.130上用scp命令复制远程文件，操作命令如下所示。

```
[root@SSH-Client ~]# scp bob@192.168.1.129:/home/bob/file2.txt /root/
bob@192.168.1.129's password: bob123
file2.txt                              100%     0     0.0KB/s   00:00
```

接着，查看本地Linux虚拟机192.168.1.130上"/root/"目录下的内容，操作命令如下所示。

```
[root@SSH-Client ~]# ls
file1.txt file2.txt
```

从以上显示内容可以看出，远程Linux虚拟机192.168.1.129上的文件file2.txt已经成功拷贝到本地Linux虚拟机192.168.1.130的"/root/"目录下。

例3:将远程Linux虚拟机192.168.1.129的bob帐户主目录"/home/bob/"下的子目录"wlaq"中的所有文件复制到本地Linux虚拟机192.168.1.130的root帐户目录"/root/"下。

首先，用root帐户登录本地Linux虚拟机192.168.1.130，然后用bob帐户登录远程Linux虚拟机192.168.1.129。在bob帐户目录"/home/bob/"下创建一个文件子目录"wlaq"，并在该子目录下创建两个文件file3.txt和file4.txt，操作命令如下所示。

```
[root@SSH-Client ~]# ssh bob@192.168.1.129
bob@192.168.1.129's password: bob123
[bob@ SSH-Server ~]$ mkdir wlaq
[bob@ SSH-Server ~]$ cd wlaq
[bob@ SSH-Server wlaq]$ touch file3.txt
[bob@ SSH-Server wlaq]$ touch file4.txt
[bob@ SSH-Server wlaq]$ ls
file3.txt file4.txt
```

退出远程登录，然后在本地Linux虚拟机192.168.1.130上用scp命令加上"-r"参数复制远程目录，操作命令如下所示。

```
[bob@ SSH-Server wlaq]$ exit
[root@SSH-Client ~]#
```

```
[root@SSH - Client ~]# scp -r bob@192.168.1.129:/home/bob/wlaq /root/
bob@192.168.1.129's password: bob123
file4.txt                    100%    0    0.0KB/s   00:00
file3.txt                    100%    0    0.0KB/s   00:00
```

接着，查看本地 Linux 虚拟机"/root/"目录下的内容，操作如下所示。

```
[root@SSH - Client ~]# ls
walq file1.txt file2.txt
[root@SSH - Client ~]# cd wlaq
[root@ SSH - Client wlaq]# ls
file3.txt file4.txt
```

从以上显示内容可以看出，远程 Linux 虚拟机 192.168.1.129 上的目录"wlaq"及其里面的文件已经成功拷贝到本地 Linux 虚拟机 192.168.1.130 的"/root/"目录下。

(2) Windows 环境下安全远程文件复制

在 Windows 系统下通过 SSH 将文件或整个目录复制到远程 Linux 虚拟机上，或者将远程 Linux 虚拟机上的文件/目录复制到 Windows 下，需要使用支持 SCP/SFTP 的 SSH 客户端软件。Windows 平台下的 SCP/SFTP SSH 客户端软件包括 WinSCP、SecureShellClient 和 FileZilla 等。本实验中，我们以 WinSCP 为例来说明如何从 Windows 客户端复制文件/目录到远程 Linux 虚拟机，或从远程 Linux 虚拟机将文件/目录复制到 Windows 客户端。

WinSCP 是开源免费软件，具有绿色版不需要安装，因此简单实用。在 Windows 下运行 WinSCP.exe 程序，出现如图 3.1.5 所示的对话框。

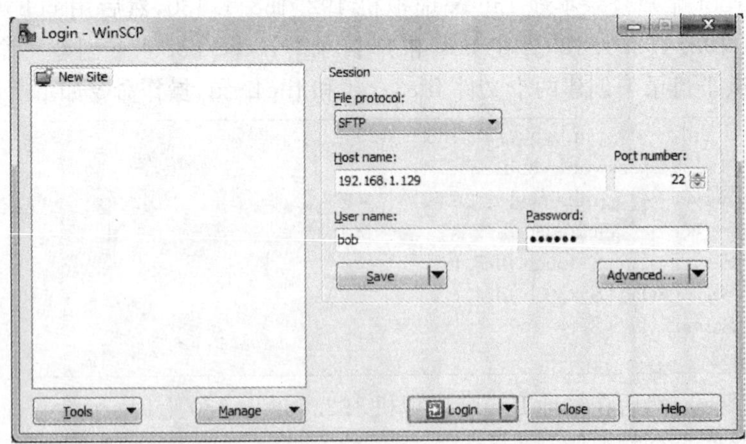

图 3.1.5 WinSCP 登录操作界面

在图 3.1.5 的对话框中输入要登录 SSH 服务器的 IP 地址，在本例中为远程 Linux 虚拟机的 IP 地址 192.168.1.129。选择 SSH 连接方式，连接端口号用默认的 22。在帐户名/

密码栏中分别输入“bob/bob123”，点击“Login”按钮，弹出如图 3.1.6 所示的窗口。

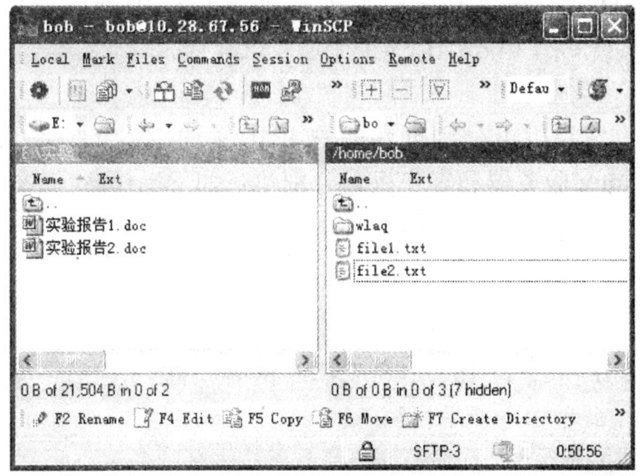

图 3.1.6　WinSCP 登录后窗口

在图 3.1.6 的右边窗口中显示的是用 bob 帐户通过 SFTP 登录远程 Linux 虚拟机 192.168.1.129 后的“/home/bob/”目录下的内容。左边窗口显示的 Windows 本地主机“E:\实验”目录下的内容。这时候，我们可以通过 WinSCP 的复制命令把 Windows 虚拟机中的文件/目录上传到远程 Linux 虚拟机上，或者将远程 Linux 虚拟机上的文件/目录下载到 Windows 虚拟机中。例如，将 192.168.1.129 远程 Linux 虚拟机的“/home/bob/”目录下的 file2.txt 文件复制到 Windows 虚拟机的“E:\实验”目录下，以及将 Windows 虚拟机的“E:\实验”目录下的“实验报告 1.doc”文件复制到 192.168.1.129 远程 Linux 虚拟机的“/home/bob/”目录下，如图 3.1.7 所示。

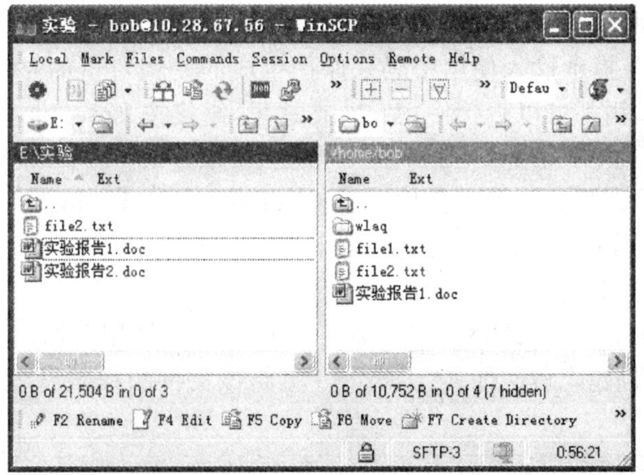

图 3.1.7　Windows 下远程文件复制

6. 基于公钥的 SSH 用户身份认证

实验场景：① SSH 客户端：Linux 操作系统，帐户 bob，IP 地址 192.168.1.130；② SSH 服务器：Linux 操作系统，帐户 bob，IP 地址 192.168.1.129。

(1) 新建帐户

在 SSH 服务器和客户机上分别创建帐户 bob，例如，在 IP 地址为 192.168.1.129 和 192.168.1.130 的 Linux 服务器和客户机上分别执行如下操作命令。

```
[root@SSH - Server ~]# useradd bob
[root@ SSH - Client~]# useradd bob
```

(2) 创建密钥对

用帐户 bob 登录 IP 地址为 192.168.1.130 的客户端，并在 bob 帐户下用 ssh-keygen 命令创建密钥对，操作命令如下所示。

```
[bob@ SSH - Client ~]$ ssh-keygen-t rsa
Generating public/private rsa key pair.
Enter file in which to save the key (/home/bob/.ssh/id_rsa):
Created directory '/home/bob/.ssh'.
Enter passphrase (empty for no passphrase):
Enter same passphrase again:
Your identification has been saved in /home/bob/.ssh/id_rsa.
Your public key has been saved in /home/bob/.ssh/id_rsa.pub.
The key fingerprint is:
d2:7e:55:f2:ab:e6:d6:d5:18:fa:34:ed:f3:9f:7a:3a bob@list.cslg.cn
[bob@ SSH - Client ~]$
```

其中，"-t rsa"命令参数表示使用 RSA 算法。此外，在出现以上所示的提示中，"Enter file in which to save the key (/home/bob/.ssh/id_rsa):" 提示输入生成的密钥对存在什么地方，默认是当前用户的主目录下，按 Enter 键，使用默认设置。"Enter passphrase (empty for no passphrase):" 提示输入使用密码来保护生成的密钥对里的私钥，如果不使用密码保护，任何人得到私钥都可以直接使用它。在这里，直接按 Enter 键，不设置密码保护。

ssh-keygen 命令执行完后，会在 bob 帐户的主目录(/home/bob)下自动生成一个隐藏的目录".ssh"。该目录里包含两个文件：id_rsa 和 id_rsa.pub。id_rsa 是私钥，id_rsa.pub 是公钥。公钥需要放到要登录的远程服务器上，私钥自己保留。

(3) 在 SSH 服务器上建立".ssh"目录

使用 bob 帐户登录到 IP 地址为 192.168.1.129 的 SSH 服务器上，在 bob 帐户的主目录(/home/bob/)下创建隐藏文件夹".ssh"，并且将该文件的权限设置 755，操作命令如下所示。

```
[bob@ SSH - Server ~]$ mkdir .ssh
[bob@ SSH - Server ~]$ chmod 755 .ssh
```

(4) 将客户机上"bob"帐户的公钥上传到 SSH 服务器

在 IP 地址为 192.168.1.130 的客户机上，将步骤(2)创建的密钥对中的公钥(id_rsa.pub)通过 scp 命令复制到 IP 地址为 192.168.1.129 的远程 SSH 服务器上，并改名为 authorized_keys，操作步骤如下所示。

```
[bob@ SSH-Client ~]$ scp /home/bob/.ssh/id_rsa.pub bob@192.168.1.129:~/.ssh/authorized
_keys
bob@192.168.1.129's password: bob123
id_rsa.pub                                  100%   398     0.4KB/s   00:00
```

以上显示结果表示上传成功。

(5) SSH 服务器设置

用 root 帐户登录到 IP 地址为 192.168.1.129 的 SSH 服务器上，对 SSH 服务器的配置文件/etc/ssh/sshd_config 中的参数进行设置，设置内容如下所示。

```
[root@SSH-Server ~]# vi /etc/ssh/sshd_config
PasswordAuthentication  no          #不使用密码认证
ChallengeResponseAuthentication  no    #不使用挑战方式认证
UsePam  no          #不使用 PAM 认证
PubkeyAuthentication yes                #开启公钥认证
AuthorizedKeysFile .ssh/authorized_keys   #认证公钥文件位置
```

其中，每行参数设置及含义如上注释所示。

(6) 公钥认证登录测试

使用 bob 帐户登录到 IP 地址为 192.168.1.130 的客户机，并在客户机上使用以下命令登录 IP 地址为 192.168.1.129 的 SSH 服务器。

```
[bob@ SSH-Client ~]$ ssh bob@192.168.1.129
[bob@ SSH-Server ~]$
```

以上结果显示在客户机上用 bob 帐户通过公钥认证成功登录 SSH 服务器。

【实验报告】

(1) 请回答实验目的中的思考题。

(2) 分析说明 SSH 的安全通信原理。

(3) 结合本次的实验操作，说明本次实验解决了哪些网络通信安全问题？

(4) 说明 OpenSSH 网络安全通信软件的功能，并举例说明具体操作步骤。

(5) 举例说明 Windows 平台下的 SSH 服务器安装配置及应用(选做)。

(6) 请谈谈你对本实验的看法，并提出你的意见或建议。

实验 3.2 基于 PGP 的 Email 安全通信实验

【实验目的】

(1) 理解网络安全通信中公钥密码系统的加密、解密过程以及密钥使用方式。
(2) 了解网络安全通信中密钥的安全管理方式和信任关系。
(3) 了解数字签名的基本概念和使用方式,包括如何对文件进行签名和验证。
(4) 掌握 PGP 的体系结构和应用原理。
(5) 学习和掌握 PGP 电子邮件安全通信软件的功能与使用。
(6) 思考:
① 网络通信中有哪些应用需要用到加密?
② 在网络通信中如何安全交换密钥?
③ 在公钥密码系统中,密钥的安全性问题有哪些?
④ 在网络通信中,Email 通信应用存在哪些网络安全问题?
⑤ 如何实现 Email 的安全通信?

【实验原理】

1. Email 通信安全问题

随着 Internet 的进一步发展,Email(电子邮件)逐渐成为又一种重要的网络通信应用。目前,Email 已经成为人们联系沟通的重要手段,其重要性有时远远超过电话通信。随着电子邮件的普及和应用,伴随而来的电子邮件安全方面问题也越来越多的引起人们的关注。我们已经认识到电子邮件用户所面临的安全性风险变得日益严重。病毒、蠕虫、垃圾邮件、网页仿冒欺诈、间谍软件和一系列更新、更复杂的攻击方法,使得电子邮件通信和电子邮件基础结构的管理成为了一种更加具有风险的行为。

电子邮件安全问题主要包括两个方面:一是电子邮件服务器的安全,包括网络安全以及如何从服务器端防范和杜绝垃圾邮件、病毒邮件和钓鱼邮件等,这些是电子邮件服务的基本要求。而另一问题是如何确保电子邮件用户的电子邮件内容不会被非法窃取、非法篡改和如何防止非法用户登录合法用户的电子邮件帐户。由于电子邮件内容中有非常重要的个人机密信息或机密的商业信息,才使得有人采取非法手段窃取邮件内容、篡改邮件内容和伪造合法身份发送电子邮件。由于系统电子邮件同其他互联网应用一样都是明文传输,使得窃取邮件内容、篡改邮件内容变得非常容易实现,而常用的电子邮件 Web 方式登录也是采用简单的帐户/密码方式认证,使得非常容易被非法获得而伪造合法身份登录电子邮件帐户来查阅电子邮件和发送电子邮件。例如,中国第一个互联网发生侵权的案件,就是通过电子邮件而造成的侵权案件。以上问题并没有得到电子邮件服务提供商及电子邮件用户的足够重视并采取相应的安全技术措施。

在本节实验中，我们了解和学习端到端的安全 Email 技术，并通过学习和掌握基于 PGP 的 Email 安全通信，解决如何确保 Email 内容不会被非法窃取和伪造的安全性问题，提供对邮件的保密性和发送方身份认证服务。

2. PGP 邮件安全通信

(1) PGP 概述

PGP(Pretty Good Privacy)是基于公钥加密体系的数据加密安全通信工具，它采用了审慎的密钥管理机制和良好的人机工程设计。PGP 中使用的加密算法包括 RSA(Rivest-Shamir-Adleman)公钥算法、传统加密的杂合算法，用于 DSS(Digital Signature Standard)数字签名的邮件文摘算法。PGP 的基本功能包括：文件加密、通信加密和数字签名等。首先，可以用 PGP 实现对电子邮件的保密以防止非授权者阅读。其次，PGP 还能对电子邮件加上数字签名，从而使收信人可以确信邮件是合法发信者发来的。PGP 使用户可以安全地和从未见过的人们通讯，事先并不需要任何保密的渠道用来传递密钥。此外，它具有速度快和加密前压缩等特点。

(2) PGP 安全通信原理

和其他通信应用一样，Email 通过开放的网络传输，网络上的其他人都可以监听或者截取邮件，来获得邮件的内容，因此，保护 Email 信息不被第三者获得就需要加密技术。还有一个问题就是 Email 认证，即如何让收信人确信邮件没有被第三者篡改，这就需要数字签名技术。RSA 公钥体系的特点使得它非常适合用来满足上述两个要求：保密性和认证性。RSA 算法是一种基于大数不可能质因数分解假设的公钥体系。简单地说就是找两个很大的质数，一个公开即公钥；另一个不告诉任何人，即私钥。这两个密钥是互补的，就是说用公钥加密的密文可以用私钥解密，反过来也一样。例如，假设 A 要寄信给 B，他们互相知道对方的公钥。A 就用 B 的公钥加密邮件寄出，B 收到后就可以用自己的私钥解密出 A 的原文。由于没别人知道 B 的私钥，所以即使是 A 本人也无法解密那封信，这就解决了信件保密的问题。另一方面由于每个人都知道 B 的公钥，他们都可以给 B 发信，那么 B 就无法确信是不是 A 的来信。这时候就需要用邮件摘要和数字签名来认证。在 PGP 中，它是用 MD5 算法产生一个 128 位数作为邮件文摘，并用私钥对邮件摘要进行加密。例如，A 用自己的私钥将上述的 128 位的特征值加密，附加在邮件后，再用 B 的公钥将整个邮件加密。这样这份密文被 B 收到以后，B 用自己的私钥将邮件解密，得到 A 的原文和签名，B 的 PGP 也从原文计算出一个 128 位的特征值来和用 A 的公钥解密签名所得到的数比较，如果符合就说明这份邮件确实是 A 寄来的。这样，两个安全性要求都得到了满足。

PGP 实际上用的是 RSA 和传统对称加密杂合的方法。因为 RSA 算法计算量极大在速度上不适合加密大量数据，PGP 实际上用来加密的不是 RSA 本身，而是采用了一种叫 IDEA 的传统加密算法。IDEA 的加/解密速度比 RSA 快得多，所以实际上 PGP 是以一个随机生成密钥(即会话密钥)用 IDEA 算法对明文加密，然后用 RSA 算法对该密钥加密。这样，收件人同样是用 RSA 解密出这个随机密钥，再用 IDEA 解密邮件本身。这样的链式加密就做到了既有 RSA 体系的保密性，又有 IDEA 算法的快捷性。

(3) PGP 密钥安全管理机制

以上介绍了 PGP 的安全通信原理，下面将简介与 PGP 相关的密钥管理机制。一个成熟的加密体系必然要有一个成熟的密钥安全管理机制配套。首先，和传统单密钥体系一样，私钥的保密也是决定性的。相对公钥而言，私钥不存在被篡改的问题，但存在泄露的问题。RSA 的私钥是很长的一个数字，用户不容易将它记住，为此 PGP 让用户为随机生成的 RSA 私钥指定一个密码，只有通过给出密码才能将私钥释放出来使用。因此，PGP 把公钥和私钥用密码加密后存放在密钥环(Key Ring)文件中，这样用户可以用易记的密码间接使用私钥。PGP 主要在三处需要用户输入密码：① 需要解开收到的加密信息时，PGP 需要用户输入密码，取出私钥解密信息；② 当用户需要为文件或信息签字时，用户输入密码，取出私钥加密；③ 对磁盘上的文件进行传统加密时，需要用户输入密码。

如果密钥是通过网络传送，那么网络上其他人就可以通过监听得到。对 PGP 来说公钥本来就要公开，就没有防监听的问题。但公钥的发布中仍然存在安全性问题，例如，公钥的被篡改(Public Key Tampering)，这是公钥密码体系中的另一个安全问题。必须有一种机制保证用户所得到的公钥是正确的，而不是别人伪造的。PGP 公钥安全获取方法包括：① 物理上直接获取公钥；② 通过电话验证公钥；③ 从双方都信任的个体处获得公钥；④ 从一个信任的 CA 中心得到公钥(即数字证书)。对于那些非常分散的用户，PGP 建议使用私人方式的密钥交换方式，因为非官方途径更能反映出人们自然的社会交往，而且人们也能自由地选择信任的人来介绍。

关于私钥和公钥的安全性问题是 PGP 安全的核心。此外，PGP 在安全性问题上的审慎考虑体现在 PGP 的各个环节。例如，PGP 程序关键数(如 RSA 密钥)的产生是从用户敲键盘的时间间隔上取得随机数种子，保证每次加密的实际密钥是个随机数。对于磁盘上的 randseed. bin 文件是采用和邮件同样强度加密，这有效地防止他人从 randseed. bin 文件中分析出加密实际密钥的规律来。

(4) PGP 应用软件

① PGP Desktop Professional

PGP Desktop Professional 是 PGP 公司推出的一款安全软件，它提供了多种的功能和工具(包括 PGPkeys、PGPmail 和 PGPdisk)，保证电子邮件、文件、磁盘，以及网络通讯的安全。PGP 的功能包括：(a) 使用 PGPkeys 创建以及管理密钥，包括创建、查看和维护 PGP 密钥对，以及把任何人的公钥加入公钥库中。(b) 通过 PGPmail 工具和电子邮件插件，对 Email 进行加密/签名以及解密/效验。(c) 使用创建 PGPdisk 加密卷文件(. pgd)，此文件用 PGPdisk 加载后，将以新分区的形式出现，可以在此分区内放入需要保密的任何文件。

② OpenPGP/GnuPG

OpenPGP 是一个不受专利和法律约束的开放式安全协议标准。该标准得到 Qualconn、

IBM 等公司的支持，也将很快成为 IETF 标准。OpenPGP 源于 PhilAimmermann 在 1991 年发布的 PGP。它基于早期 PGP 的二进制信息通信格式和身份认证格式，是一种近来在学术圈和技术圈内得到广泛使用、成型的端到端的安全邮件标准，也是世界上最广泛使用的电子邮件数字签名/加密协议之一。

GnuPG（英文 GNU Privacy Guard，简称 GPG）是一份开放源代码的 PGP 加密自由软件。GnuPG 依照由 IETF 订定的 OpenPGP 技术标准设计。GnuPG 用于加密、数字签章及产生非对称密钥对的软件。GnuPG 是自由软件基金会的 GNU 计划的一部份，目前受德国政府资助。以 GNU 通用公共许可证第三版授权。

GnuPG 最初由 Werner Koch 开发。1.0.0 版于 1999 年发布。德国经济与技术部于 2000 年开始资助此计划并把它移植至 Microsoft Windows。GnuPG 使用用户自行生成的非对称密钥对来加密信息，由此产生的公钥可以同其他用户以各种方式交换，如密钥服务器。GnuPG 还可以向信息添加一个加密的数字签名，这样，收件人可以验证信息完整性和发件人。

【实验环境】

1. 实验配置

本实验所需的软硬件配置如表 3.2.1 所示。

表 3.2.1　基于 PGP 的网络安全通信实验配置

配　置	描　　述
硬件	CPU：Intel Core i7 4790 3.6GHz；主板：Intel Z97；内存：8G DDR3 1333
系统	Windows
应用软件	Vmware Workstation；PGP Desktop；Microsoft Outlook

2. 实验环境网络拓扑

本实验的网络环境拓扑如图 3.2.1 所示。

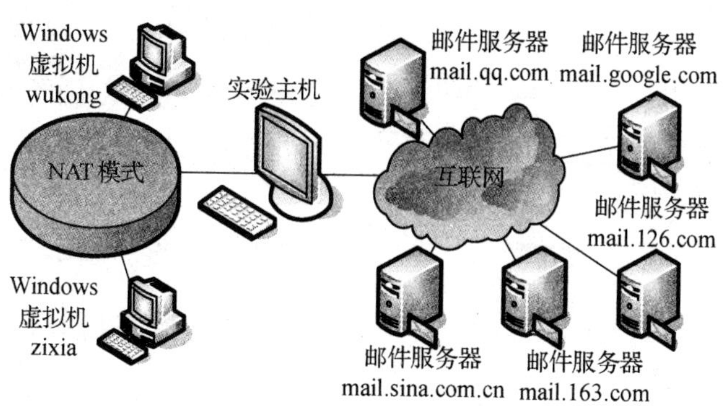

图 3.2.1　基于 PGP 的网络安全通信实验网络环境

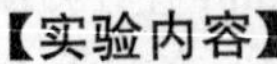

【实验内容】

(1) PGP 密钥对管理。

(2) 基于 PGPmail 的安全 Email 通信。

【实验步骤】

1. PGP 密钥对管理

PGP 密钥对管理包括 PGP 的密钥创建、密钥导入/导出、密钥交换以及密钥缓存等方面的管理。在本实验内容中我们将学习这些方面的内容。

(1) 启动 PGP Desktop

在 wukong 虚拟机的 Windows 开始菜单中，选择 PGP Desktop 执行程序，如图 3.2.2 所示。

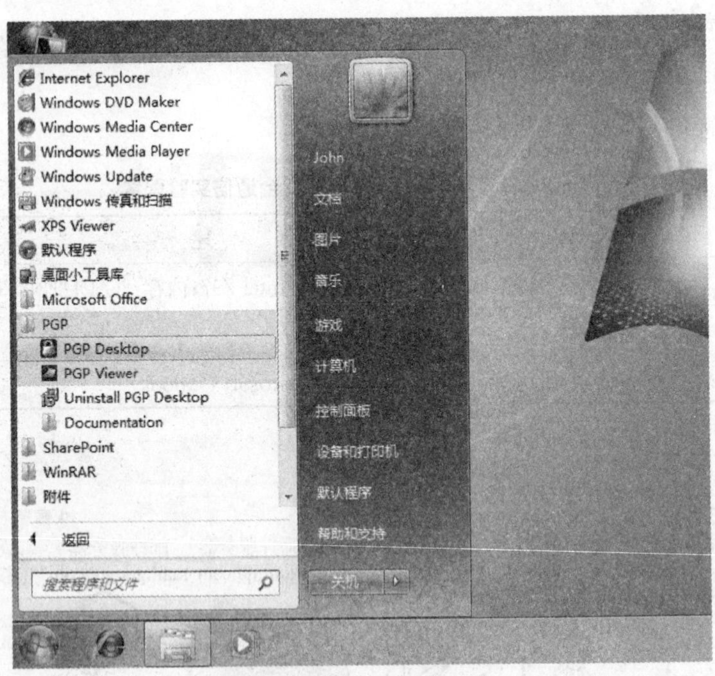

图 3.2.2 启动 PGP Desktop

(2) 创建密钥对

Windows 系统启动 PGP Desktop 后，弹出如图 3.2.3 所示的 PGP Desktop 操作界面。

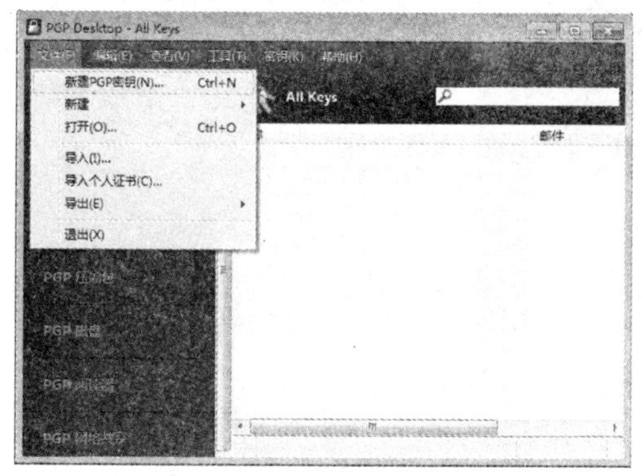

图 3.2.3　PGP Desktop 操作界面

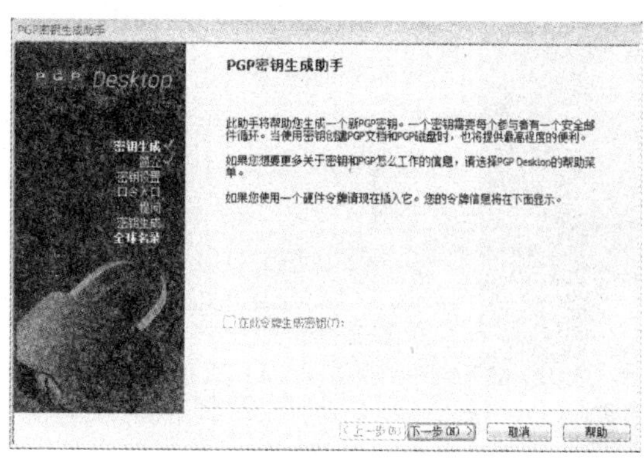

图 3.2.4　PGP 密钥生成向导

在图 3.2.3 的菜单中点击“文件→新建 PGP 密钥(N)……”按钮，弹出如图 3.2.4 所示的 PGP 密钥生成向导。

在图 3.2.4 中，点击“下一步”按钮，弹出如图 3.2.5 所示的密钥对指定名称及 Email 地址。

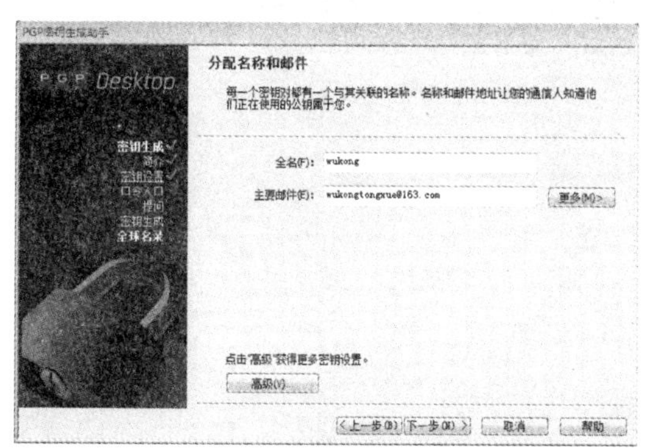

图 3.2.5　为密钥对指定名称和 Email 地址

图 3.2.6　设置密码

在图 3.2.5 中，输入与创建密钥对关联的名称及其 Email 地址，在本例中，为创建的密钥对指定的名称为“wukong”，对应的 Email 地址为 wukongtongxue@163.com。点击“下一步”按钮，弹出如图 3.2.6 所示的对话框。

在图 3.2.6 中，将为密钥对中的私钥设置一个加密口令，本例中设置的口令为“wukong163”。点击“下一步”按钮，弹出如图 3.2.7 所示的对话框。

在图 3.2.7 中，出现密钥生成的过程状态。生成结束后，点击“下一步”按钮，弹出如图 3.2.8 所示的对话框。

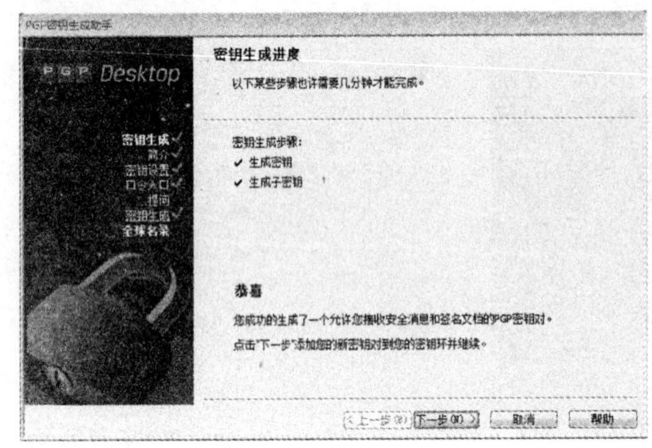

图 3.2.7 密钥生成进度

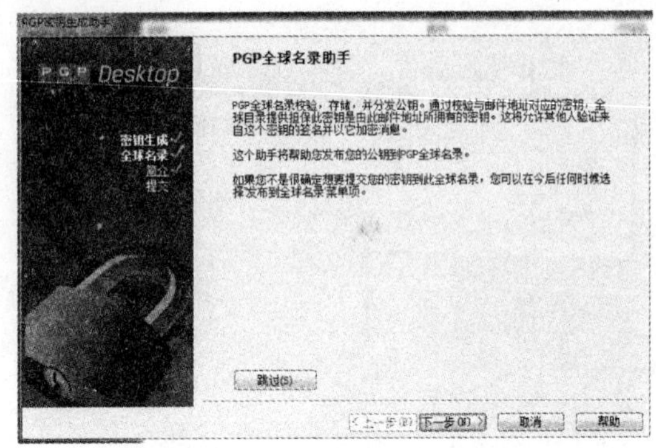

图 3.2.8 密钥对创建完成

在图 3.2.8 中，点击“跳过”按钮。

图 3.2.9 显示了密钥对顺利产生。这时，在 PGP Desktop 的主窗口中可以看到新创建的密钥对。

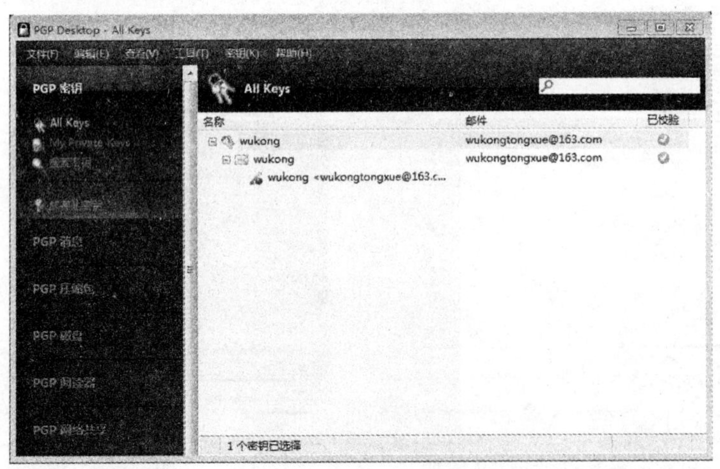

图 3.2.9 密钥对创建完成

同样，在 zixia 虚拟机中为 Email 账户 zixiatongxue@163. com 创建一个密钥对，其中私钥的加密口令为“zixia163”。

(3) 导出 PGP 公钥及签名

在 wukong 虚拟机中，选中 PGP Desktop 主窗口中需要导出的密钥对。例如，要将 wukong 的公钥导出，用鼠标右键单击“wukong”。然后，在右键菜单中点击“导出(X)……”按钮，如图 3.2.10 所示。

在弹出如图 3.2.11 所示的对话框中，选择保存的目的位置为“C:\Users\John\

Desktop\实验 3.2 基于 PGP 的 Email 安全通信实验”目录。

图 3.2.10　导出密钥

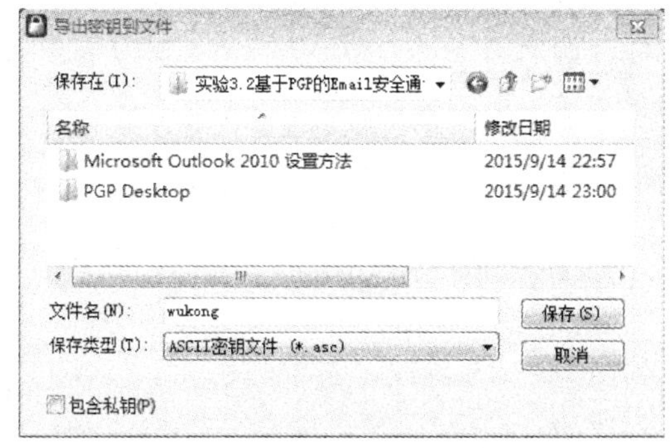

图 3.2.11　保存密钥文件对话框

点击图 3.2.11 中的“保存”按钮，将 wukong 的公钥保存到“C:\Users\John\Desktop\实验 3.2 基于 PGP 的 Email 安全通信实验”目录的“wukong.asc”文件中。

(4) 密钥交换

密钥交换的方式可以有多种，比如采用物理交换的方式，即将步骤(3)导出的公钥文件用移动存储介质(如 U 盘等)拷贝给其他通信对象。本实验中，我们将学习通过电子邮件实现公钥交换。

① 发送公钥

首先，在 wukong 虚拟机中打开 PGP Desktop，选中 PGP Desktop 主窗口中需要交换的密钥对。例如，要将 wukong 的公钥交换给其他通信对象 zixiatongxue@163. com，用鼠标右键单击“wukong”。然后，在右键菜单中点击“邮件接收人(M)”子菜单，如图 3. 2. 12 所示。

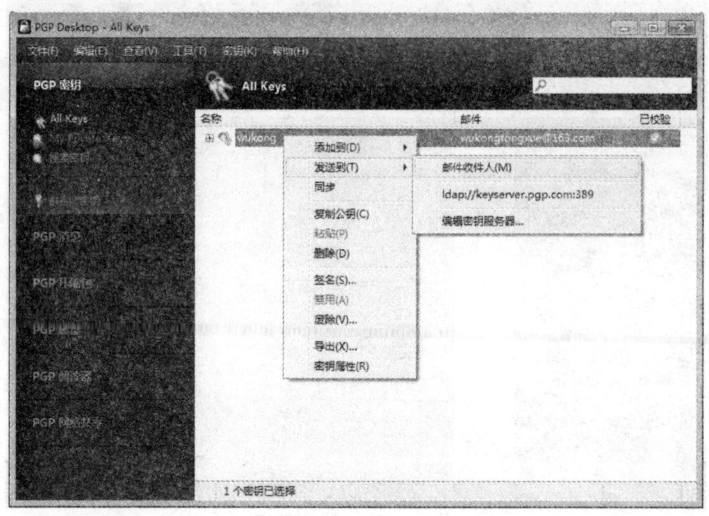

图 3. 2. 12　通过邮件交换密钥

这时，PGP Desktop 将自动调用 Microsoft Outlook 2010 客户端软件，并弹出发送邮件窗口，如图 3. 2. 13 所示。

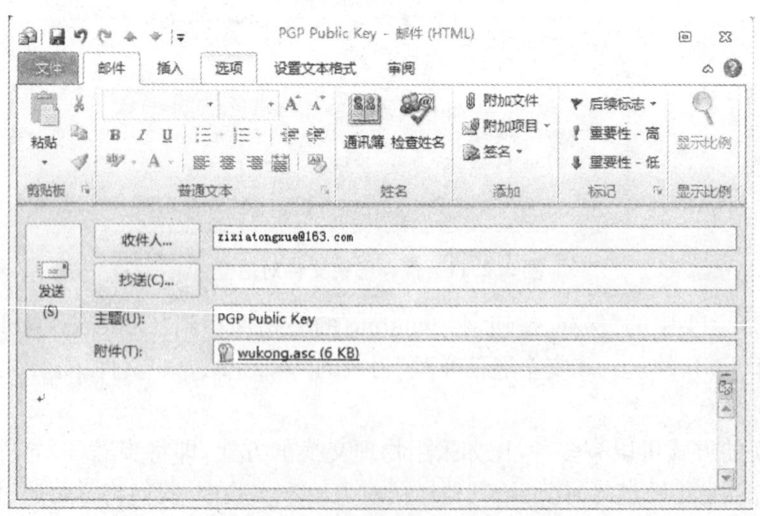

图 3. 2. 13　保存密钥文件对话框

从图 3. 2. 13 中可以看出，附件中自动加载了 wukong 的公钥文件“wukong. asc”。在收信人栏目中输入通信对象的 Email 地址，例如 zixiatongxue@163. com。点击“发送”按钮，将 wukong 的公钥发送给 zixia 的 Email 邮箱。

② 接收并导入公钥

在 zixia 虚拟机中，用 Microsoft Outlook 2010 打开 zixia 的 Email 邮箱。可以在收信箱中看到来自 wukong 发送给她的 Email，且 Email 附件中包含有公钥文件“wukong. asc”，如图 3. 2. 14 所示。

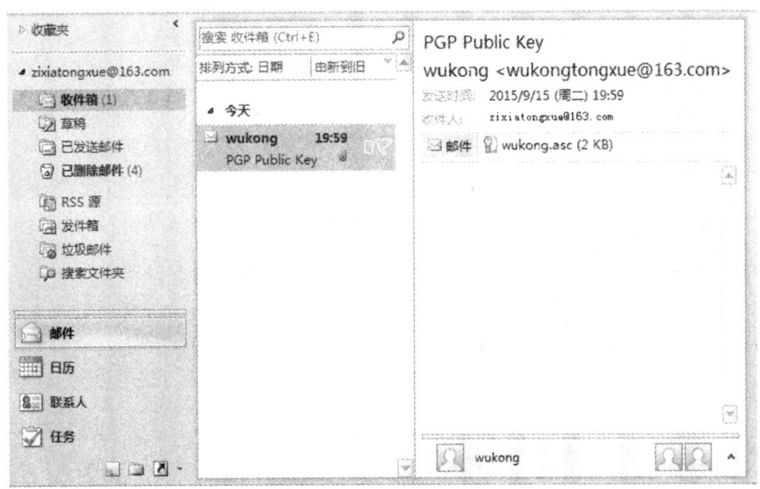

图 3. 2. 14　收信内容

双击该附件，弹出对话框，如图 3. 2. 15 所示。

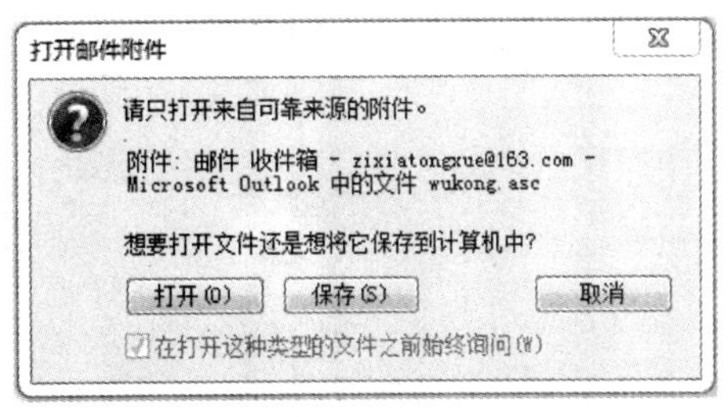

图 3. 2. 15　打开邮件附件话框

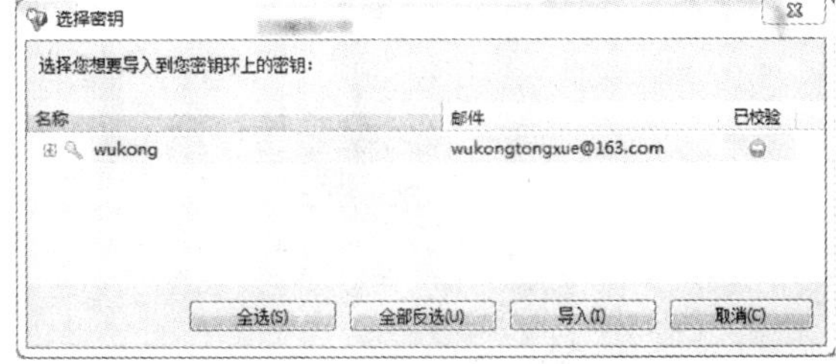

图 3. 2. 16　选择密钥窗口

在图 3. 2. 15 中点击“打开”按钮，弹出“选择密钥”对话框，如图 3. 2. 16 所示。

在图 3. 2. 16 的主窗口中，选中 wukong 的公钥，然后点击“导入”按钮。这时，可以在 PGP Desktop 的主窗口中看到新导入的 wukong 公钥，如图 3. 2. 17 所示。

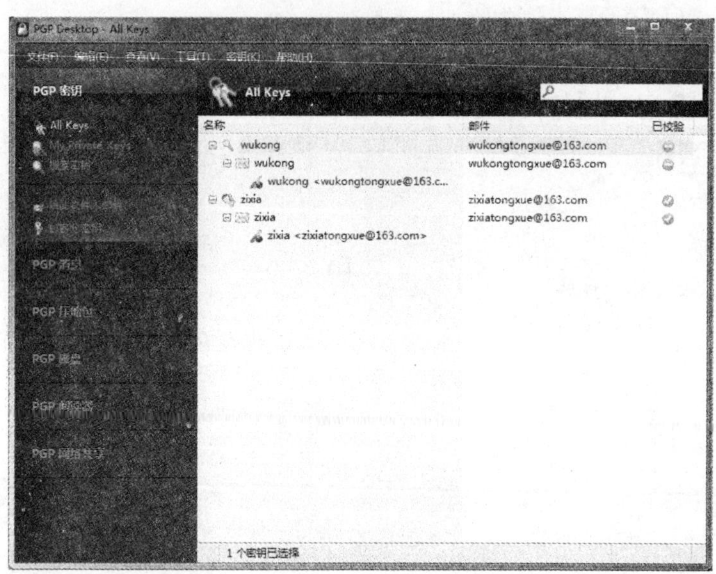

图 3.2.17 PGP Desktop 操作窗口

从图 3.2.17 可以看出，新导入的 wukong 公钥没有被检验。需要对其进行签名验证。右键点击 wukong 公钥，在弹出的右键菜单中，选择“签名(S)……”，如图 3.2.18 所示。

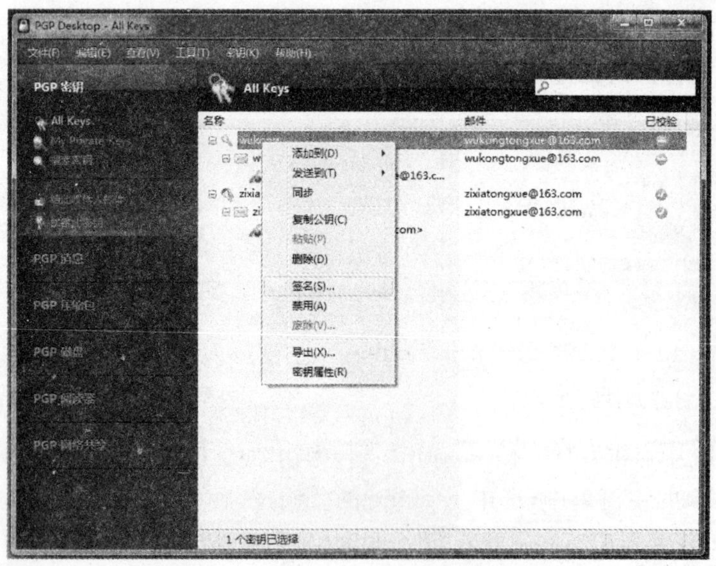

图 3.2.18 PGP Desktop 操作窗口

在弹出的 PGP 签名密钥对话框中，选中需要签名的 wukong 公钥，如图 3.2.19 所示。

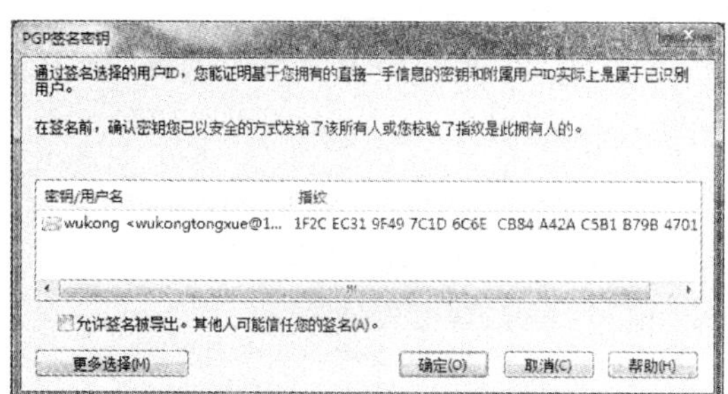

图 3.2.19　PGP 签名密钥

图 3.2.20　PGP 为选择密钥输入口令

在图 3.2.19 中，点击“确定”按键，弹出如图 3.2.20 所示对话框。

在图 3.2.20 中，输入签名私钥 zixia 的口令“zixia163”，点击“确定”按键。这时可以看出，wukong 的公钥已经被签名验证，如图 3.2.21 所示。

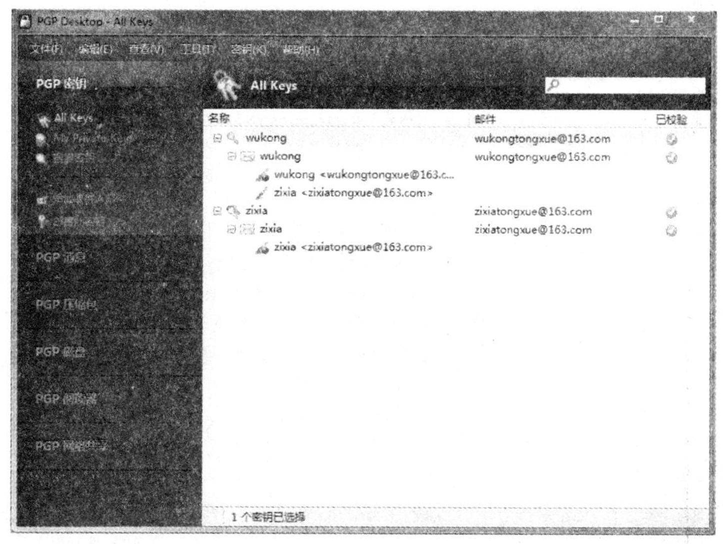

图 3.2.21　PGP Desktop 操作窗口

在 zixia 虚拟机上重复以上操作，将 zixia 的公钥交换给 wukong。

2. PGP 安全 Email 通信

PGP 的 PGPmail 工具为用户提供了安全的 Email 通信，包括 Email 信息加密通信及 Email 数字签名通信等。在本实验中，我们将学习这方面的内容。

(1) 发送加密 Email

实验场景：在 wukong 虚拟机上，wukong 发送加密的 Email 给 zixia。

通过实验内容 3 的密钥管理实验，wukong 已经获得了 zixia 的公钥，因此当需要给

zixia 发送保密 Email 时，可以通过 zixia 的公钥对 Email 进行加密。操作步骤如下：

首先，进行 PGP 消息服务设置。打开 PGP Desktop，在操作界面菜单中选择“PGP 消息”项，如图 3.2.22 所示。

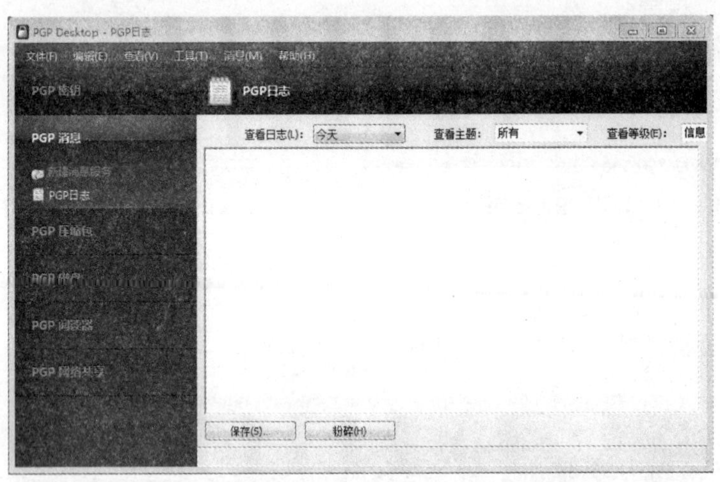

图 3.2.22 PGP 消息项

在图 3.2.22 中，点击“新建消息服务”项，在主窗口中弹出新服务的帐号属性设置和安全策略设置，如图 3.2.23 所示。

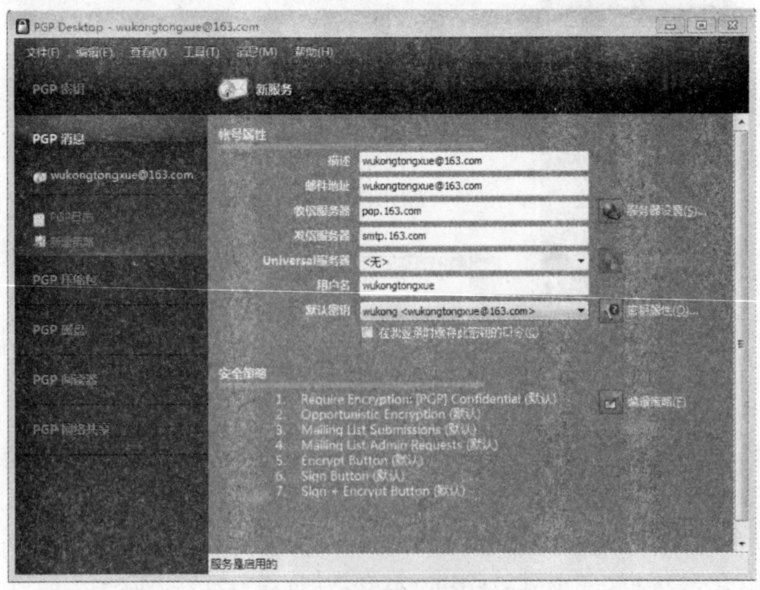

图 3.2.23 新消息服务设置

在图 3. 2. 23 中，对帐号属性进行如下设置。描述：wukongtongxue @ 163. com，邮件地址：wukongtongxue @ 163. com，用户名：wukongtongxue，默认密钥选择“wukong < wukongtongxue@163. com >”。点击“服务器设置(S)……”，弹出如图 3. 2. 24 所示的服务器设置对话框。

在图 3. 2. 24 中，收信邮件服务器的名称设置为 pop. 163. com；发信邮件服务器的名称设置为 smtp. 163. com。点击“确定”按钮。

在图 3. 2. 23 的安全策略设置中，点击“编辑策略(E)……”按钮，如图 3. 2. 25 所示。

在图 3. 2. 25 中，将所有默认安全策略都不选。然后，点击“新建安全策略(N)……”按钮，弹出如图 3. 2. 26 所示的对话框。

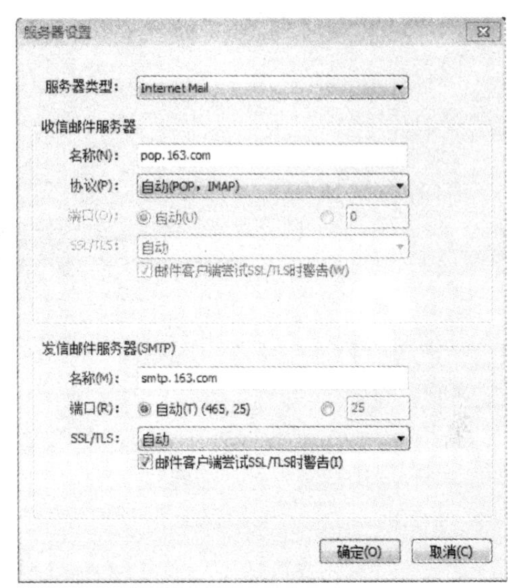

图 3. 2. 24　服务器设置对话框

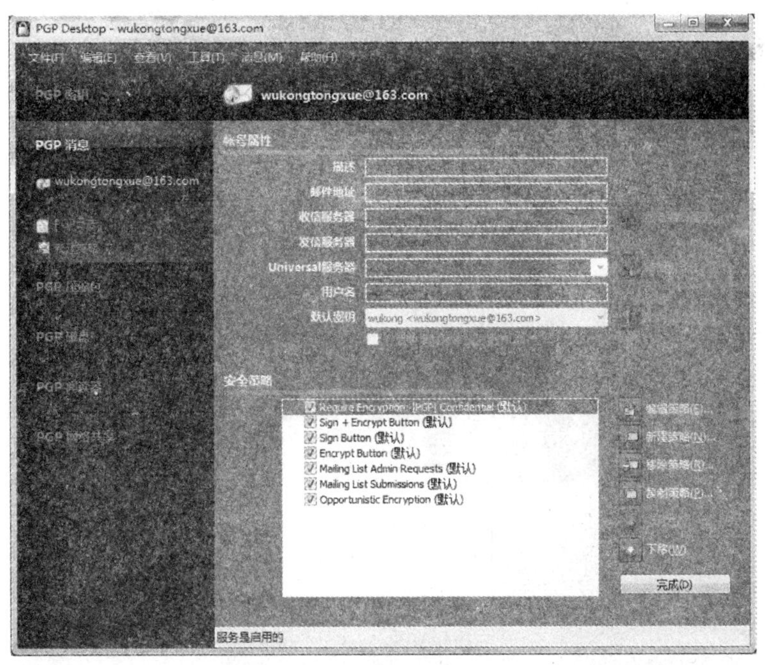

图 3. 2. 25　安全策略设置

在图 3. 2. 26 中，描述设置为“加密”，过滤条件设置对任何收件人，执行加密。点击“确定”按钮。

图 3.2.26　消息策略设置

在图 3.2.27 中，选择“完成”按钮，完成对安全策略的设置，如图 3.2.28 所示。

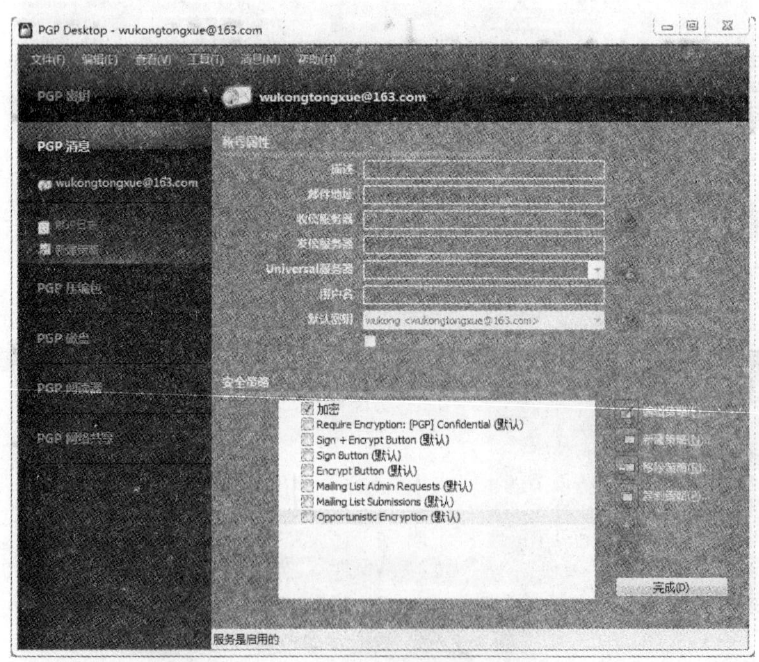

图 3.2.27　安全策略设置

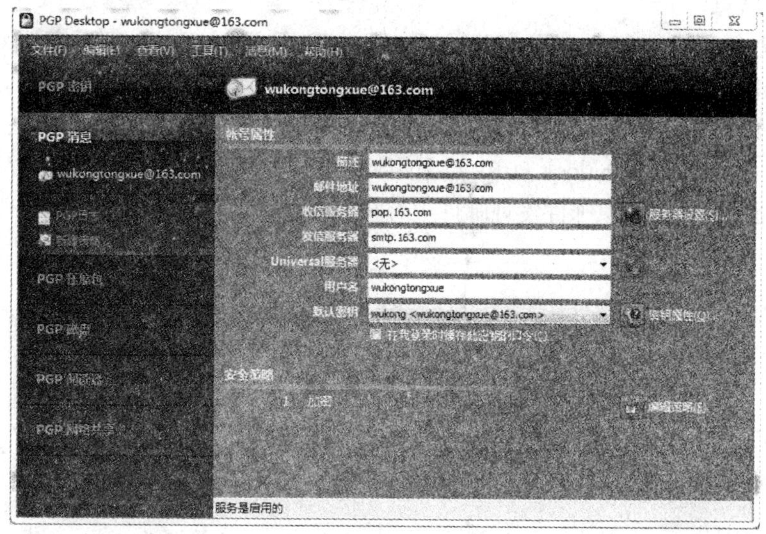

图 3.2.28　加密安全策略设置

然后，通过 Microsoft Outlook 2010 新建邮件，并将该邮件发送给 zixiatongxue@163.com，如图 3.2.29 所示。这时，该邮件发送时将被 PGP 加密。

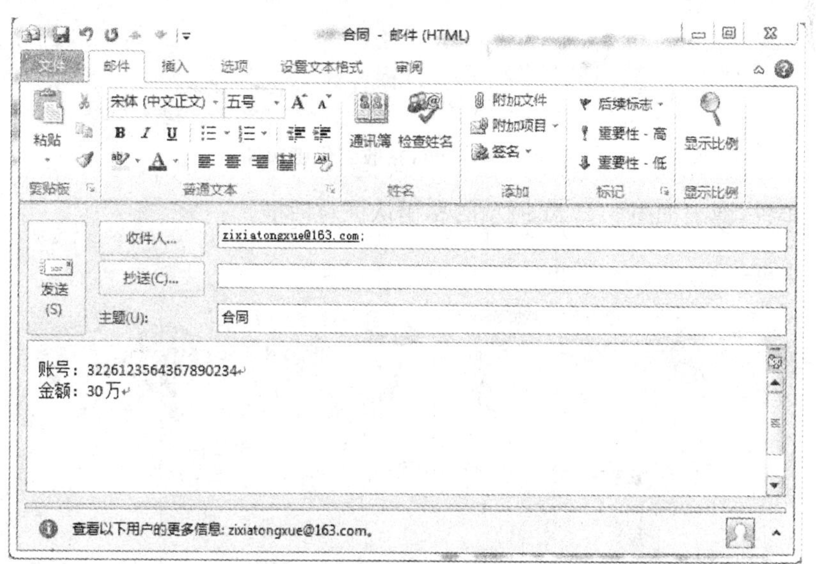

图 3.2.29　发送加密邮件

(2) 接收并解密加密 Email

实验场景：在 zixia 虚拟机上，zixia 接收来自 wukong 的加密 Email，并进行解密获得该

Email 的明文信息。

通过实验内容 3 的密钥管理实验，zixia 通过 PGP Desktop 创建了密钥对。因此，当 zixia 收到来自 wukong 的保密邮件时，可以通过私钥对保密 Email 进行解密，获取明文信息，操作步骤如下：

首先，打开 Microsoft Outlook 2010，点击工具栏中的“发送/接收”按钮，这时可以收到一封来自 wukong 的邮件，查看该邮件发现邮件内容是经过加密后的密文，如图 3.2.30 所示。

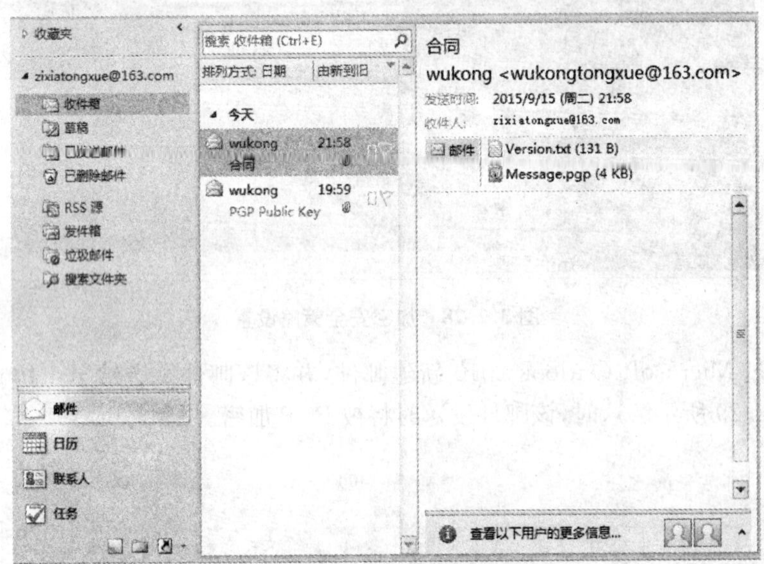

图 3.2.30 zixia 接收到保密邮件

点击该邮件，弹出如图 3.2.31 所示的私钥认证对话框。

PGP 为一个列表中的密钥输入口令

此对象被下列公钥加密：

zixia <zixiatongxue@163.com> (RSA/2048)

显示键入(W)

解密口令(P)：

确定(O) 取消(C)

图 3.2.31 密钥认证密码对话框

在图 3.2.31 中，选中 zixia 的私钥，然后输入正确的私钥解密口令“zixia163”。点击“确定”按钮。邮件经过 zixia 的私钥解密后，将出现正确的明文信息，如图 3.2.32 所示。

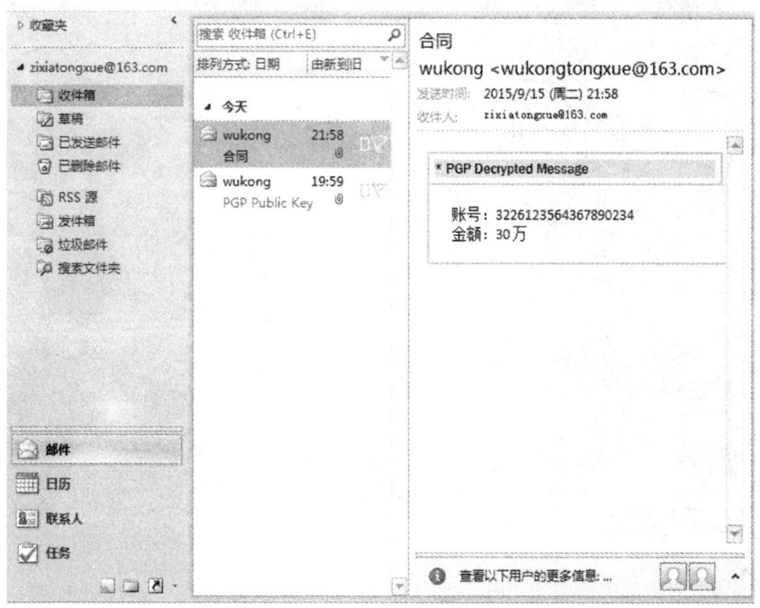

图 3.2.32　解密后的邮件内容

从图 3.2.32 可以看出，该邮件的内容和图 3.2.29 中 wukong 发送的邮件内容是一样的。

(3) 发送签名 Email

实验场景：在 wukong 虚拟机上，wukong 发送一封签名的 Email 给 zixia。

通过实验内容 3 的密钥管理实验，wukong 已经创建了一个密钥对，因此，当需要给 zixia 发送签名 Email 时，可以通过 wukong 的私钥对 Email 进行数字签名，操作步骤如下：

首先，进行 PGP 消息服务设置。打开 PGP Desktop，在操作界面菜单中选择“PGP 消息”项，如图 3.2.33 所示。

在图 3.2.33 中，点击“编辑策略(E)”按钮，弹出如图 3.2.34 所示的对话框。

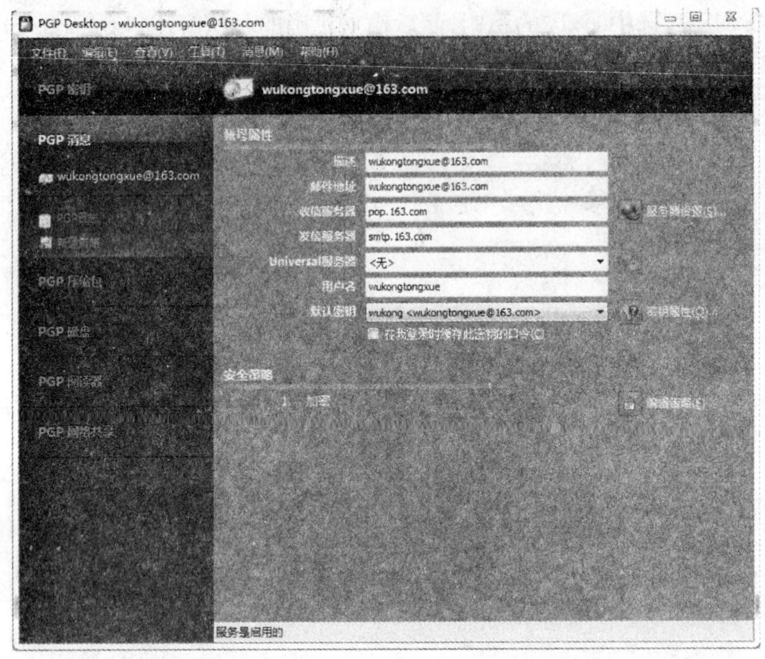

图 3.2.33　安全策略设置

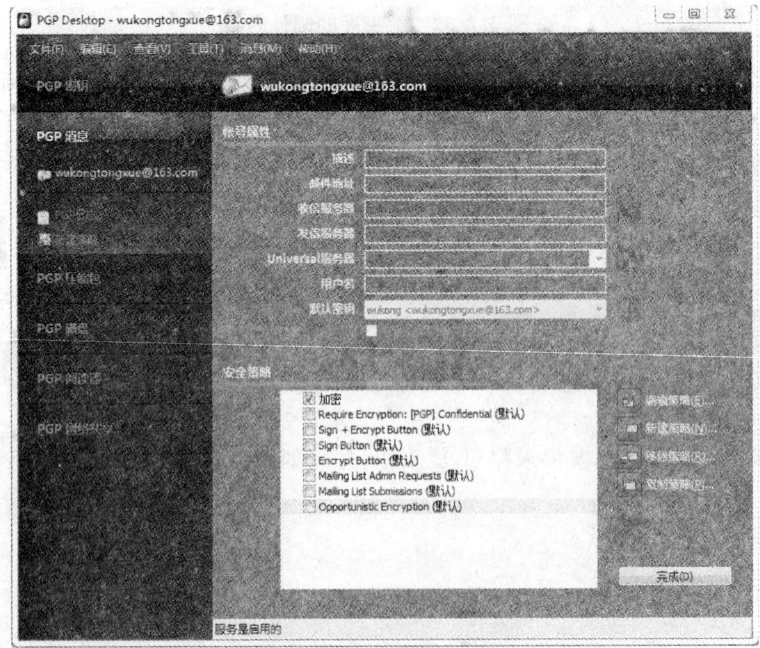

图 3.2.34　安全策略设置

在图 3.2.34 中，将加密复选框的勾选去掉。点击“新建策略(N)……”按钮，弹出如图 3.2.35 所示的消息策略对话框。

图 3.2.35 消息策略设置

在图 3.2.35 中，描述设置为“签名”，过滤条件设置对任何收件人，执行签名。点击“确定”按钮。

在图 3.2.36 中，选择“完成”按钮，完成对安全策略的设置，如图 3.2.37 所示。

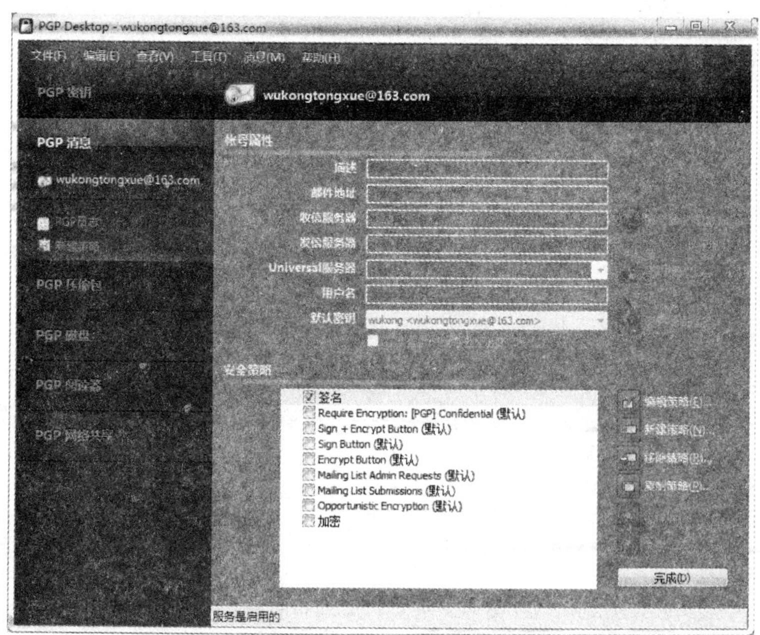

图 3.2.36 安全策略设置

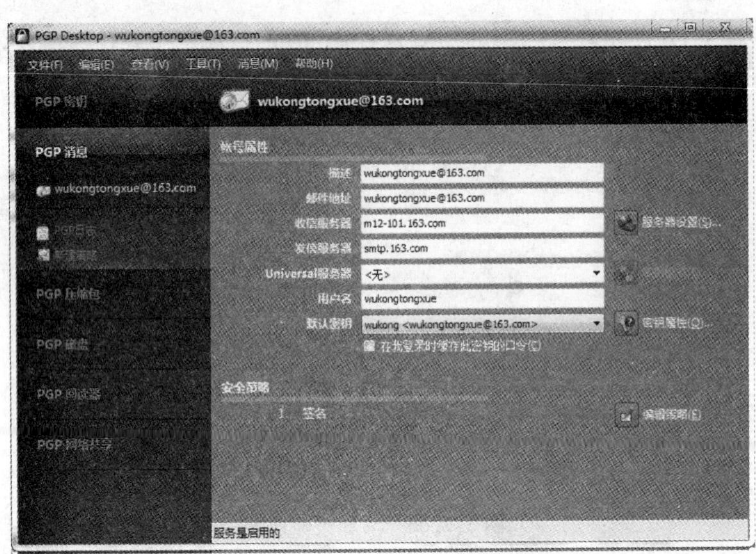

图 3.2.37 签名安全策略设置

然后，通过 Microsoft Outlook 2010 新建邮件，并将该邮件发送给 zixiatongxue@163.com，如图 3.2.38 所示。

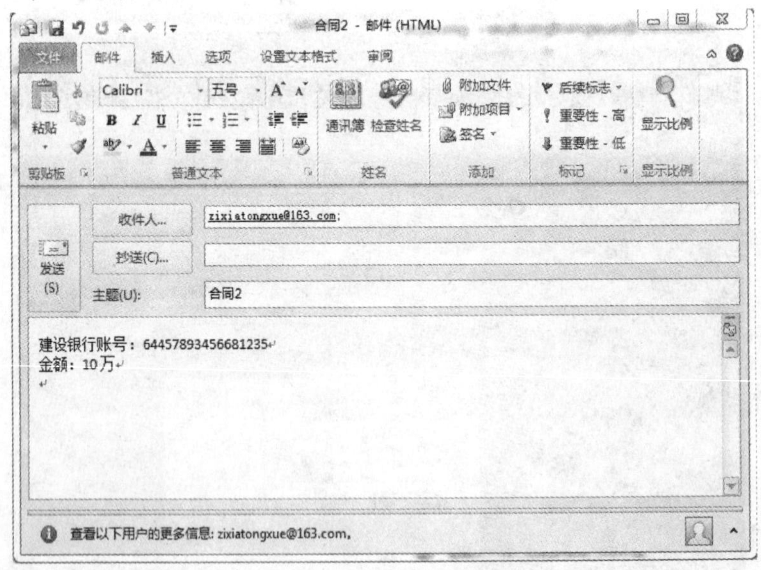

图 3.2.38 发送签名邮件

在图 3.2.38 中，点击“发送”按钮，这时该邮件发送时将被 PGP 数字签名，并弹出如图 3.2.39 所示的对话框。

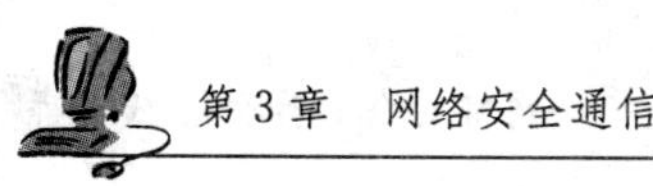

PGP 为密钥输入口令

wukong <wukongtongxue@163.com>　(RSA/2048)

显示键入(W)

私钥口令(P):

确定(O)　取消(C)

图 3.2.39　签名密码验证

在图 3.2.39 中，输入 wukong 密钥的私钥口令“wukong163”。点击“确定”按钮，该邮件将被数字签名发送。

(4) 验证签名 Email

实验场景：在 zixia 虚拟机上，zixia 接收来自 wukong 的签名 Email，并通过 PGPmail 对该 Email 进行验证。

通过实验内容 3 的密钥管理实验，zixia 通过密钥交换获得了 wukong 的公钥，因此，当 zixia 收到来自 wukong 的签名邮件时，可以通过 wukong 的公钥对签名 Email 进行验证，操作步骤如下：

首先，打开 Microsoft Outlook 2010，点击工具栏中的“发送/接收”按钮，这时可以收到一封来自 wukong 的邮件，查看该邮件发现邮件内容是经过签名的 Email，如图 3.2.40 所示。

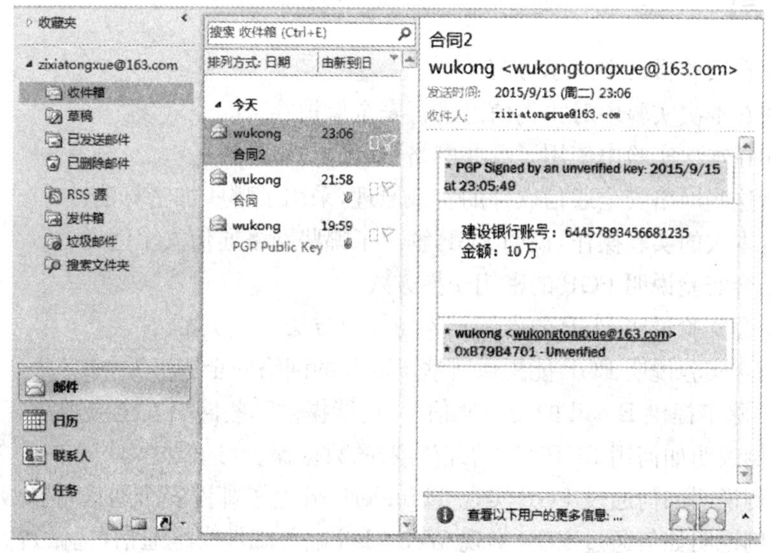

图 3.2.40　zixia 接收到签名邮件

由于 PGP 中保存有 wukong 的公钥，因此 zixia 将通过该公钥进行验证，验证结果如图 3.2.41 所示。

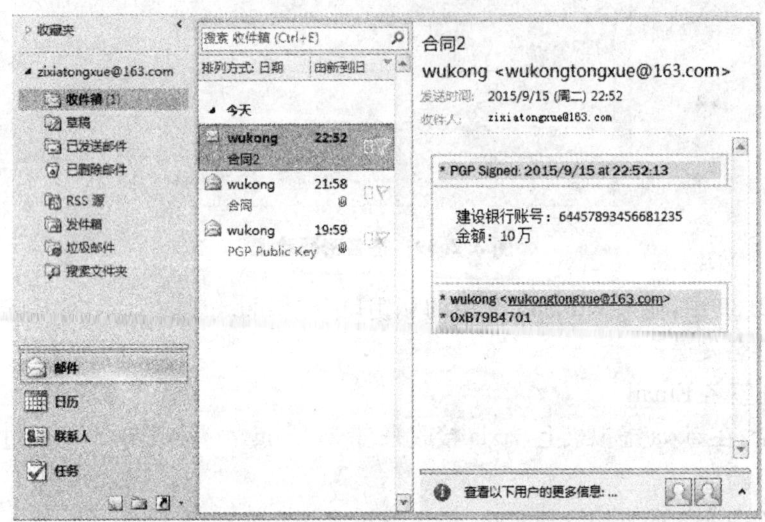

图 3.2.41　验证后的邮件内容

从图 3.2.41 可以看出，该邮件是一个有效签名，且签名者是 wukong，从而可以确认该邮件是来自 wukong 本人。

【实验报告】

(1) 请回答实验目的中的思考题。
(2) 说明在本次实验中对哪类信息进行安全保护？
(3) 说明在本次实验中使用了哪些网络安全通信软件？
(4) 分析这些网络安全通信软件的实现原理，采用了哪些加密算法？
(5) 结合本次的实验操作，说明 PGP 解决了哪些网络通信安全问题？
(6) 请结合实验说明 PGP 的密钥交换方式。
(7) 请结合实验说明 PGP 的密钥导入与导出方法。
(8) 请结合实验说明 PGP 能提供哪些 Email 的网络安全服务？
(9) PGP 除了提供 Email 的安全通信外，还能提供哪些网络安全应用？
(10) 举例说明如何用 PGP 实现加密容器的数据保护(选做)？
(11) 举例说明如何通过 PGP 实现 Thunderbird 电子邮件安全通信(选做)？
(12) 举例说明如何通过 PGP 实现 Web Mail 电子邮件安全通信(选做)？
(13) 请谈谈你对本实验的看法，并提出你的意见或建议。

实验 3.3　VPN 安全通信实验

【实验目的】

(1) 理解和学习 PPTP VPN 技术。

(2) 了解和学习 Windows VPN 技术。

(3) 学习和掌握 Windows 系统中基于 PPTP VPN 的功能、配置与使用操作。

(4) 思考：

① VPN 能提供哪些网络安全服务？

② VPN 安全通信的基本技术有哪些？

③ 实现 VPN 安全通信的协议有哪些？

④ VPN 有哪些应用场景？

⑤ VPN 网络的连接类型有哪些？根据 VPN 连接类型的不同有几种 VPN 通信端点？

⑥ Windows 系统中支持哪些 VPN 技术？

⑦ 在 Windows 平台下，VPN 是在哪个组件实现？

【实验原理】

在网络通信中，我们常常面临这样的场景：分公司、经销商、合作伙伴、客户和外地出差人员要求随时经过公用网(如 Internet)访问公司内网的资源，包括公司的内部资料、办公 OA、ERP 系统和项目管理系统等。由于目前的 Internet 本身缺乏有效的安全保障，因此，如何保证这些通信的安全性是网络安全需要解决的课题之一。在本节实验中，我们将学习基于 VPN 的网络安全通信技术，并利用该技术来实现组织单位和移动工作人员以及分支机构之间安全连接通信。

1. VPN 概述

VPN(Virtual Private Network，虚拟专用网)是近年来随着 Internet 的广泛应用而迅速发展起来的一种安全通信技术，它是指在公用网络上建立专用网络的技术，即通过对网络数据的封包和加密传输，在公用网络上传输私有数据，形成一种逻辑上的专用网络。VPN 能提供信息加密，以保证通过公网传输的信息即使被他人截获也不会泄露。此外，它支持信息认证和身份认证，保证信息的完整性、合法性，并能鉴别用户身份。另外，VPN 提供访问控制，不同的用户有不同的访问权限。

2. VPN 安全通信基本原理

VPN 通过在公共网络(如 Internet)建立一个临时、专用通信信道实现网络安全通信。图 3.3.1 显示了 VPN 安全通信的基本原理。

在图 3. 3. 1 中，VPN 通信系统由 VPN 端点和它们之间建立的安全通信信道构成。其中，通过建立安全通信信道的 VPN 端点可以是一个通信终端（如主机），也可以是连接私有网络（如企业内网）的网关，需要进行机密数据传输的两个 VPN 端点均连接在公共通信网（如 Internet）上。当需要进行机密数据传输时，通过 VPN 端点在公共网络上建立一条虚拟的专用通信通道，称为隧道（Tunnel），然后 VPN 端点将用户数据包封装成 IP 报文后通过该隧道传送给另一个 VPN 端点，VPN 端点收到数据包并拆封后就可以获得真正的报文。此外，隧道两侧的 VPN 端点可以对报文进行加密处理，这样就保证了机密数据的安全传输。通过 VPN 授权的用户就可以在授权范围内使用单位内部的数据，实现数据的安全交换。

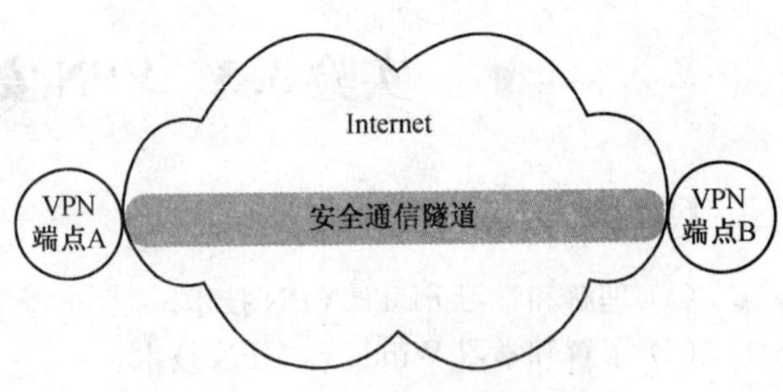

图 3. 3. 1　VPN 通信基本原理

3. VPN 安全通信技术

根据 VPN 通信的基本原理，VPN 主要采用隧道技术（Tunneling）、加解密技术（Encryption & Decryption）、密钥管理技术（Key Management）、身份认证技术（Authentication）等技术来实现网络安全。其中，隧道技术是 VPN 的基本技术，它通过 IP 分组封装在公用网中建立自己专用的隧道，让数据包通过这条隧道传输。隧道技术通过隧道协议实现，包括第二、三层隧道协议。其中，第二层隧道协议是先把各种网络协议封装到 PPP 中，再把整个数据包装入隧道协议中。这种双层封装方法形成的数据包靠第二层协议进行传输。第二层隧道协议有 L2F、PPTP、L2TP 等。第三层隧道协议是将各种网络协议直接装入隧道协议中，形成的数据包依靠第三层协议进行传输，如 IPSec（IP Security）。

VPN 建立在不安全的 Internet 公众数据网络上，为确保私有资料在传输过程中不被其他人浏览、窃取或篡改，所有的数据包在传输过程中均需加密，当数据包传送到接收主机或专用网络后，再将数据包解密。用于 VPN 上的加密技术包括 PPTP 的 MPPE（Microsoft Point-to-Point Encryption 微软点对点加密）和 IPSec 的 ESP 等，这些技术采用的加密算法包括 DES、IDEA 和 RSA 等。

在 VPN 通信中，在隧道连接开始前需要进行用户身份确认，以便系统进一步实施相应的资源访问控制和用户授权。因此，身份认证技术是 VPN 网络安全的第一道关卡。对于 VPN 身份认证，是由身份认证协议来完成的。目前，VPN 使用的协议 L2F、PPTP、L2TP 和 IPsec 都提供有身份认证措施，它们的身份认证协议包括 PAP、SPAP、CHAP、MS-CHAP、MS-CHAP V2 和 EAP 等。另外，IPsec 方案在 AH 封装中也提供了数据级别的身份认证。

交换和管理 VPN 中的密钥非常重要。密钥的分发有两种方法：一种是通过手工配置的方式；另一种采用密钥交换协议动态分发。手工配置的方法由于密钥更新困难，只适合于简单网络的情况。密钥交换协议采用软件方式动态生成密钥，适合于复杂网络的情况且密钥可快速更新，可以显著提高 VPN 的安全性。目前主要的密钥交换与管理标准有 IKE(Internet Key Exchange，互联网密钥交换）和 SKIP(Simple Key-Management for Internet Protocol，互联网简单密钥管理）。其中，SKIP 主要是利用 Diffie-Hellman 算法在网络上传输密钥。IKE 则定义了通信实体间进行身份认证、协商加密算法以及生成共享的会话密钥的方法。

4. 基于 PPTP 的 VPN 安全通信

(1) PPTP 协议简介

PPTP 协议是由 Microsoft 提出的数据链路层隧道协议，它实现了 PPTP 客户机与 PPTP 服务器之间的 VPN 安全通信。PPTP 建立在 PPP 协议和 TCP/IP 之上，实质上是对 PPP 协议的一种扩展。PPTP 的工作原理是将内部网络的数据包封装到 PPP 包中，然后再使用通用路由协议 GRE 对 PPP 数据包进行封装。封装后的数据包通过 IP 在客户和 PPTP 网关之间传送。PPTP 在协商建立及维护隧道和会话时，使用的是基于 TCP 的会话控制。控制会话包利用状态查询方式在客户和服务器之间传送信息。对于 PPTP 隧道，由使用的 PPP 协议通过用户密码提供身份验证、数据加密以及 IP 地址分配等服务。PPTP 的加密方法采用 MPPE 算法，可以选用较弱的 40 位密钥或强度较大的 128 位密钥。

(2) PPTP VPN 安全数据通信

PPTP VPN 通信采用 C/S 架构，即图 3.3.1 所示的 VPN 通信端点分别为 PPTP VPN 客户端和服务器。PPTP VPN 客户端具有操作 PPP 协议和 PPTP 协议的能力，通过拨号与 PPTP VPN 服务器端建立隧道。当通过 PPTP VPN 隧道发送数据时，初始 PPP 有效载荷如 IP 数据报、IPX 数据报或 NetBEUI 帧等经过加密后，添加 PPP 报头，封装形成 PPP 帧。PPP 帧再利用 GRE（Generic Routing Encapsulation，通用路由封装）报头进行封装形成 GRE 报文，这种报头包含了用以对数据包所使用的特定 PPTP 隧道进行标识的信息。然后，GRE 报文添加 IP 报头进行第三层封

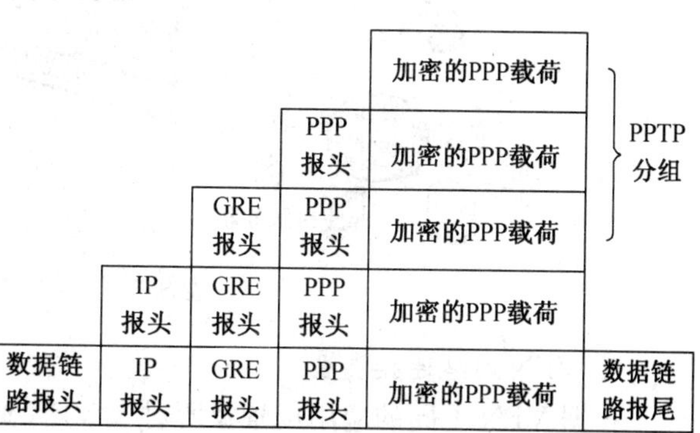

图 3.3.2　PPTP 数据隧道封装

装，IP 报头包含 VPN 端点的源端及目的端 IP 地址。数据链路层封装是 IP 数据报多层封装的最后一层，依据不同的外发物理网络再添加相应的数据链路层报头和报尾。图3.3.2显示了 PPTP 的数据隧道封装格式。PPTP VPN 端点收到另一端点发来的数据包时，将对该数据包进行如下接收处理：首先分别去除数据链路层报头和报尾、IP 报头、GRE 和 PPP 报头；然后，对 PPP 有效载荷即传输数据进行解密或解压缩；最后，对传输数据进行接收或转发处理。

5. VPN 应用场景

VPN 主要用以实现在公共网络上构建私人专用网络，即实现对组织单位内部网的安全扩展。这样，VPN 可以帮助远程用户、组织单位分支机构、组织单位合作伙伴的内部网之间建立可信的安全通信连接，并保证数据的安全传输。因此，在组织单位中，一般情况下 VPN 可以有以下三类的应用场景：远程用户访问组织单位内部网，称为远程访问虚拟网（Remote Access VPN）；组织单位内部网互联，称为组织单位内部虚拟网（Intranet VPN）；以及组织单位内部网与合作伙伴私有网互联，称为组织单位扩展虚拟网（Extranet VPN）。在这里，组织单位可以是个人、企业、政府组织、商业组织、民间团体等。图 3.3.3 显示了以上三类应用场景的 VPN 通信示意图。

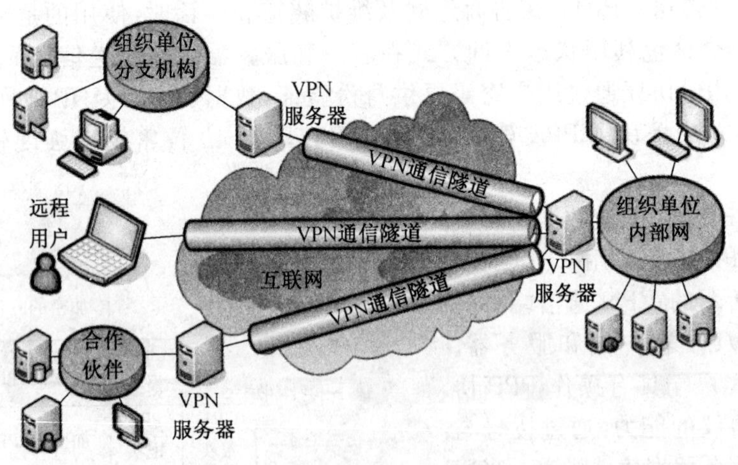

图 3.3.3 VPN 应用场景

6. VPN 网络连接类型

根据 VPN 不同的应用场景及所对应 VPN 通信端点的不同类型，我们将 VPN 网络连接类型分成 Host-to-Gateway 和 Gateway-to-Gateway 两类。其中，Host-to-Gateway 类型的 VPN 网络连接与传统的远程访问网络类似，它一般应用在 Remote Access VPN 场景中。在 Host-to-Gateway 中，用户可以从他们的客户端开始，通过 ISP 的公共网络，到企业网络 VPN 网关建立一条加密的 IP 隧道。这条隧道起始于远程用户的计算机，终结于企业网内的VPN网关。这种方式一般使用PPTP、L2TP协议。如果企业的内部人员移动或有远程办公需要，或者商家要提供B2C的安全访问服务，就可以考虑使用这种连接方式。Gateway-to-Gateway VPN通过一个使用专用连接的共享基础设施，连接企业总部、远程办事处和分支机构，它主要使用IPSec协议来建立加密传输数据的隧道，使组织机构拥有与专用网络的相同政策，包括安全、服务质量、可管理性和可靠性。Gateway-to-Gateway主要用于进行企业内部各分支机构的互连（Intranet VPN）或者企业的合作者互连（Extranet VPN），利用VPN特性可以在Internet上组建世界范围内的Gateway-to-Gateway VPN。

7. Windows VPN技术

在Windows 2003 Server系统中内置VPN服务，它包含有两种类型的基于PPP的VPN技术：点到点隧道协议（PPTP）技术和具有IPSec的L2TP（L2TP/IPSec）协议技术。其中，PPTP最初在Windows NT 4.0中引入，它利用点到点协议（PPP）用户身份验证（如PAP，CHAP等）和微软点到点加密（MPPE）来对IP流量进行封装和加密。Windows PPTP支持的身份认证协议还包括、MS-CHAP、MS-CHAP v2和EAP-TLS。当使用MS-CHAP v2并具有强健的密码时，PPTP VPN通信的安全性进一步提高。另外，对于非基于帐户/密码的身份验证，可以在Windows Server 2003中使用EAP-TLS来支持用户证书。Windows的PPTP VPN能方便地实现与部署，所以，它已经被广泛地应用在网络安全通信中。L2TP/IPSec利用用户级别的PPP身份验证方式和IPSec来实现使用证书的计算机身份验证，并确保数据的身份验证、完整性和加密。在本实验中，我们将学习和掌握Windows中的PPTP VPN技术及其实现。

8. Windows请求拨号路由

Windows Server 2003路由和远程（Routing and Remote Access）服务支持通过拨号连接（如模拟电话线路或ISDN）、VPN连接和PPPoE（PPP over Ethernet）连接的请求拨号路由。请求拨号路由是跨越PPP链接的数据包转发。在Windows Server 2003路由和远程访问服务中，这种PPP链接将作为请求拨号的接口，用来创建跨越拨号、非永久或永久媒介的请求连接。请求拨号连接允许在低流量情况下使用拨号电话线路，而不是采用租用线路，并利用Internet的连通性，通过VPN将各分公司连接在一起。

【实验环境】

1. 实验配置

本实验所需的软硬件配置如表3.3.1所示。

表 3.3.1 Windows 平台下 PPTP VPN 安全通信实验配置

配 置	描 述
硬件	CPU:Intel Core i7 4790 3.6GHz;主板:Intel Z97;内存:8G DDR3 1333
系统	Windows Server 2003;Windows 7;Linux
应用软件	Vmware Workstation;WinSCP

2. 实验环境网络拓扑

本实验的网络环境拓扑如图 3.3.4 所示。

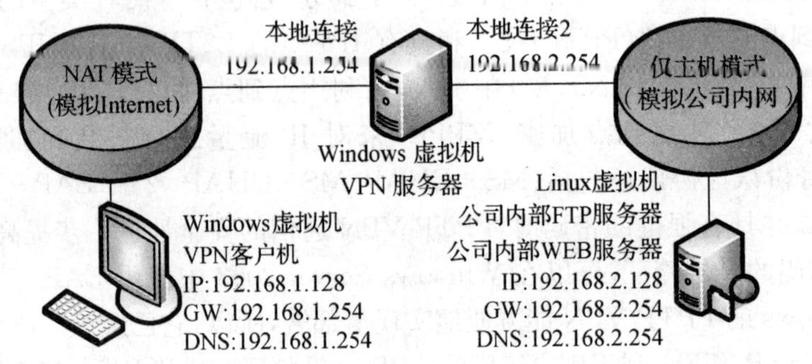

图 3.3.4 Windows 平台下 PPTP VPN 安全通信实验网络环境

【实验内容】

(1) 在 Windows 2003 Server 平台下构建 PPTP VPN 服务器。

(2) 配置 Windows PPTP VPN 服务器。

(3) 建立和配置 VPN 客户端。

(4) VPN 应用和测试。

【实验步骤】

1. 在 Windows Server 2003 平台下构建 PPTP VPN 服务器

(1) 打开路由和远程访问

在 Windows Server 2003 虚拟服务器中,依次选择“开始”→“程序”→“管理工具”→“路由和远程访问”,打开“路由和远程访问”控制台窗口,如图 3.3.5 所示。

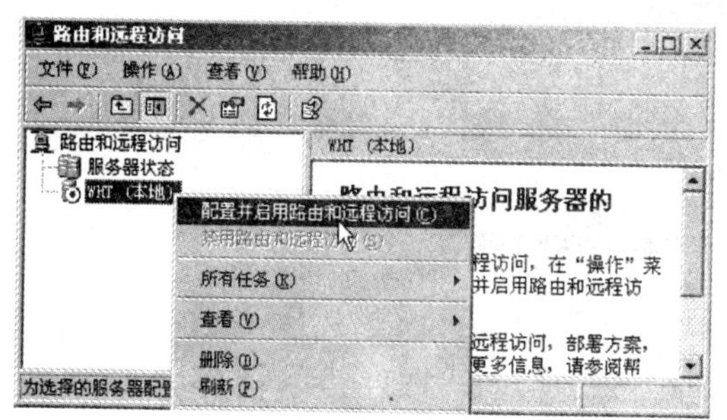

图 3.3.5　路由与远程访问控制台

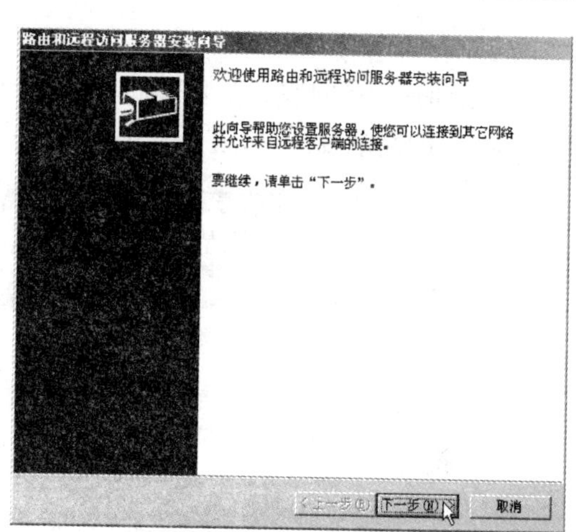

图 3.3.6　路由与远程访问服务器安装向导

(2) 路由和远程访问服务器安装向导

在图 3.3.5 中，打开的控制台左侧选中“服务器名”，在本例中服务器名为“WHT”。点击鼠标右键，然后在弹出的右键菜单中选中“配置并启用路由和远程访问”，弹出如图 3.3.6 所示的“路由和远程访问服务器安装向导”对话框。

(3) 远程访问

点击图 3.3.6 的“下一步”按钮，弹出如图 3.3.7 所示的“配置”对话框。

在图 3.3.7 中，选中“远程访问(拨号或 VPN)”单选项。然后，点击“下一步”按钮，弹出如图 3.3.8 所示的“远程访问”对话框。

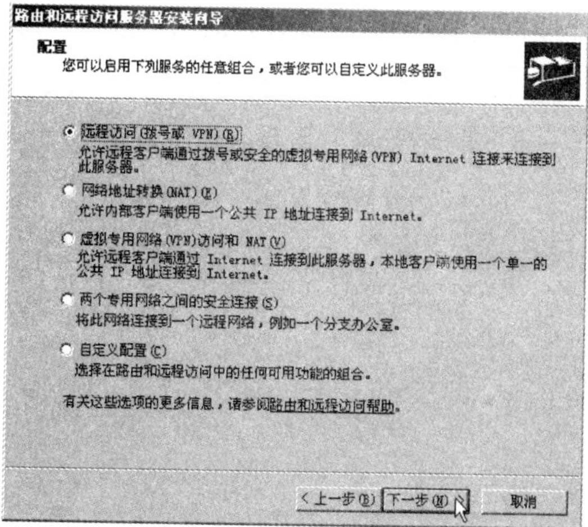

图 3.3.7　配置对话框

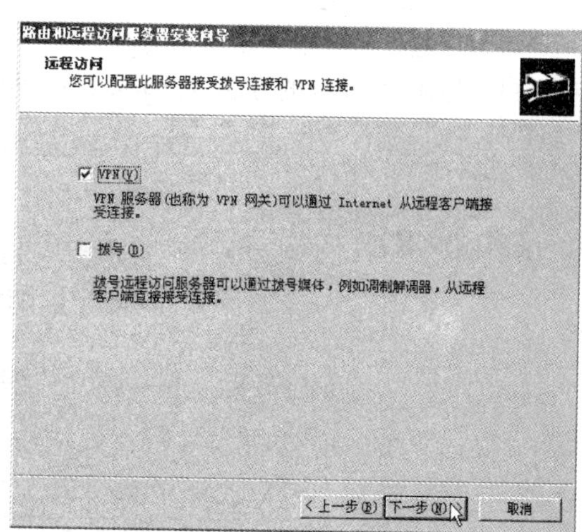

图 3.3.8　远程访问对话框

在图 3.3.8 中，选中“VPN”复选项。然后，点击“下一步”按钮。

(4) VPN 连接

路由和远程访问服务器安装向导弹出“VPN 连接”对话框,该对话框用于设置连接到 Internet 上的网络接口,如图 3.3.9 所示。

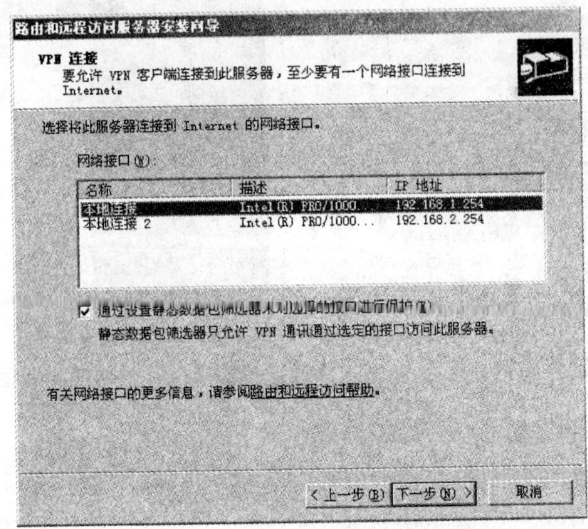

图 3.3.9 VPN 连接对话框

在图 3.3.9 中,从网络接口列表窗口中选中一个连接外网的网络接口,在本例中参考图 3.3.4 选中 IP 地址为 192.168.1.254 的“本地连接”网络接口。然后,选中“通过设置静态数据包筛选器来对选择的接口进行保护”复选框。点击“下一步”按钮。

(5) IP 地址指定

路由和远程访问服务器安装向导弹出“IP 地址指定”对话框。该对话框用于选择对远程客户端指派 IP 地址的方法,如图 3.3.10 所示。

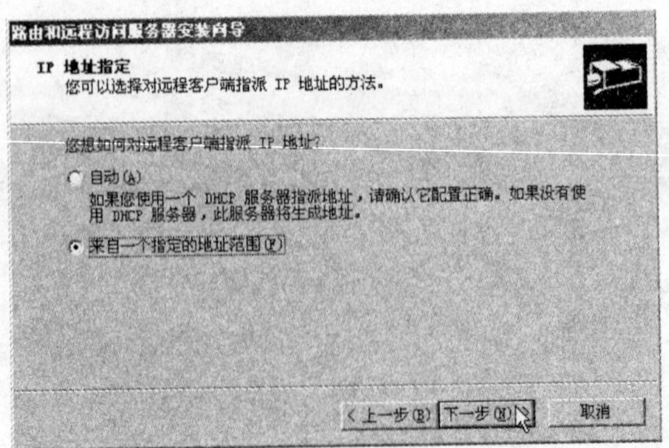

图 3.3.10 IP 地址指定对话框

在图 3.3.10 的对话框中,包含两个单选项:“自动”和“来自一个指定的地址范围”。其中，“自动”表示 VPN 服务器提供 DHCP 服务，并通过 DHCP 来给客户端指派 IP 地址。在本实验中，对客户端 IP 地址的分配采用指定 IP 地址范围的方式。因此，在该对话框中我们选择“来自一个指定的地址范围”项。然后，点击“下一步”按钮。

(6) 设置客户端地址范围

路由和远程访问服务器安装向导会弹出“地址范围指定”对话框。该对话框用于指定 VPN 服务器用来对远程客户端指派 IP 地址的范围，如图 3.3.11 所示。

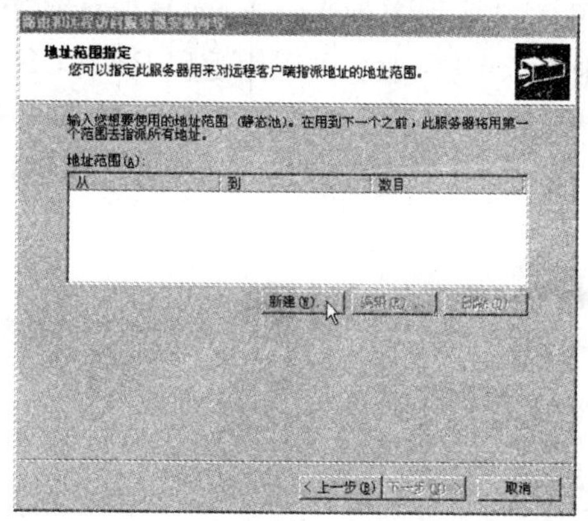

(a)

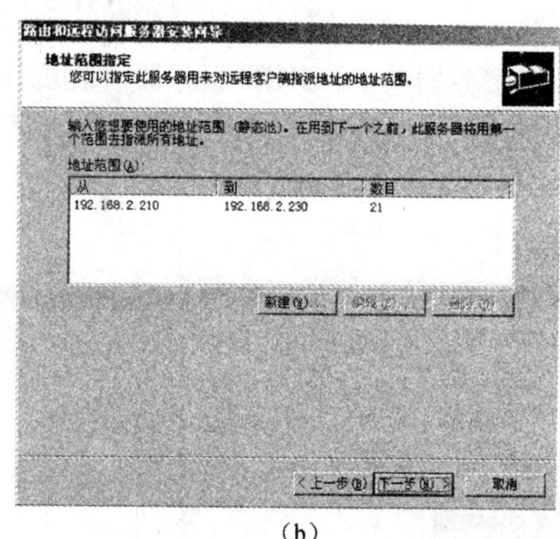

(b)

图 3.3.11　地址范围指定对话框

在图 3.3.11(a)的对话框中，点击“新建……”按钮，弹出如图 3.3.12 所示的对话框。在该对话框中输入内网的地址范围，例如：192.168.2.210～192.168.2.230。点击“确定”按钮，在图 3.3.11 的地址范围列表中显示出设置好的地址范围，如图 3.3.11(b)所示。

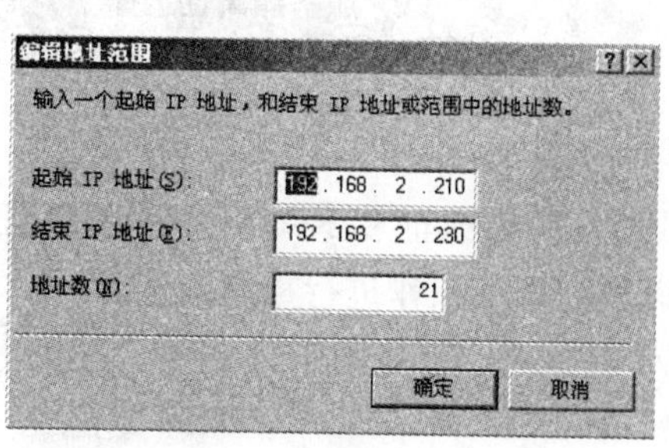

图 3.3.12　地址范围指定对话框

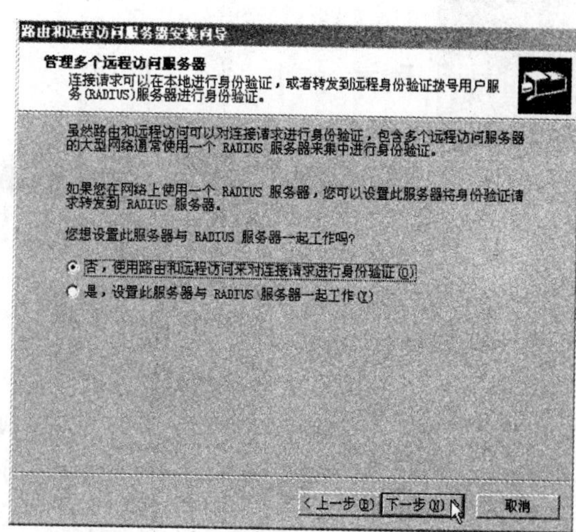

图 3.3.13　VPN 服务器身份认证方式设置

(7) 设置身份认证方式

在图 3.3.11(b)中,点击"下一步"按钮。路由和远程访问服务器安装向导弹出"管理多个远程访问服务器"对话框。该对话框用于指定 VPN 服务器的身份认证方式,如图 3.3.13 所示。

在图 3.3.13 的对话框中,包含两个单选项:"否,使用路由和远程访问来对连接请求进行身份认证"和"是,设置服务器与 RADIUS 服务器一起工作"。其中,"否,使用路由和远程访问来对连接请求进行身份认证"表示 VPN 服务器采用本地 Windows 身份认证方式。"是,设置服务器与 RADIUS 服务器一起工作"则表示 VPN 服务器采用远程 RADIUS 服务器进行身份认证。在本实验中,对客户端的身份认证 VPN 服务器采用本地身份认证方式。因此,在该对话框中我们选择"否,使用路由和远程访问来对连接请求进行身份认证"项。然后,点击"下一步"按钮。

(8) 结束 VPN 服务器安装向导

最后,弹出"完成路由和远程服务器安装向导"对话框,如图 3.3.14 所示。点击"完成"按钮,结束 VPN 服务器的安装。

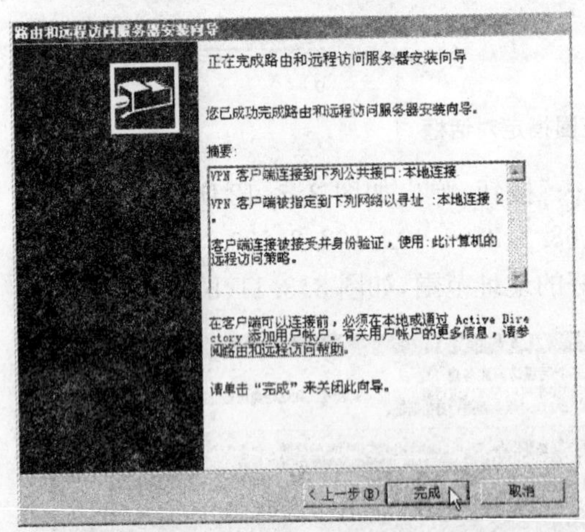

图 3.3.14 VPN 服务器安装向导结束对话框

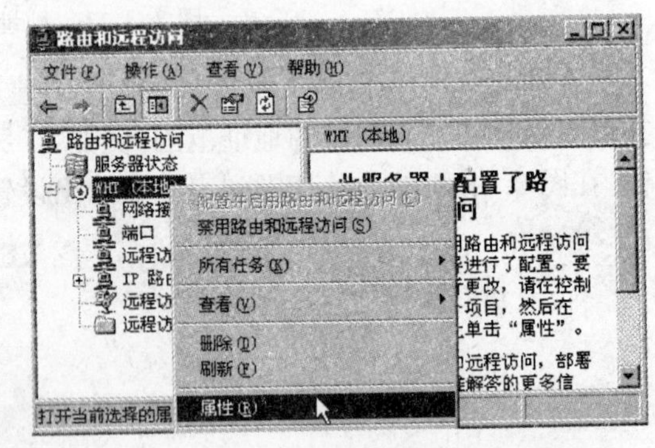

图 3.3.15 VPN 服务器属性选择

2. 配置 Windows PPTP VPN 服务器

(1) 修改身份认证配置

Windows Server 2003 的 VPN 服务器支持 Windows 身份认证和 RADIUS 身份认证。当需要修改 VPN 服务器的用户身份认证方式时,可以通过以下操作进行重新配置。

首先,右键点击在实验内容 2 中安装成功的 VPN 服务器,本例中为"WHT",如图 3.3.15所示。

在图 3.3.15 的右键菜单中选择"属性",弹出 VPN 服务器属性对话框,在该对话框中选中“安全”标签页，如图 3.3.16 所示。

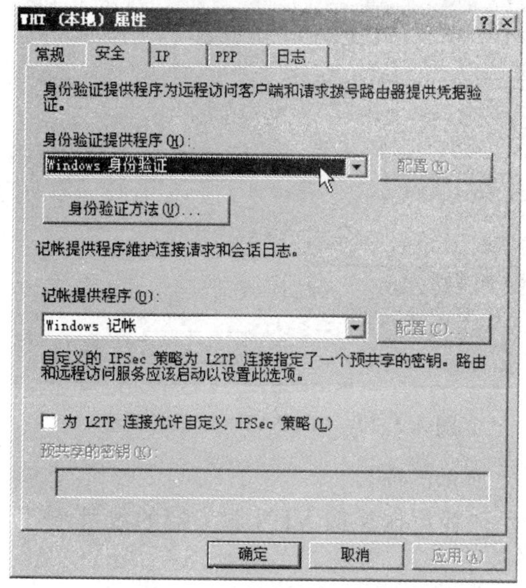

图 3.3.16　VPN 服务器身份认证方式配置

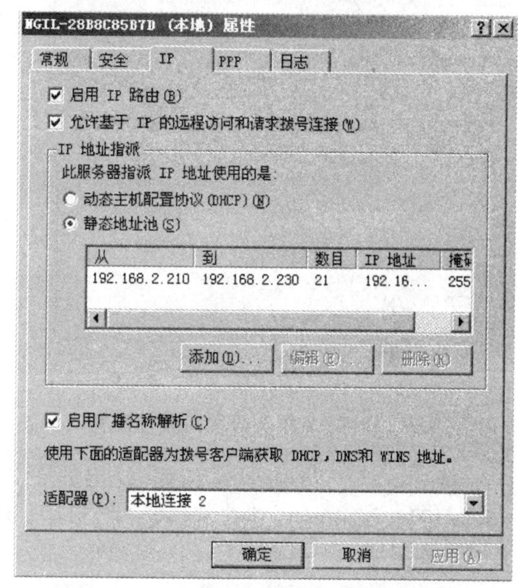

图 3.3.17　VPN 服务器客户端 IP 地址配置

在图 3.3.16 的“安全”标签页中，可以设置 VPN 服务器的身份认证方式，包括 Windows 身份认证和 RADIUS 身份认证。本实验中，我们选择“Windows 身份认证”。

(2) 修改客户端 IP 地址指派方式及地址范围

在 VPN 服务器属性对话框中，选中“IP”标签页，如图 3.3.17 所示。

在图 3.3.17 的“IP”标签页中，可以设置 VPN 服务器分配给客户机的 IP 地址方式及地址范围。点击图 3.3.17 中的“确定”按钮。

(3) 配置客户端同时连接的数目

为提高 VPN 服务器的运行效率和安全性，可以根据实际应用场景和服务器的硬件性能限制客户端同时连接 VPN 服务器的数量。首先，右键点击 VPN 服务器“端口”项，如图 3.3.18 所示。

然后，在右键菜单中选择“属性”，弹出 VPN 服务器的端口属性对话框，在该对话框中选择“WAN 微型端口 (PPTP)”，如图 3.3.19 所示。

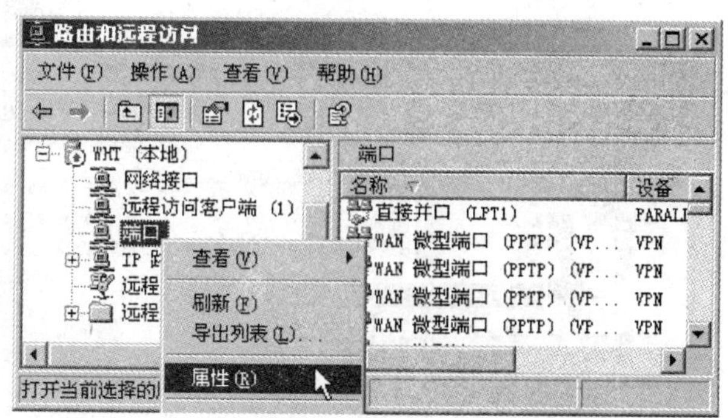

图 3.3.18　VPN 服务器端口属性选择

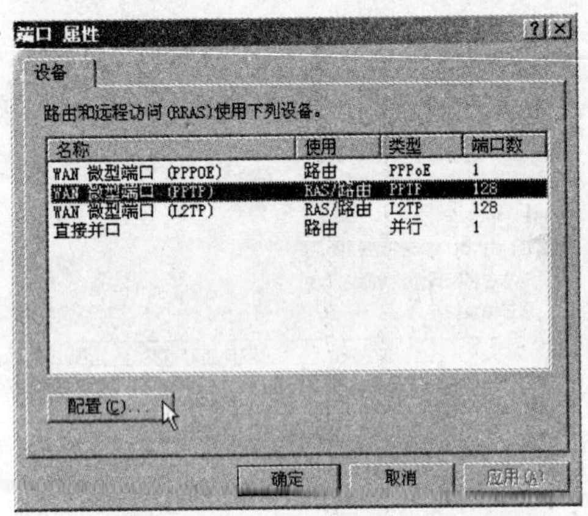

图 3.3.19　VPN 服务器端口属性配置

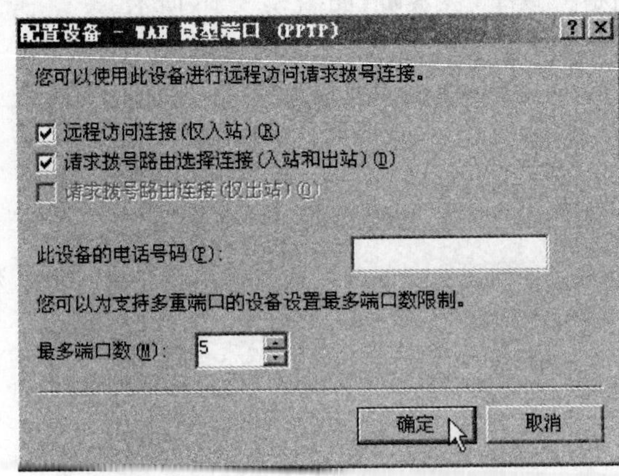

图 3.3.20　PPTP VPN 端口数配置

接着，点击“配置……”按钮，弹出如图 3.3.20 所示的窗口。

在图 3.3.20 的“最多端口数”栏目中，填入允许客户端连接 VPN 服务器的数量，本例为“5”，然后点击“确定”按钮。

(4) VPN 用户配置

如果 VPN 服务器采用 Windows 身份认证，则需要在 VPN 服务器的 Windows 系统中配置 VPN 认证用户。

① 创建 VPN 用户

首先，需要在 Windows 系统中为 VPN 用户创建认证帐户，依次选择“开始”→“程序”→“管理工具”→“计算机管理”，打开“计算机管理”控制台窗口。然后，在窗口左边，右击“用户”项，在右键菜单中选择“新用户”，如图 3.3.21 所示。

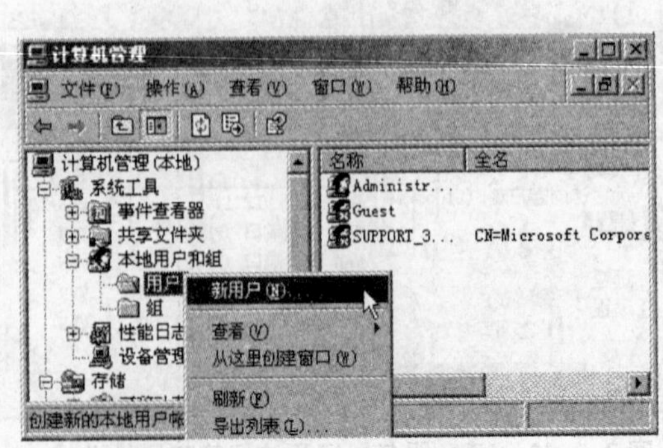

图 3.3.21　计算机管理控制台

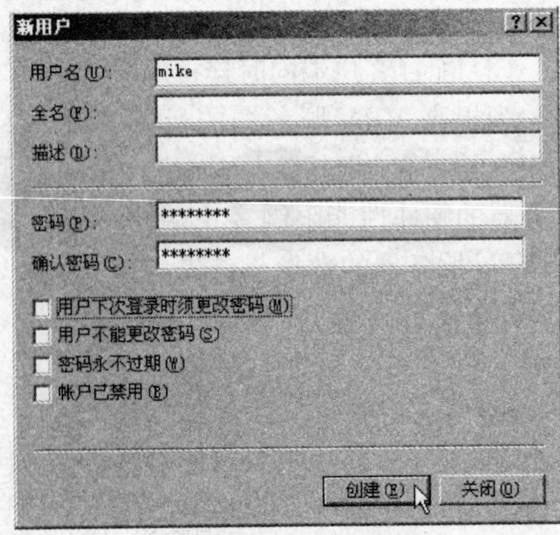

图 3.3.22　创建新用户

在弹出的对话框中，输入新建用户名及其密码。在本例中，新建用户名为“mike”，密码为“mike. vpn”，如图 3. 3. 22 所示。

② 设置 VPN 用户访问权限

在“计算机管理”控制台的用户列表中，右键点击新建用户“mike”，如图 3. 3. 23 所示。

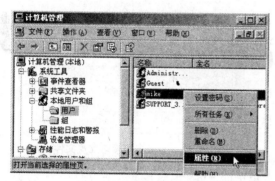

图 3. 3. 23　用户属性选择

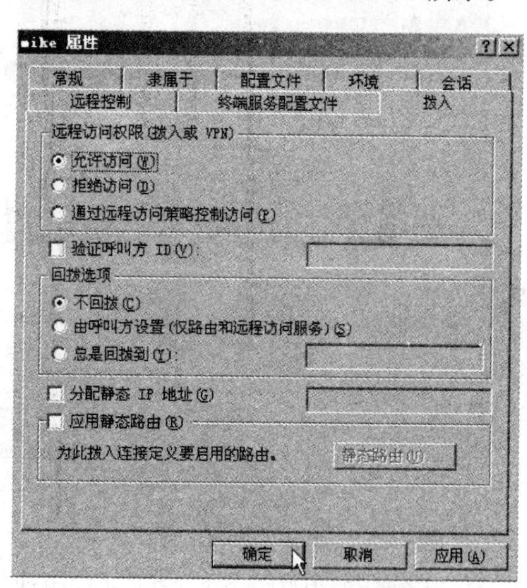

图 3. 3. 24　用户属性设置

在弹出的右键菜单中选中“属性”，打开新建用户“mike”的属性对话框，并选择“拨入”标签页，如图 3. 3. 24 所示。

在图 3. 3. 24 的“拨入”标签页中，“远程访问权限”栏目包含“允许访问”、“拒绝访问”和“通过远程访问策略控制访问”三种用户拨入权限。在本实验中，我们设置该用户为“允许访问”的权限。如果设置了用户的 VPN 访问权限为“通过远程访问策略控制访问”，则需要进行远程访问策略配置。

(5) 配置远程访问策略

如果在用户属性中，设置了用户的 VPN 访问权限为“通过远程访问策略控制访问”，则需要进行远程访问策略配置。具体操作如下：

首先，右键点击 VPN 服务器“远程访问策略”项中的“到 Microsoft 路由选择和远程访问服务器的连接”策略，如图 3. 3. 25 所示。

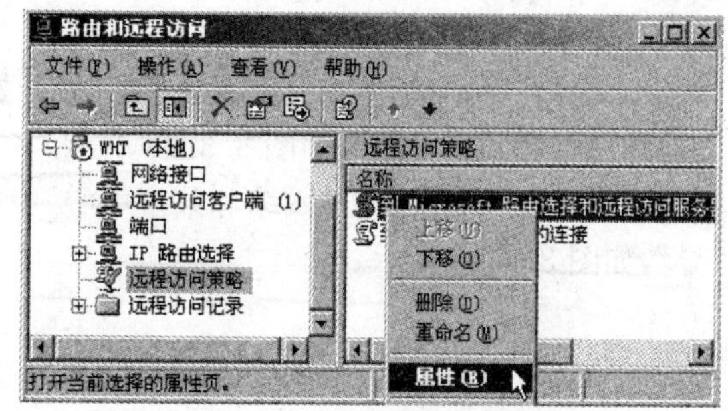

图 3. 3. 25　VPN 服务器远程访问策略属性选择

在图 3.3.25 中弹出的右键菜单中选中“属性”，弹出如图 3.3.26 所示的“到 Microsoft 路由选择和远程访问服务器的连接”策略属性对话框。

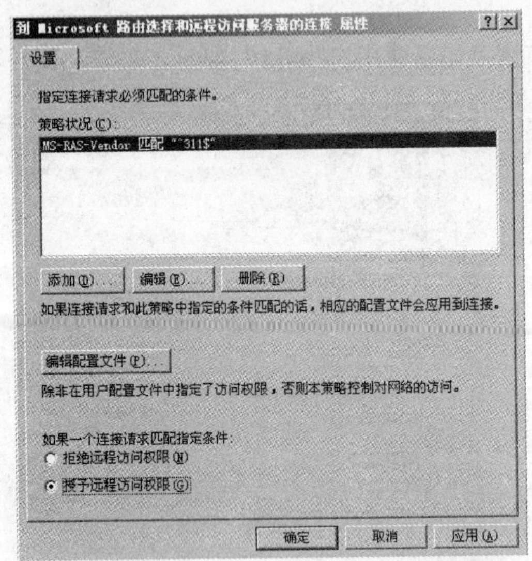

图 3.3.26 VPN 服务器远程访问策略属性设置

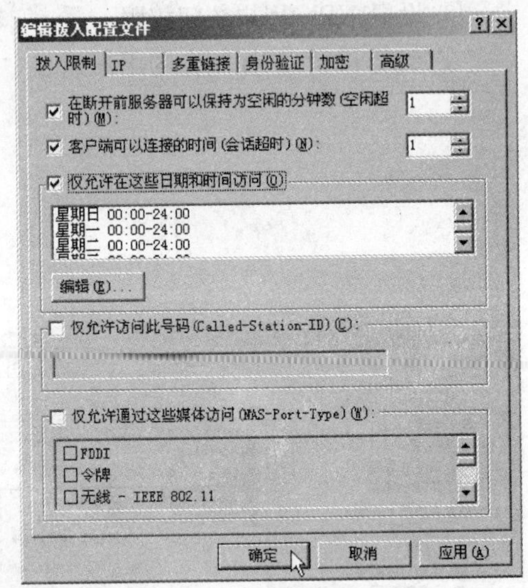

图 3.3.27 远程访问策略配置文件设置

在图 3.3.26 中，选择“授予远程访问权限”单选项，然后点击“编辑配置文件……”按钮，如图 3.3.27 所示。

在图 3.3.27 中，可以对客户端的 VPN 拨入连接时间、客户端的 IP 地址分配、客户端的身份验证方式和 VPN 的加密通信方式分别进行设置。

3. 建立和配置 VPN 客户端

远程用户要想通过 Internet 与 VPN 服务器建立安全通信，则需要建立一个 VPN 连接客户端。下面我们在 Windows 系统上建立一个 VPN 连接客户端。在本例中，VPN 客户的 IP 地址为 192.168.1.128，其操作步骤如下：

(1) 新建网络连接

首先，在 Windows 7 系统中点击桌面“开始”菜单，选择“控制面板”，并在“控制面板”中选择“网络和共享中心”，如图 3.3.28 所示。

在图 3.3.28 中单击“网络和共享中心”中的“设置新的连接或网络”以启动“网络连接向导”，如图 3.3.29 所示。

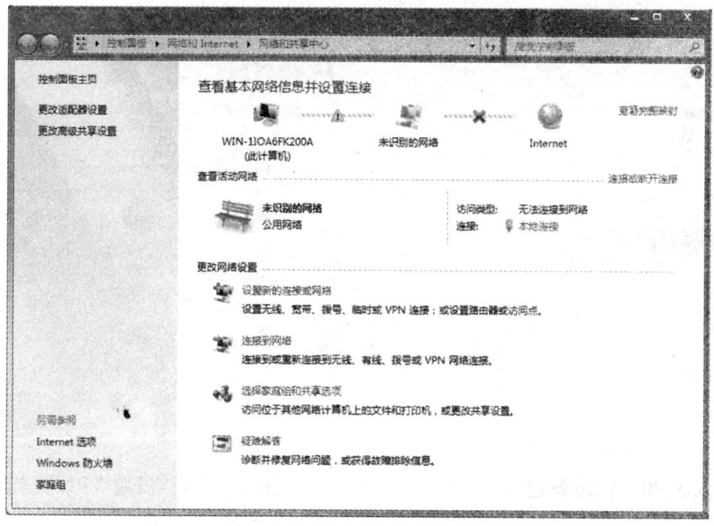

图 3.3.28　网络和共享中心

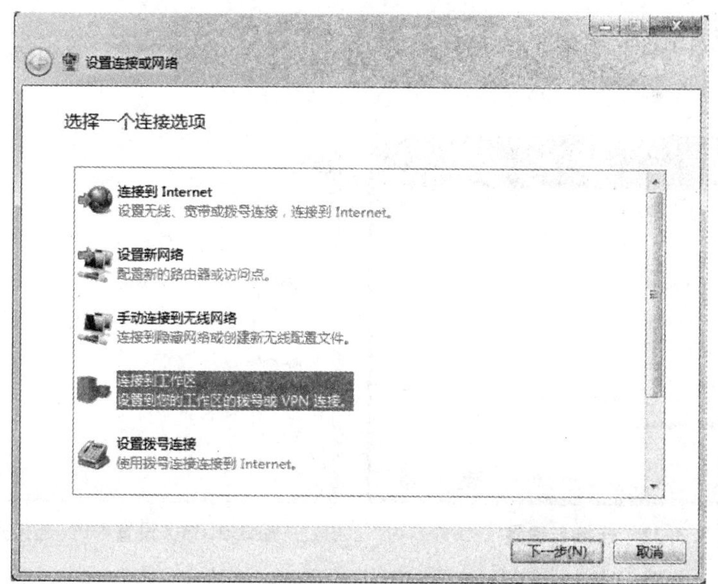

图 3.3.29　新建连接向导

在图 3.3.29 的“设置连接或网络”页面中，选择“连接到工作区”，然后点击“下一步”按钮。如果 Windows 系统中有建立过 VPN，则出现如图 3.3.30 所示对话框。否则，出现如图 3.3.31 所示对话框。

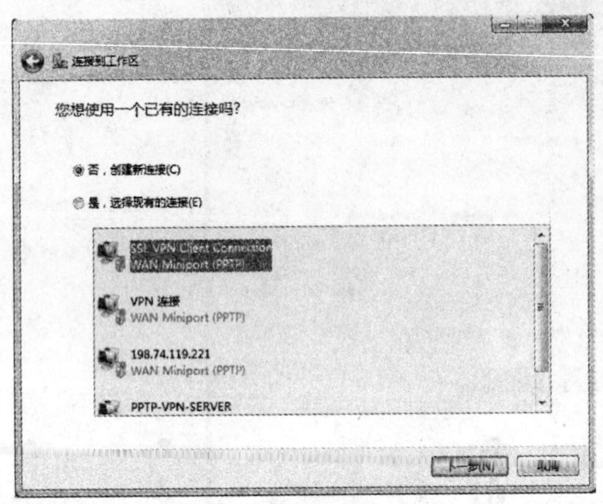

图 3.3.30 创建新连接

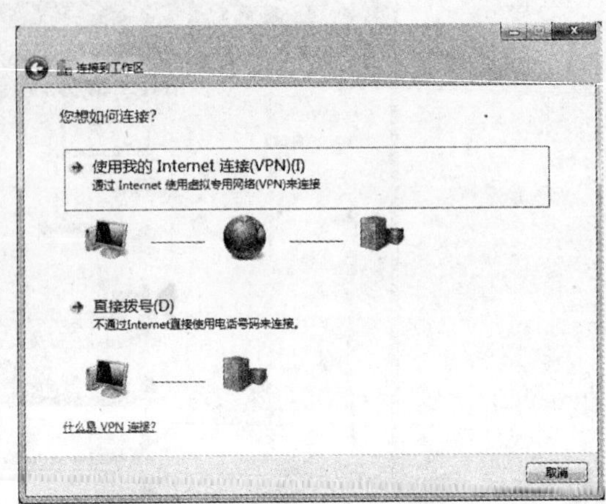

图 3.3.31 设置 VPN 服务完全 IP 地址

在图 3.3.30 中，选择“否，创建新连接”，然后单击“下一步”按钮，出现如图 3.3.31 所示对话框。

在图 3.3.31 中，选择并点击“使用我的 Internet 连接(VPN)(I)”，出现如图 3.3.32 所示对话框。

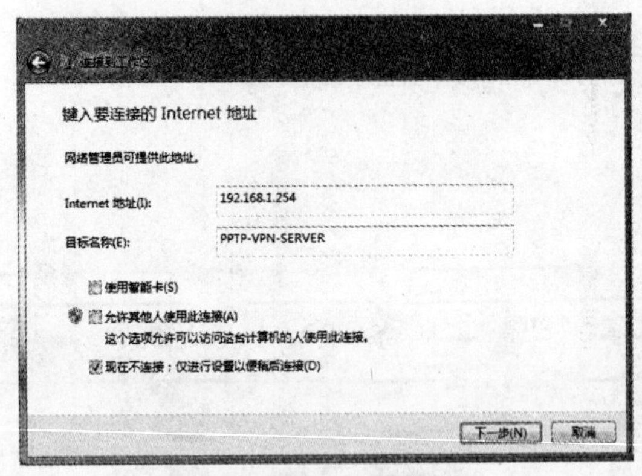

图 3.3.32 连接名设置

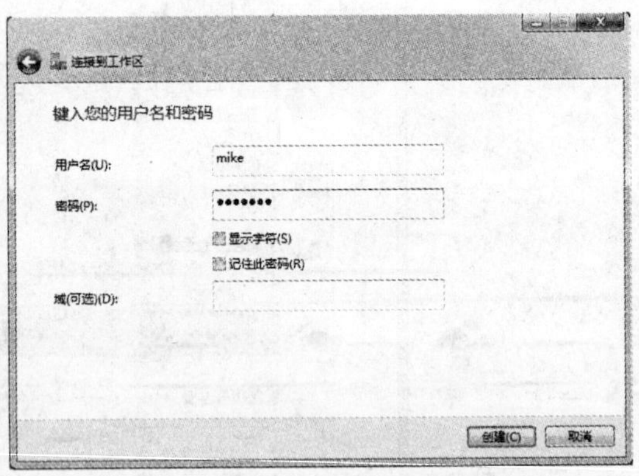

图 3.3.33 设置 VPN 连接用户名/密码

在图 3.3.32 中，在“Intenet 地址(I)”中输入需要建立 VPN 连接通信的服务器主机名或 IP 地址，本例中，我们设置在实验内容 2 中创建的 IP 地址 192.168.1.254。在“目标名称(E)”中输入一个 VPN 连接的名称，本例中为“PPTP - VPN - SERVER”。选中“现在不连接，仅进行设置以便稍后连接(D)”复选框。然后，点击“下一步”，出现如图 3.3.33 所示对话框。

在图 3.3.33 中设置 VPN 拨号连接时，输入身份认证的用户名及密码。本例中，用户名为“mike”，密码为“mike. vpn”。单击“创建”按钮，出现如图 3. 3. 34 所示对话框。

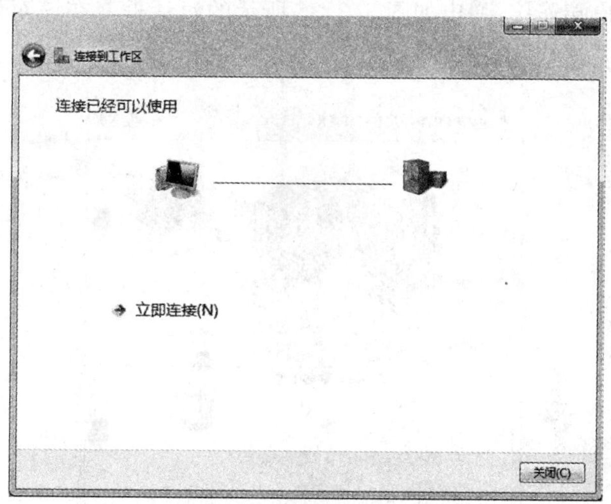

图 3. 3. 34　VPN 服务器设置

在图 3. 3. 34 中，单击“关闭”按钮，完成 VPN 客户端连接向导的设置。

4. VPN 应用和测试

VPN 客户端和服务器创建好后，下面可以通过 VPN 在 Internet 网上进行安全的连接通信测试。实验场景：VPN 客户机：Windows 操作系统，IP 地址 192. 168. 1. 128；公司内部网络：192. 168. 2. 0/24；公司 VPN 服务器(Windows Server 2003 操作系统)，外网 IP 地址 192. 168. 1. 254，内网 IP 地址 192. 168. 2. 254；公司内部 Web 服务器 192. 168. 2. 128；公司内部 FTP 服务器 192. 168. 2. 128。操作步骤如下：

(1) 建立 VPN 连接

首先，在 Windows 7 虚拟机中点击桌面“开始”菜单，选择“控制面板”，并在“控制面板”中选择“网络和共享中心”，如图 3. 3. 28 所示。

在图 3. 3. 28 中单击“更改适配器设置”，如图 3. 3. 35 所示。

图 3. 3. 35　网络连接

在图 3.3.35 中的客户端"网络连接"中，双击在实验内容 4 中新创建的"PPTP - VPN - SERVER"VPN 客户端连接，弹出如图 3.3.36 所示的对话框。在该对话框中输入 VPN 帐户/密码信息。点击"连接"按钮。

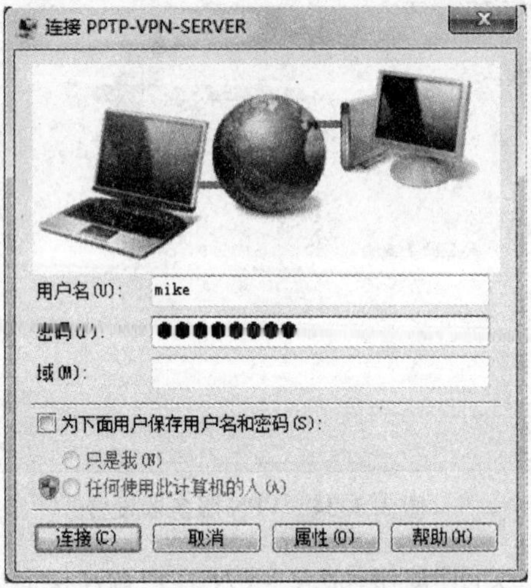

图 3.3.36 连接 VPN 服务器

如果输入的用户名/密码是在实验内容 3 身份认证配置中设置的帐户/密码，例如，"mike/mike.vpn"，那么 Windows 客户将成功连上 VPN 服务器。这时，在 Windows 的命令提示符环境下查看成功连接后的网络配置，如下所示：

```
Microsoft Windows [版本 6.1.7601]
版权所有 (c) 2009 Microsoft Corporation。保留所有权利。
C:\Users\John>ipconfig
Windows IP 配置
PPP 适配器 PPTP - VPN - SERVER:
   连接特定的 DNS 后缀 . . . . . . . :
   IPv4 地址 . . . . . . . . . . . . : 192.168.2.211
   子网掩码 . . . . . . . . . . . . : 255.255.255.255
   默认网关. . . . . . . . . . . . . : 0.0.0.0
以太网适配器 本地连接:
   连接特定的 DNS 后缀 . . . . . . . :
   本地链接 IPv6 地址. . . . . . . . : fe80::a47b:3c76:6c7a:7c35%11
   IPv4 地址 . . . . . . . . . . . . : 192.168.1.128
   子网掩码 . . . . . . . . . . . . : 255.255.255.0
   默认网关. . . . . . . . . . . . . : 192.168.1.254
```

从以上结果可以看出，在 VPN 客户端上创建了一个 PPP 的隧道连接。否则，将出现如图 3.3.37 所示的错误提示。

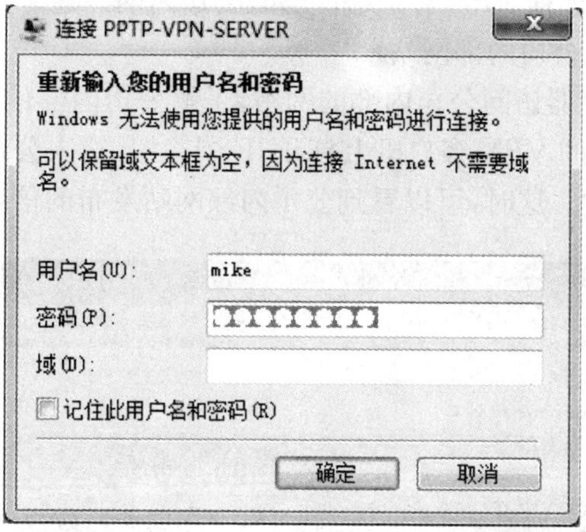

连接 PPTP-VPN-SERVER

重新输入您的用户名和密码

Windows 无法使用您提供的用户名和密码进行连接。

可以保留域文本框为空，因为连接 Internet 不需要域名。

用户名(U)：mike

密码(P)：●●●●●●●●●

域(D)：

记住此用户名和密码(R)

确定　取消

图 3.3.37　认证出错

(2) Ping 测试

在 VPN 客户端上通过 Ping 命令测试内网，例如，Ping VPN 服务器的内网 IP 地址，操作如下：

```
Microsoft Windows [版本 6.1.7601]
版权所有 (c) 2009 Microsoft Corporation。保留所有权利。
C:\Users\John>ping 192.168.2.128
正在 Ping 192.168.2.128 具有 32 字节的数据：
来自 192.168.2.128 的回复：字节=32 时间<1ms TTL=63
来自 192.168.2.128 的回复：字节=32 时间<1ms TTL=63
来自 192.168.2.128 的回复：字节=32 时间=1ms TTL=63
来自 192.168.2.128 的回复：字节=32 时间=1ms TTL=63
192.168.2.128 的 Ping 统计信息：
    数据包：已发送 = 4，已接收 = 4，丢失 = 0 (0% 丢失)，
往返行程的估计时间(以毫秒为单位)：
    最短 = 0ms，最长 = 1ms，平均 = 0ms
C:\Users\John>ping 192.168.2.254
正在 Ping 192.168.2.254 具有 32 字节的数据：
来自 192.168.2.254 的回复：字节=32 时间<1ms TTL=128
来自 192.168.2.254 的回复：字节=32 时间<1ms TTL=128
来自 192.168.2.254 的回复：字节=32 时间=1ms TTL=128
来自 192.168.2.254 的回复：字节=32 时间=1ms TTL=128
192.168.2.254 的 Ping 统计信息：
    数据包：已发送 = 4，已接收 = 4，丢失 = 0 (0% 丢失)，
往返行程的估计时间(以毫秒为单位)：
    最短 = 0ms，最长 = 1ms，平均 = 0ms
C:\Users\John>^A
```

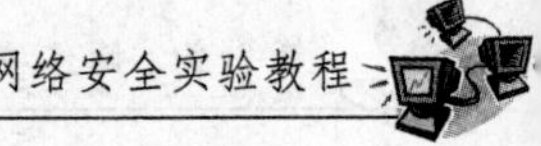

以上测试结果显示远程 VPN 客户端能够与公司内网连通。

(3) VPN 客户访问公司内部网站

VPN 客户通过浏览器访问公司内部的网站，了解公司内部信息动态。操作如下：在 IP 地址为 192.168.1.128 的 VPN 客户机上打开 IE 浏览器，输入公司内部的网站地址，例如，http://192.168.2.128/。这时，可以看到公司内部网站发布的信息，如图 3.3.38 所示。

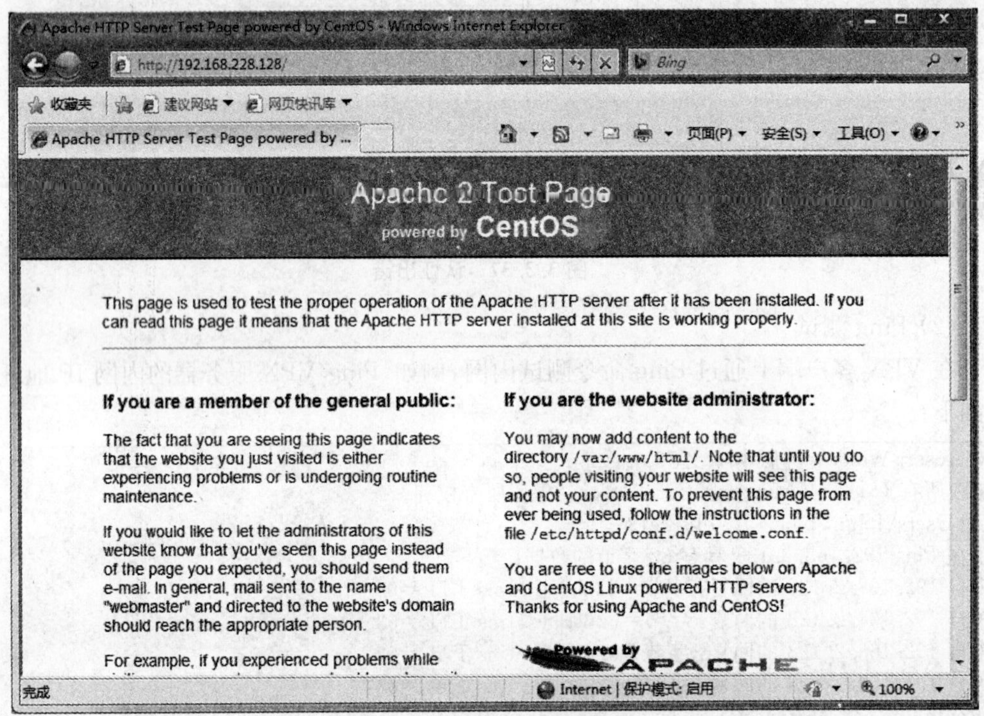

图 3.3.38 访问公司内部网站

(4) VPN 客户访问公司内部文件服务器

在外的 VPN 客户需要提交工作汇报或公司情报信息，这时可以通过访问公司内部的 FTP 服务器，把相关资料上传到 FTP 服务器上。操作如下：在 IP 地址为 192.168.1.128 的 VPN 客户机上，打开 SSH 客户端软件，如 winscp.exe，在地址栏中输入公司内部的 SSH 服务器地址 192.168.2.128，并输入用户的认证帐户/密码(如 root/12345678)，获得认证通过后，就可以登录公司内部文件服务器，如图 3.3.39 所示。

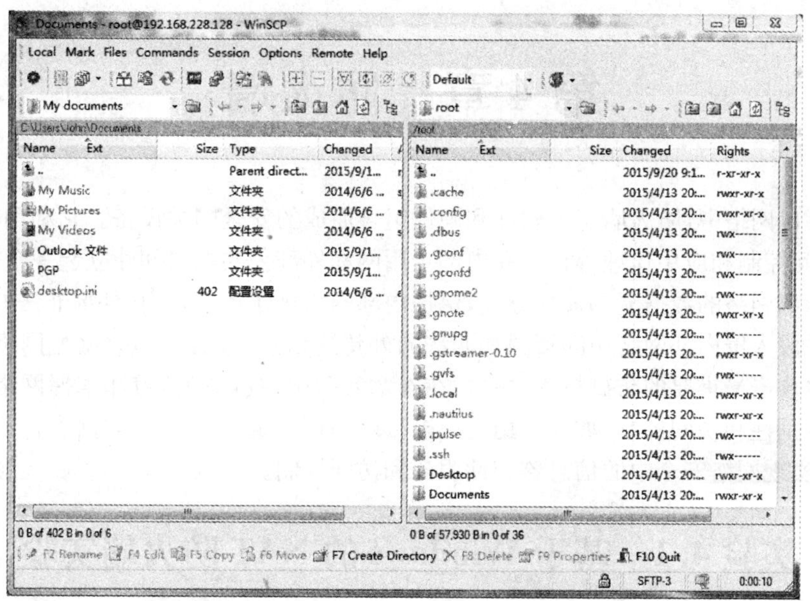

图 3.3.39 访问公司内部 FTP 服务器

这时远程用户就可以像是在公司里一样的上传或下载文件服务器上的资料。

【实验报告】

(1) 请回答实验目的中的思考题。
(2) 结合实验,说明 Windows PPTP VPN 安全通信技术的功能及应用操作步骤。
(3) 如何通过 DHCP 实现 Windows PPTP VPN 服务器对客户端的 IP 地址分配?
(4) 如何实现基于 RADIUS 的 Windows PPTP VPN 安全通信身份认证?
(5) 如何实现 Windows 平台下 L2TP/IPSec VPN 安全通信(选做)?
(6) 如何实现 Linux 平台下的 PPTP VPN 服务器(选做)?

第 4 章　防火墙

在计算机网络中，防火墙是由软件和硬件组合而成的安全网关设备。它利用状态监测、包过滤、访问控制和应用代理等技术在内部专用网和外部公共网之间建立起一个保护屏障，监控进出内部网络的数据流和连接方式，保护内部网络操作环境，防止外部非法的网络用户通过非法手段入侵内部网络访问资源和非法向外传递信息。因此，防火墙是网络安全中解决网络入侵攻击最重要的防御技术之一。在本章实验中，我们将学习和掌握网络通信中通信数据的鉴别性和访问控制，如何利用防火墙技术对网络通信中传输数据进行鉴别实验和访问控制，实现网络安全中的信息鉴别性服务和访问控制。

实验 4.1　基于 Windows 的 NAT 防火墙实验

【实验目的】

(1) 了解和学习网络安全中防火墙的基本原理、方法及应用。

(2) 学习和掌握防火墙技术及系统的功能与实现。

(3) 了解和学习 Windows NAT 防火墙技术。

(4) 学习和掌握 Windows 系统中 NAT 防火墙的功能、配置与使用操作。

(5) 思考：

① 防火墙在网络安全中提供哪些网络安全服务？

② 防火墙技术有哪些？

③ 防火墙体系结构有哪些？

④ NAT 防火墙工作在哪一层？

⑤ NAT 防火墙的作用？

【实验原理】

1. 防火墙概述

防火墙是指部署在两个或多个网络(如任何信任的企业内部网络和不信任公网)之间的一种特殊网络互联设备。该设备能够对不同网络之间传输的数据包按照一定的安全策略来实施检查，以决定网络之间的通信是否被允许，并监视网络运行状态，以此来实现网络的安全保护。对于连接到公共网络上的主机系统或专用网络来说，防火墙是必不可少的网络安全防御机制，它只允许合法的网络流量进出系统，而禁止其他任何网络流量。典型的防火墙具有唯一性、策略性和安全性的基本特性。此外，防火墙具有网络隔离、访问控制、包过滤、安全审计及报警等功能，它提供的网络安全服务包括机密性、完整性和可用性。其中，机密性包括未经授权就访问敏感数据或数据的过早泄漏。完整性包括未经授权就对数据进行修改，如财务信息、产品特性或某网站上商品的价格。可用性包括系统可用性保证系统可以适时地为用户服务。

目前，防火墙的体系结构一般有以下几种：屏蔽路由器、双重宿主主机体系结构、屏蔽主机体系结构和被屏蔽子网体系结构。其中，屏蔽路由器是在路由器上对 IP 数据包进行简单过滤，它是防火墙的最初形式。双宿主机型防火墙就是拥有两个网络接口可接到两个不同网络的主机，一个接到外网；一个接到内网，双宿主机防火墙是内、外网络的物理隔断。屏蔽主机型防火墙由包过滤路由器和堡垒主机组成。屏蔽主机型防火墙实现了网络层的包过滤技术和应用层的代理服务技术，为网络安全上了双重保险。屏蔽子网型防火墙由两个包过滤路由器和堡垒主机组成，支持网络层和应用层安全，是应用层网关防火墙中最安全的一种。它在外网和内网之间建立一个子网，称作边界网络。堡垒主机支持电路级网关和应用级网关。

防火墙的实现技术包括 NAT 网络地址转换技术、包过滤技术、代理服务技术和状态检测技术。其中，NAT 网络地址转换技术是指将内部网络的多个 IP 地址转换到一个公共地址发到 Internet 上。包过滤技术对进出内部网络的所有数据包按指定过滤规则进行检查，仅对符合规则的数据包准予通行。代理服务技术是针对每一种特定服务而专门提供的一种应用层网关程序。状态检测防火墙技术是指它对各层的数据进行主动、实时的检测，在对这些数据加以分析的基础上，它能够有效的判断出各层中的非法侵入。本实验中，我们将通过实验操作进一步学习和掌握 NAT 防火墙技术。

2. NAT 防火墙技术

NAT(Network Address Translation，网络地址转换)是将一个地址域映射到另一个地址域的标准方法。通常 NAT 是在用户私有地址与 Internet 公有地址之间进行转换，使得一个私有网络可以通过合法的 IP 连接到因特网。NAT 工作过程如下：① NAT 客户端需要与 Internet 通信，并将数据包发给 NAT 防火墙。② NAT 防火墙将数据包中的源端口和专用 IP 地址转换为其自己端口号和公用 IP 地址，然后将数据包发给 Internet 上的主机，同时将源端口和专用 IP 地址与其自己的端品号和公用 IP 地址的映射关系记录下来，以便后续过程使用。③ Internet 上的主机将回应发送给 NAT 防火墙的公用 IP 地址。④ NAT防火墙将所收到的数据包的目的端口号和公用 IP 地址根据映射关系，转换为客户机的端口号和专用 IP 地址并转发给客户机。

从 NAT 的工作过程可以看出，使用 NAT 防火墙的网络地址转换技术，通过 NAT 防火墙对进出口 IP 包的源和目的地址转换，反映到外部网中就是一个虚拟的主机。因此，通过 NAT 防火墙在网络层将内部网与外部网隔离开，使得内部网的拓扑结构及地址信息对外成为不可见或不确定信息，从而保证内部网中主机的隐蔽性，使绝大多数攻击性的试探失去所需的网络条件，达到网络安全的目的。

NAT 的转换可以采取静态转换和动态转换两种方式。静态转换将内部地址和外部地址一一对应，这种转换一般用于内部地址的主机需要对外提供服务的情况下。动态转换是指一组内部地址与外部合法 IP 地址池之间建立动态的一一对应的关系，当内部地址需要访问外部网络时，外部合法 IP 地址池通过动态的映射关系与内部地址相对应，使内部网络可以访问外部网络。

3. Windows Server 2003 NAT 防火墙

Windows Server 系统内部集成了 NAT 协议。在 Windows Server 2003 中，NAT 路由协议包含在路由和远程访问服务组件中。如果在运行路由和远程访问的服务器上安装和配置 NAT 路由协议，那么使用专用 IP 地址的内部网络客户端可以通过 NAT 防火墙的外部接口访问 Internet。当内部网络客户端发送 Internet 连接请求时，NAT 协议驱动程序将截获该请求，并将其转发到目标 Internet 服务器，所有请求看上去都像是来自 NAT 防火墙的外部 IP 地址，此过程隐藏了内部 IP 地址配置。在本实验中，我们将采用 Windows 2003 Server 系统集成的 NAT 协议进行 NAT 防火墙的安装、配置和测试实验操作。

【实验环境】

1. 实验配置

本实验所需的软硬件配置如表 4.1.1 所示。

表 4.1.1　基于 Windows 的 NAT 防火墙实验配置

配　置	描　　述
硬件	CPU：Intel Core i7 4790 3.6GHz；主板：Intel Z97；内存：8G DDR3 1333
系统	Windows Server 2003；Windows 7
应用软件	Vmware Workstation；WinSCP

2. 实验环境网络拓扑

本实验的网络环境拓扑如图 4.1.1 所示。

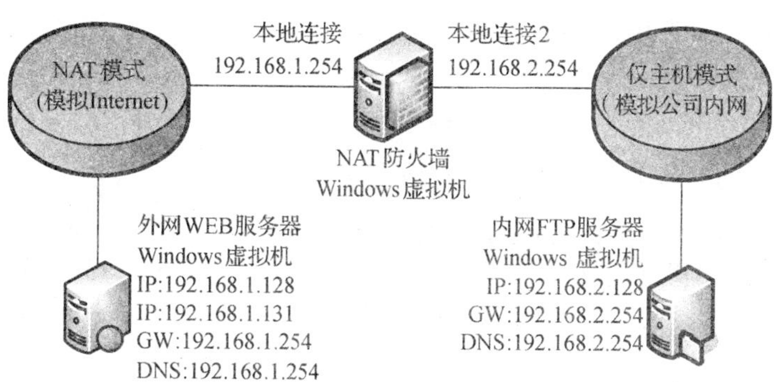

图 4.1.1　基于 Windows 的 NAT 防火墙实验网络环境

【实验内容】

(1) 安装 Windows NAT 防火墙。
(2) 配置 Windows NAT 防火墙。
(3) 测试 Windows NAT 防火墙。

【实验步骤】

1. 安装 Windows NAT 防火墙

Windows Server 2003 在默认情况下没有安装 NAT 协议，需要手动添加。在本实验中，我们将通过配置并启用 Windows Server 2003 的路由与远程访问实现 NAT 防火墙。具体操作步骤如下：

(1) 打开路由和远程访问

在 NAT 防火墙(即 Windows Server2003 虚拟机)中，依次点击桌面的"开始菜单→程序→管理工具→路由和远程访问"，弹出如图 4.1.2 所示的对话框。

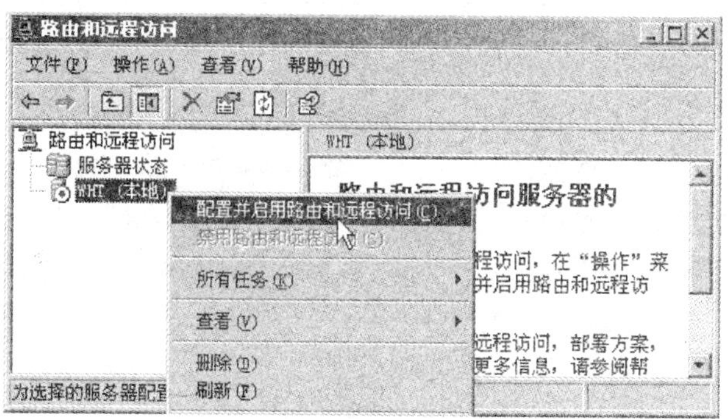

图 4.1.2　路由与远程访问控制台

(2) 路由和远程访问服务器安装向导

在图 4.1.2 中，打开的控制台左侧选中“服务器名”，在本例中服务器名为“WHT”，点击鼠标右键，然后在弹出的右键菜单中选中“配置并启用路由和远程访问”，弹出如图 4.1.3 所示的“路由和远程访问服务器安装向导”对话框。

图 4.1.3 路由与远程访问服务器安装向导

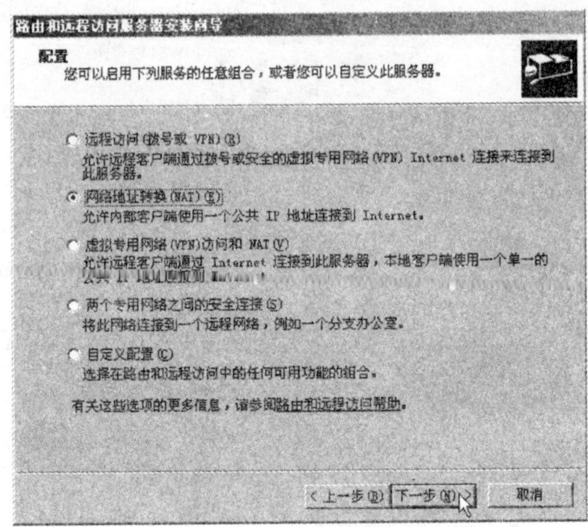

图 4.1.4 配置对话框

(3) 网络地址转换(NAT)

在图 4.1.3 中，点击“下一步”按钮。弹出如图 4.1.4 所示的配置对话框。

在图 4.1.4 中，选中“网络地址转换(NAT)”单选项，然后点击“下一步”按钮。

(4) NAT Internet 连接

路由和远程访问服务器安装向导弹出“NAT Internet 连接”对话框，该对话框用于设置连接到 Internet 上的网络接口，如图 4.1.5 所示。

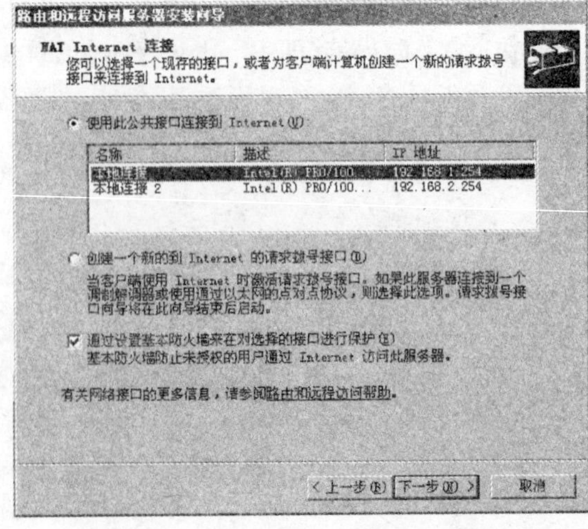

图 4.1.5 NAT Internet 连接对话框

在图 4.1.5 中，根据网络接口的连接方式不同分为固定永久连接方式和非固定永久连接方式。如果 NAT 防火墙的 Internet 接入采用固定永久的连接方式，如专线或以太网连接等，则选择“使用此公共接口连接到 Internet”项；如果 NAT 防火墙 Internet 接入采用非固定永久的连接方式，而是在需要时才连接，如传统拨号、ISDN 或 ADSL 连接等，则选择“创建一个新的到 Internet

的请求拨号接口”项，并根据向导设置连接时所需要的接入号码、用户名和密码等相关参数。在本实验中，我们采用的是以太网连接方式，所以选中“使用此公共接口连接到 Internet”单选项，并在其网络接口列表窗口中选中一个连接外网的网络接口，在本例中选中 IP 地址为 192.168.1.254 的“本地连接”网络接口。然后，选中“通过设置基本防火墙来对选择的接口进行保护”复选框。最后，点击“下一步”按钮。

(5) 名称和地址转换服务

路由和远程访问服务器安装向导弹出“名称和地址转换服务”对话框，如图 4.1.6 所示。

在图 4.1.6 的对话框中，包含两个单选项：“启用基本的名称和地址服务”和“我将稍后设置名称和地址服务”。其中，“启用基本的名称和地址服务”表示 NAT 防火墙提供 DNS 服务，并为 NAT 客户端分配默认网关和 DNS 服务器的 IP 地址均为其连接内部网的 IP 地址。在本实验中，对内网的主机网络设置采用手动方式。因此，在该对话框中我们选择“我将稍后设置名称和地址服务”项。然后，点击“下一步”按钮。

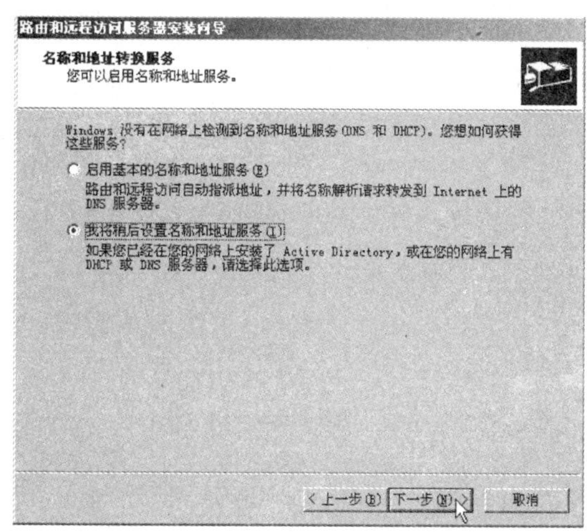

图 4.1.6　名称和地址转换服务对话框

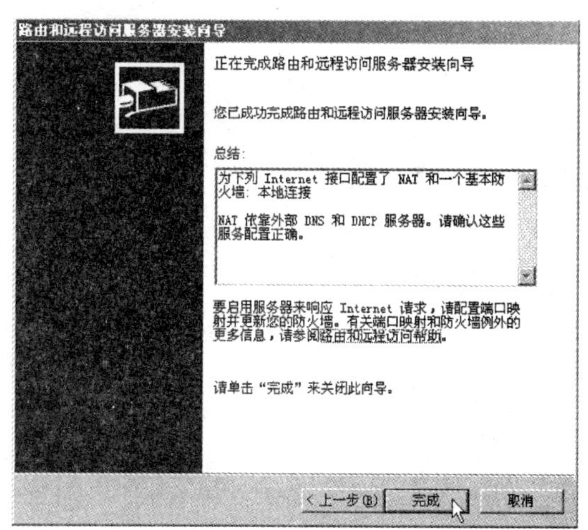

图 4.1.7　NAT 防火墙安装结束对话框

(6) 结束 NAT 防火墙安装向导

最后，弹出“完成路由和远程服务器安装向导”对话框，如图 4.1.7 所示。点击“完成”按钮，结束 NAT 防火墙的安装。

此时，在 IP 路由选择列表中就可以看到“NAT/基本防火墙”节点。

2. 配置 Windows NAT 防火墙

完成实验内容 1 的 NAT 防火墙安装后，在路由和远程访问控制台的树形目录“IP 路由选择”下将生成一个“NAT/基本防火墙”节点。下面，我们将通过该节点对防火墙进行配置。

(1) NAT 防火墙日志记录设置

日志记录是防火墙的一个扩展功能，下面进行设置 Windows NAT 防火墙日志的实验操作。首先，鼠标右键点击 IP 路由选择中的“NAT/基本防火墙”，并在右键菜单中选择“属性”，如图 4.1.8 所示。

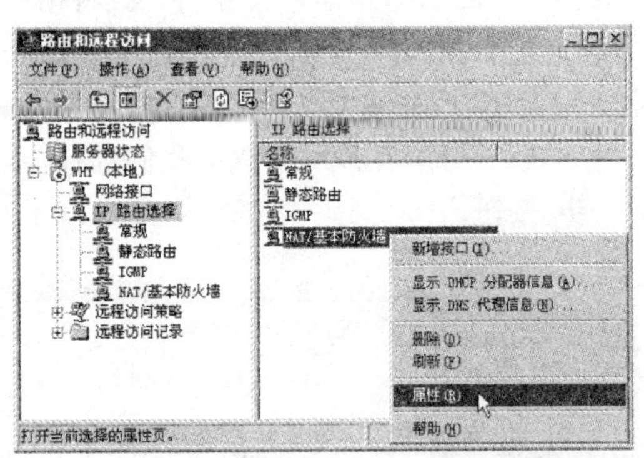

图 4.1.8 NAT/基本防火墙属性

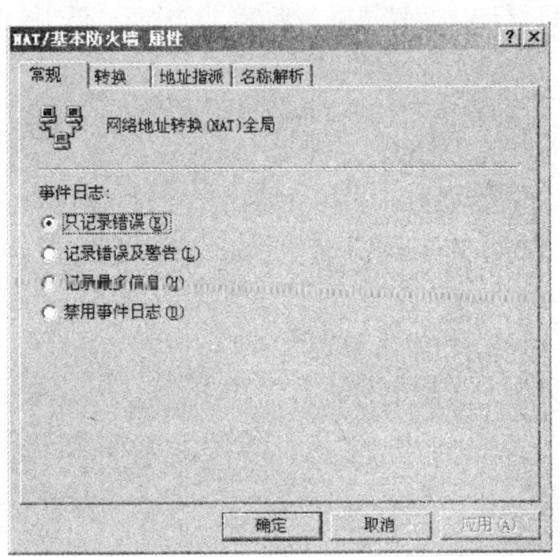

图 4.1.9 NAT 防火墙日志记录设置

在弹出的“NAT/基本防火墙属性”对话框中选择“常规”标签页，如图 4.1.9 所示。

图 4.1.9 中包含了四种 NAT 防火墙日志记录类型：只记录错误、记录错误及警告、记录最多信息和禁用事件日志。在本实验中，我们选择选项“只记录错误”。

(2) 配置 NAT 转换表缓存时间

在“NAT/基本防火墙属性”对话框中选择“转换”标签页，如图 4.1.10 所示。该页是用于设置 NAT 转换表中内外网传输动态映射的缓存时间，它包含两项：“在此时间后删除 TCP 映射(分钟)”和“在此时间后删除 UDP 映射(分钟)”。其中，在“在此时间后删除 TCP 映射(分钟)”文本框中设置 TCP 会话的动态映射在 NAT 表中缓存时间，默认值是 1 440。“在此时间后删除 UDP 映射(分钟)”文本框用于设置对 UDP 消息在 NAT 表中缓存的时间，默认值是 1。单击“复位默认值”按钮可以还原 TCP/UDP 数据流的动态映射超时

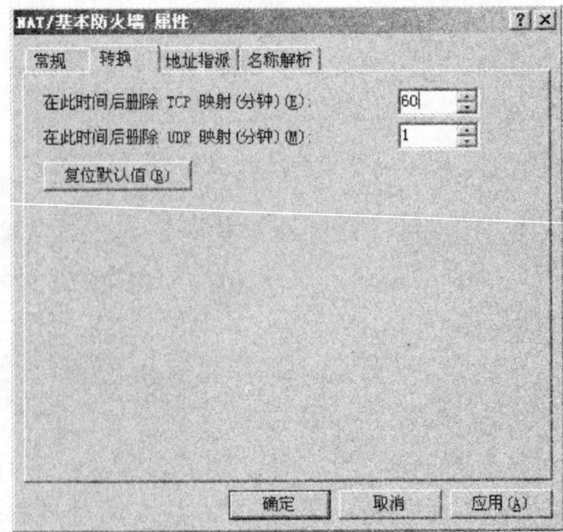

图 4.1.10 NAT 转换属性设置

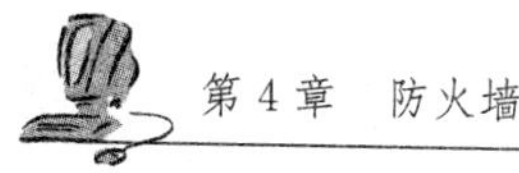

的默认设置。

考虑内网用户很多的场景，为了防止内网大量用户与外网通信时，产生庞大的 NAT 转换表，影响 NAT 防火墙的工作效率。在本实验中，我们将 NAT 转换表的 TCP 映射缓存时间设置为 60 分钟（如图 4.1.10 所示）。

(3) 配置 NAT 防火墙的 DHCP 和 DNS 代理

在“NAT 防火墙属性”对话框中选择“地址指派”标签页。在该页中，可以设置“使用 DHCP 分配器自动分配 IP 地址”选项，并在 IP 地址和掩码栏中分别设置内网的网络地址及其掩码。接着，选择 NAT 防火墙属性对话框的“名称解析”标签页。在该页中，可以设置“使用域名系(DNS)的客户端”选项，如图 4.1.11 所示。

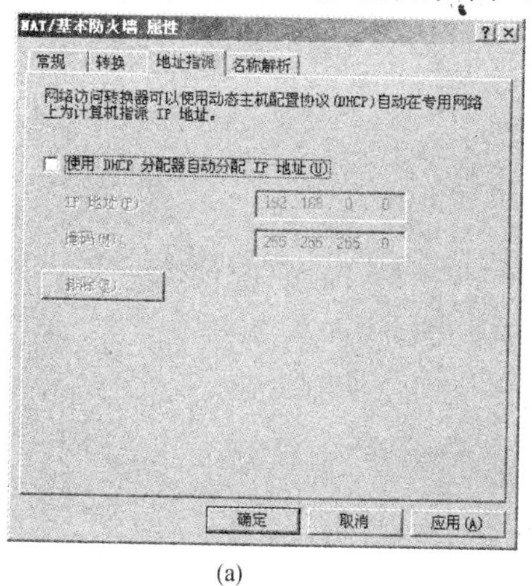

(a)

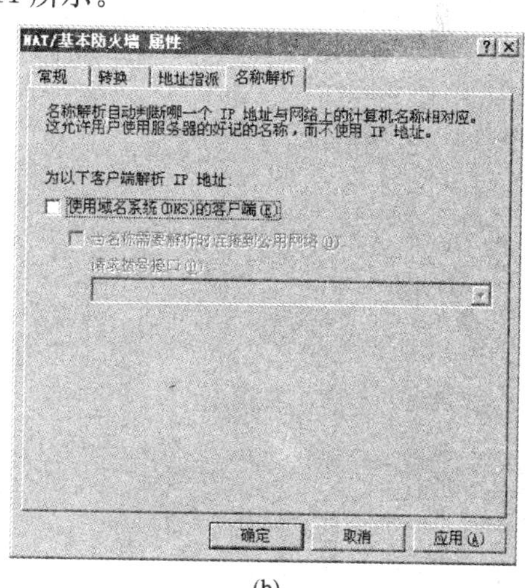

(b)

图 4.1.11　禁用 DHCP 和 DNS 代理

在本实验中，我们对内网的主机网络设置采用手动方式配置，因此，在“地址指派”标签页中不选择“使用 DHCP 分配器自动分配 IP 地址”(图 4.1.11(a))，并且在“名称解析”标签页中不选择“使用域名系统(DNS)的客户端”(图 4.1.11(b))。点击“确定”按钮，完成 NAT/基本防火墙属性设置。

(4) 过滤外网主机

单击 IP 路由选择列表中的“NAT/基本防火墙”节点，在右边的视图内出现网络接口，选择连接公网的网络接口，本例中为“本地连接”，进入它的属性配置。具体操作如下：右键点击“IP 路由选择→NAT/基本防火墙”中的“本地连接”接口，并在右键菜单中选择“属性”，如图 4.1.12 所示。

在弹出的“本地连接”属性对话框中选择“NAT/基本防火墙”标签页，如图 4.1.13 所示。

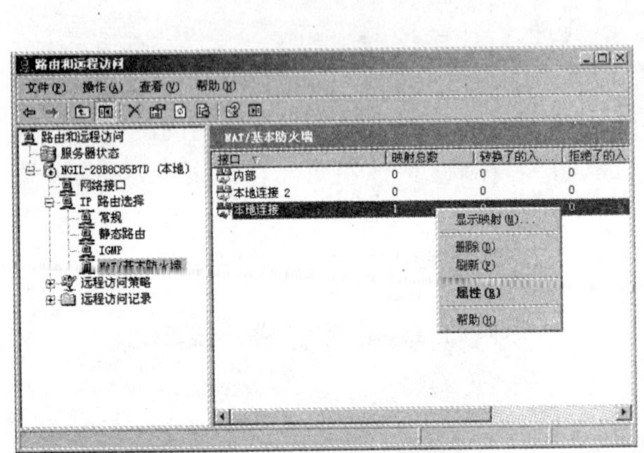

图 4.1.12　NAT 接口属性

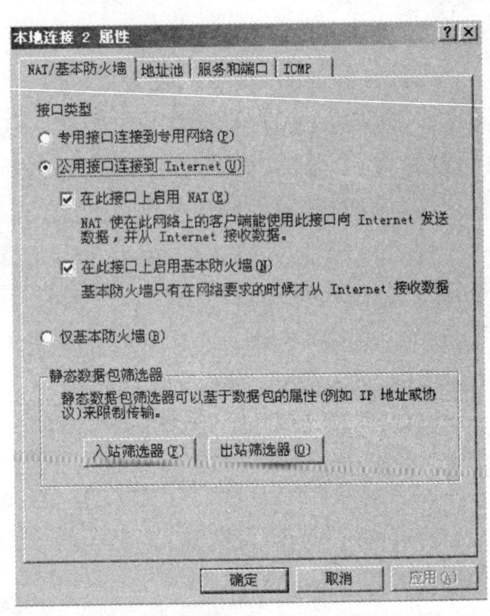

图 4.1.13　网络接口 NAT/基本防火墙属性

在图 4.1.13 中，接口类型选择"公用接口连接到 Internet"，并选中"在此接口上启用基本防火墙"选项。然后点击"出站筛选器"按钮，弹出如图 4.1.14(a)所示的对话框。

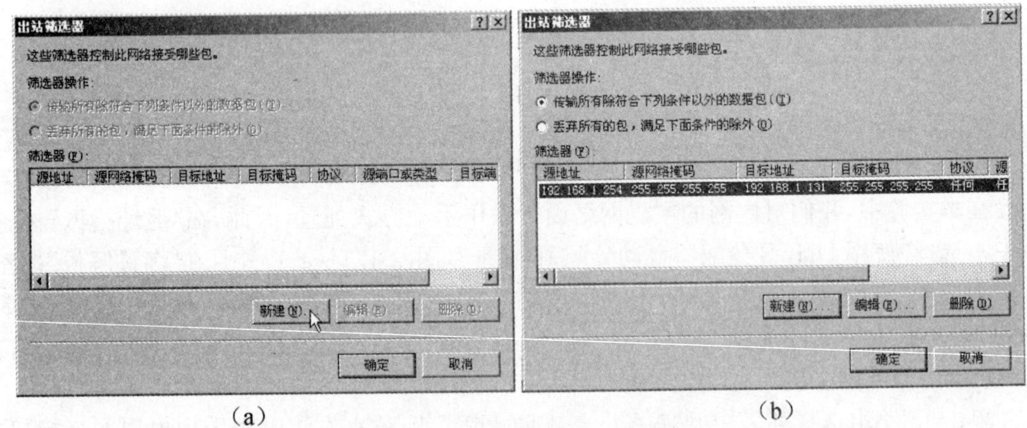

图 4.1.14　出站筛选器设置对话框

在图 4.1.14(a)中，点击"新建"按钮，弹出图 4.1.15 所示的对话框。

在图 4.1.15 中，选中"源网络"复选框，并填写源网络的 IP 地址。在本例中，源网络为内网网络的 IP 地址：192.168.2.0/24。由于内网的数据包在经过 NAT 防火墙时，源 IP 地址 192.168.2.0/24 会被转换成 NAT 防火墙外网接口的 IP 地址 192.168.1.254/32。因此，源网络的 IP 地址为 192.168.1.254/32。然后，选中"目标网络"复选框，并填写目标网络的 IP 地址。在本例中，目标网络的 IP 地址：192.168.1.131/32。点击“确定”按钮，回到出站筛选器对话框，如图 4.1.14(b)所示。在图 4.1.14(b)中，筛选器列表框中出现了在图 4.1.15 中设置的 IP 包过滤条件。这些条件将根据筛选器的动作设置进行操作。在出站筛选器中包含两种操作动作：“传输所有除符合下列条件以外的数据包”和“丢弃所有的包，满足下面条件的除外”。在本实验中，我们选择“传输所有除符合下列条件以外的数据包”。点击“确定”按钮。这样所有内网主机与192.168.1.131网站通信的数据包将被防火墙过滤，从而使内网用户无法访问 192.168.1.131 网站。

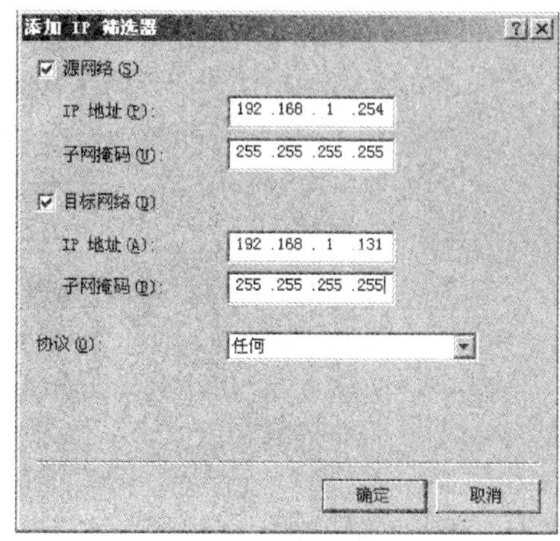

图 4.1.15　添加 IP 筛选器对话框

(5) 动态 NAT 配置

Windows NAT 防火墙支持动态 NAT，可以在图 4.1.16 所示接口属性的“地址池”标签页中进行动态 NAT 设置。

在本实验中，不采用动态 NAT，所以在图 4.1.16 所示的外网地址池列表中，不进行添加设置。

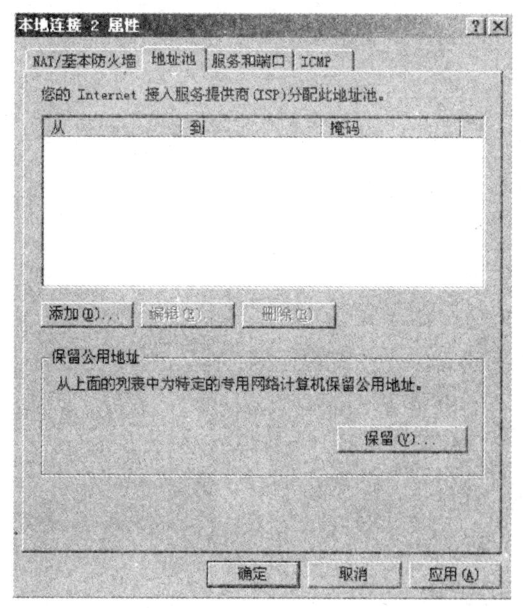

图 4.1.16　动态 NAT 设置

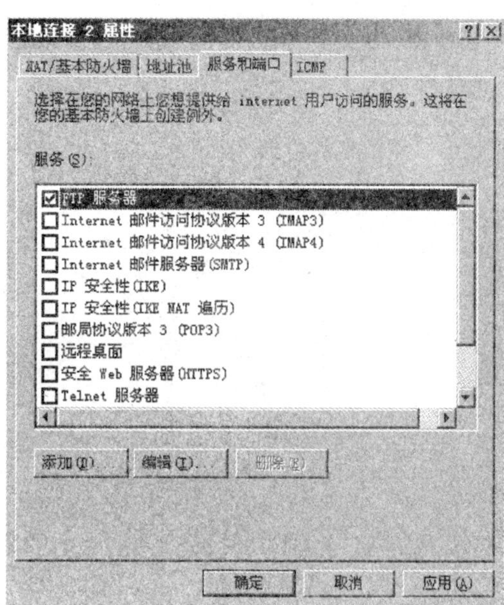

图 4.1.17　服务与端口设置

(6) 在内网中提供 FTP 服务

“服务和端口”是 NAT 防火墙端口映射的重点，它配置的是对公用地址哪些端口的访问将被转发到内部局域网的哪个 IP 和端口上。为了实现在内网向外网用户提供网络服务，可以通过 Windows NAT 防火墙外网接口属性的“服务和端口”标签页进行设置，如图 4.1.17所示。

例如，在内网中为外网的用户提供 FTP 服务，点击选择图 4.1.17 服务列表中的“FTP 服务器”，弹出如图 4.1.18 所示的对话框。

在图 4.1.18 中，公用地址表示连接到公网的接口，本实验中选择公共地址为“在此接口”。专用地址指的是访问将会转发到的内部局域网中的服务器的 IP 地址，本实验中专用地址中设定内网 FTP 服务器的 IP 地址，即为 192.168.2.128。点击“确定”按钮。这样，外网的用户可以通过 NAT 防火墙访问内网中的 IP 地址为 192.168.2.128 的 FTP 服务器。

如果需要转发的服务和端口不在图 4.1.17 的服务列表中，则可以选择点击“添加”按钮进入“添加服务”界面，进行自定义添加服务。

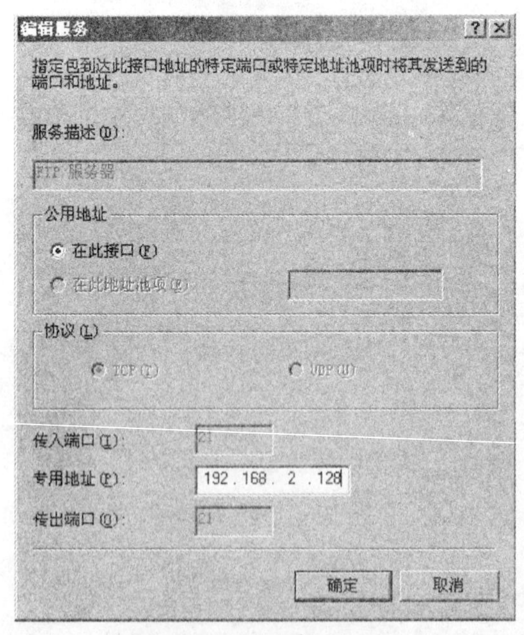

图 4.1.18　FTP 服务设置

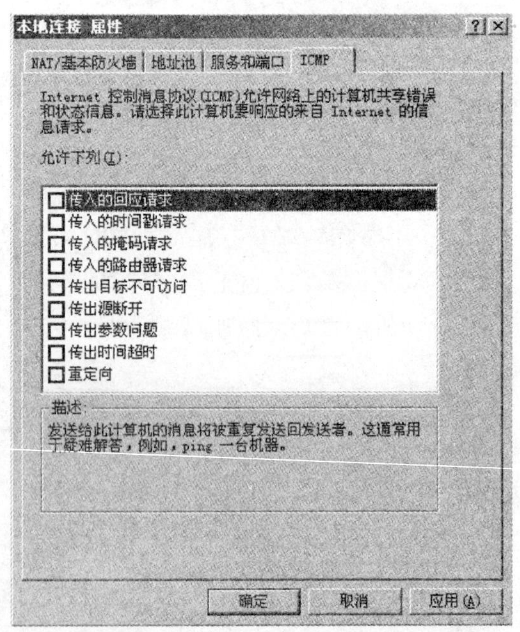

图 4.1.19　禁止 Ping 扫描设置

(7) 禁止 Ping NAT 防火墙

为了防止外网恶意主机对 NAT 防火墙的 Ping 扫描攻击，可以通过 Windows NAT 防火墙外网接口属性的“ICMP”标签页进行 ICMP 协议过滤设置，如图 4.1.19 所示。

在图 4.1.19 中，不选择 ICMP 的“传入的回应请求”复选框。点击“确定”按钮。这样，在 NAT 防火墙外网接口中，来自外网的 ICMP Echo Request 数据包将得不到响应，从而有效防止外网对 NAT 防火墙的 ICMP Ping 扫描攻击。

3. Windows NAT 防火墙测试

(1) Ping 测试

① 内网主机 Ping 外网测试

在内网上通过 Ping 命令测试外网，例如在 IP 地址为 192.168.2.128 的内网主机 Ping 外网服务器 192.168.1.128，操作如下：

```
Microsoft Windows [版本 6.1.7601]
版权所有 (c) 2009 Microsoft Corporation。保留所有权利。
C:\Users\John>ping 192.168.1.128
正在 Ping 192.168.1.128 具有 32 字节的数据：
来自 192.168.1.128 的回复：字节=32 时间=22ms TTL=127
来自 192.168.1.128 的回复：字节=32 时间<1ms TTL=127
来自 192.168.1.128 的回复：字节=32 时间=6ms TTL=127
来自 192.168.1.128 的回复：字节=32 时间<1ms TTL=127
192.168.1.128 的 Ping 统计信息：
    数据包：已发送 = 4，已接收 = 4，丢失 = 0 (0% 丢失)，
往返行程的估计时间(以毫秒为单位)：
    最短 = 0ms，最长 = 22ms，平均 = 7ms
C:\Users\John>
```

由于 192.168.2.128 虚拟机的网关为 192.168.2.254，指向 NAT 防火墙，所以 192.168.2.128 主机发往外网的数据包都将通过 NAT 防火墙。以上测试结果显示 192.168.2.128 内网主机能够与外网连通。

② 外网 Ping 内网 NAT 防火墙测试

在外网主机上通过 Ping 命令扫描内网 NAT 防火墙，例如在 192.168.1.128 虚拟机的命令提示符下输入以下命令：

```
Microsoft Windows [版本 6.1.7601]
版权所有 (c) 2009 Microsoft Corporation。保留所有权利。
C:\Users\John>ping 192.168.1.254
正在 Ping 192.168.1.254 具有 32 字节的数据：
请求超时。
请求超时。
请求超时。
请求超时。
192.168.1.254 的 Ping 统计信息：
```

```
    数据包: 已发送 = 4,已接收 = 0,丢失 = 4 (100% 丢失),
C:\Users\John>
```

以上显示结果表明,外网主机无法收到 NAT 防火墙 Ping 响应数据包,这是由于在 NAT 防火墙中禁止了外网主机对 NAT 防火墙进行 Ping 主机扫描攻击。

(2) 内网主机访问外网测试

首先,内网主机通过 NAT 防火墙访问外网的一般网站,例如在 IP 地址为 192.168.2.128 的内网主机打开 IE 浏览器,输入外网网站地址 192.168.1.128。这时,可以看到该网站的主页内容,如图 4.1.20 所示。

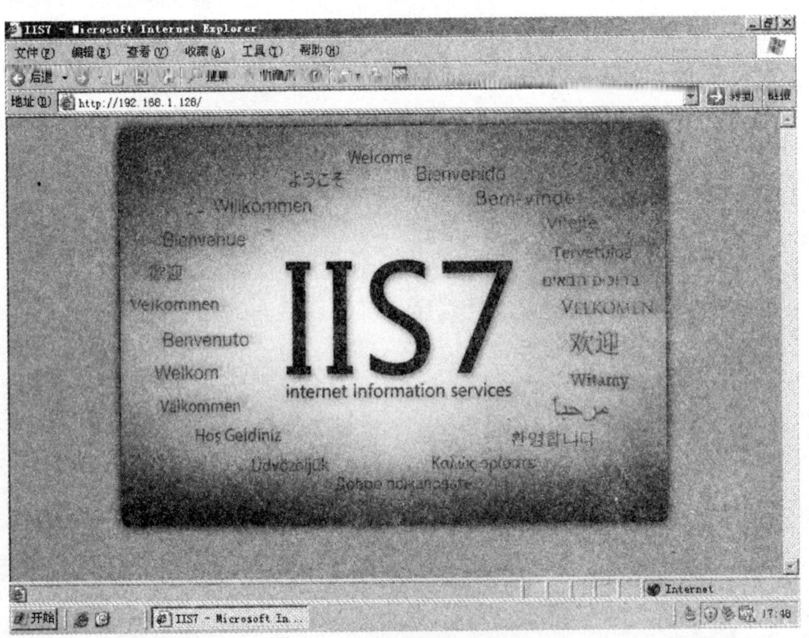

图 4.1.20 访问外部网站

其次,内网主机通过 NAT 防火墙访问外网的受限网站,例如在 IP 地址为 192.168.2.128 的内网主机打开 IE 浏览器,输入外网网站地址 192.168.1.131。这时,可以看到浏览器提示无法显示网页内容,如图 4.1.21 所示。

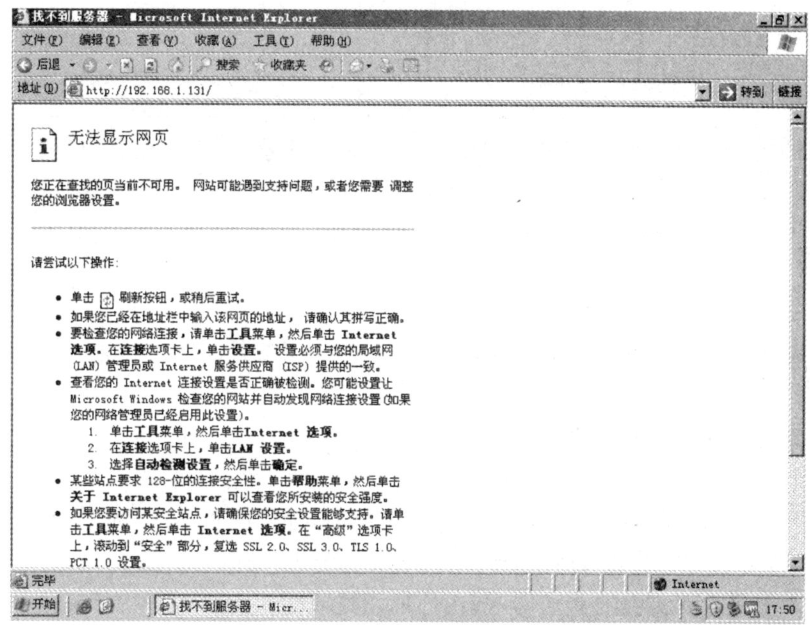

图 4.1.21 访问 QQ 网站

以上测试结果说明，通过 NAT 防火墙能够控制内网主机与外网的通信，即只有被允许的外网网站才能被内网用户访问，这是由于该网站在 NAT 防火墙中被过滤。

(3) 外网主机访问内网 FTP 服务器测试

下面，我们对 NAT 防火墙提供的内网 FTP 服务进行测试。在外网主机上通过 FTP 客户端命令登录内网 FTP 服务器，例如，在外网的 192.168.1.128 虚拟机命令提示符下输入以下命令：

```
Microsoft Windows [版本 6.1.7601]
版权所有 (c) 2009 Microsoft Corporation。保留所有权利。
C:\Users\John>ftp 192.168.1.254
连接到 192.168.1.254。
220 Microsoft FTP Service
用户(192.168.1.254:(none)): anonymous
331 Anonymous access allowed, send identity (e—mail name) as password.
密码:
230 User logged in.
ftp> dir
200 PORT command successful.
125 Data connection already open; Transfer starting.
09—18—15  09:12PM                33 file1.txt
```

```
09-18-15  09:13PM                        16 file2. txt
226 Transfer complete.
ftp: 收到 100 字节,用时 0.00 秒 100000.00 千字节/秒。
ftp>
```

在出现的提示信息中输入匿名帐户 anonymous 和任意密码,身份认证通过后显示"230 User logged in."信息,表明 NAT 防火墙能够在内网中为外网用户提供正确的 FTP 服务。

【实验报告】

(1) 请回答实验目的中的思考题。

(2) 本次实验是属于哪种防火墙体系结构,它使用了哪种防火墙技术?

(3) 简单说明 Windows NAT 防火墙的实现步骤。

(4) 如何通过 NAT 防火墙禁止内网中的某个特定主机(如 192.168.2.253)与外网通信?

(5) 如果在内部网络主机中采用自动配置网络时,如何配置 NAT 防火墙以为内部网络主机分配 IP 地址和执行代理 DNS 查询?说明具体配置步骤。

(6) 请谈谈你对本实验的看法,并提出你的意见或建议。

实验 4.2　基于 Linux 的 NAT 防火墙实验

【实验目的】

(1) 进一步理解和学习 NAT 防火墙原理与技术。

(2) 了解和学习 Linux 防火墙基本原理。

(3) 学习和掌握 Linux NAT 防火墙技术。

(4) 学习和掌握 Linux 系统中 NAT 防火墙的功能、配置与使用操作。

(5) 思考:

① Linux 的防火墙框架是什么?

② Linux 防火墙的配置工具是什么?

③ Linux NAT 防火墙是通过哪种表的哪种链上实现的?

【实验原理】

1. 防火墙概述

参见实验 4.1。

2. NAT 防火墙技术

参见实验 4.1。

3. Linux 防火墙技术

Linux 的防火墙技术最初是在 1994 年由 Alan Cox 基于 BSD 的 IPFW 移植过来，称为 IPFWADM。1998 年，Rusty Russell 和 Micahel Neuling 等人在 Linux Kernel 2.2 上推出了 ipchains，并在 Linux Kernel 2.4 及以上内核中发展了 Netfilter 包过滤框架，其用户空间的管理工具，也相应地发展为 Iptables。因此，现在的 Linux 防火墙技术是基于 Netfilter 包过滤技术及其规则配置工具 Iptables。

(1) Netfilter 框架

Netfilter 框架是 Linux 内核的一部分，它在网络协议栈中定义了一些特殊检查点，这些检查点被称为钩子。IP 包在 Netfilter 框架中的处理流程如图 4.2.1 所示。

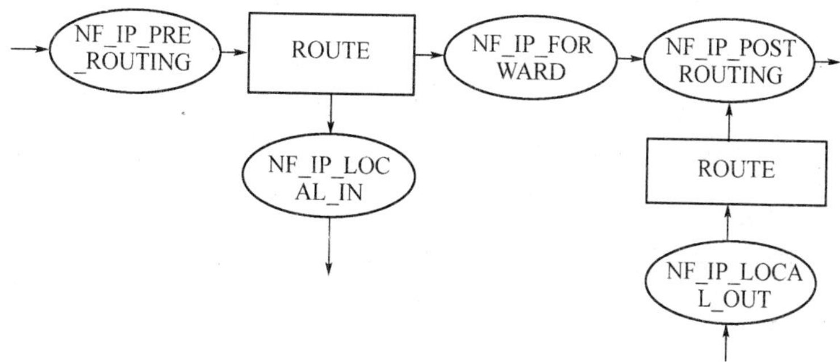

图 4.2.1　Netfilter 架构

从图 4.2.1 中可以看出 Netfilter 框架的五个钩子函数分别是：NF_IP_PRE_ROUTING、NF_IP_LOCAL_IN、NF_IP_FORWARD、NF_IP_POST_ROUTING、NF_IP_LOCAL_OUT。数据包从左边进入系统，进行 IP 校验以后，经过第一个钩子函数 NF_IP_PRE_ROUTING 进行处理，然后就进入路由代码，其决定该数据包是需要转发还是发给本机。若该数据包是发给本机，则该数据经过钩子函数 NF_IP_LOCAL_IN 处理后，传递给上层协议；若该数据包应该被转发，则它被 NF_IP_FORWARD 处理。经过转发的数据包经过最后一个钩子函数 NF_IP_POST_ROUTING 处理以后，再传输到网络上。本地产生的数据经过钩子函数 NF_IP_LOCAL_OUT 处理后，进行路由选择处理，然后经过 NF_IP_POST_ROUTING 处理后，发送到网络上。

(2) Iptables 工具

防火墙在做数据包过滤决定时，需要遵循一定的规则。Netfilter 框架在 Linux Kernel 2.4 及以上内核中采用了全新的 Iptables 来管理 Netfilter 内核防火墙，其作用是定义、添加、保存和删除相应的防火墙规则，这些规则存储在 Netfilter 内核空间的数据包过滤表中。在数据包规则表中，规则被分组放在不同的链中。关于 iptables 命令的一般语法如下：

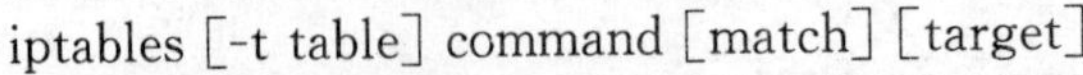
iptables [-t table] command [match] [target]

其中,[-t table]选项用来指定规则表,Netfilter 内建的规则表分别是 nat、mangle 和 filter。其中,filter 为缺省表。各表实现的功能如表 4.2.1 所示。

表 4.2.1 Iptables 规则表及其功能描述

表 名	描 述
filter	该规则包含 INPUT、FORWARD 和 OUTPUT 三个规则链,它是用来进行数据包过滤的处理动作,如 DROP、LOG、ACCEPT 或 REJECT。
nat	该规则包含 PREROUTING 和 POSTROUTING 两个规则链,其主要功能为进行一对一、一对多、多对多等网络地址转换工作。
mangle	该规则包含 PREROUTING、FORWARD 和 POSTROUTING 三个规则链,其作用是修改数据包的一些报头字段(如 TTL、TOS)值,或者是设定 MARK,以进行后续的过滤。

command 参数是 iptables 命令最重要,也是具有强制性的部分。它用于管理规则表中不同链的规则,例如,插入规则、将规则添加到链的末尾或删除规则。表 4.2.2 列出了常用的一些 command 参数。

表 4.2.2 命令的功能及其描述

命 令	功 能 描 述
-A ＜链名＞	新增规则到某个规则链中,该规则将会成为规则链中的最后一条规则。
-I ＜链名＞	插入一条规则到某个规则链中的某个位置,原本该位置上的规则将会往后移动一个顺位。
-D ＜链名＞	从某个规则链中删除一条规则,可以输入完整规则,或直接指定规则编号加以删除。
-F ＜链名＞	清空规则表或规则链中的所有规则。如果指定链名,该命令删除链中的所有规则;如果未指定链名,该命令删除所有链中的所有规则。
-X	删除一个空规则表。
-P	改变内建规则表的默认策略,即所有与链中任何规则都不匹配的数据包都将被强制使用此链的策略。
-L ＜链名＞	列出规则表或规则链中的所有规则。
-R	替换规则表中的规则,规则被取代后并不会改变顺序。

（续表）

命　令	功　能　描　述
-Z	将数据包计数器归零。数据包计数器是用来计算同一数据包的出现次数，是过滤阻断式攻击不可或缺的工具。
-N <自定义链名>	创建一个新规则表，用命令中所指定的名称创建一个新链。

[match]选项指定数据包与规则匹配所应具有的特征，如源地址、目的地址和协议等。匹配分为通用匹配和特定于协议的匹配两大类。这里将介绍可用于采用任何协议的信息包的通用匹配。表 4.2.3 列出了常用的通用匹配及说明。

表 4.2.3　通用匹配及说明

匹配选项	描　　述
-I <网络接口名>	指定数据包从哪个网络接口进入，如 ppp0 或 eth0 等。该参数只能用于 INPUT、FORWARD 和 PREROUTING 这三个链。
-o <网络接口名>	指定数据包从哪个网络接口输出。该参数只能用于 OUTPUT 和 POSTROUTING 两个链。
-p <协议类型>	指定数据包匹配的协议，如 TCP、UDP 和 ICMP 等，用逗号分隔的任何这三种协议的组合列表以及 ALL(用于所有协议)。ALL 是缺省匹配。可以使用 ! 符号，它表示不与该项匹配。
-s <源地址或子网>	用来匹配数据包的源 IP 地址，可以匹配单机或网络，匹配网络时用数字来表示子网掩码。另外，可以使用 ! 运算符进行反向匹配。
-d <目的地址或子网>	指定数据包匹配的目的 IP 地址，该匹配还允许对某一子网内 IP 地址进行匹配。另外，可以使用! 符号，表示不与该项匹配。
-sport <源端口号>	指定数据包匹配的源端口号，还可以使用“起始端口号:结束端口号”的格式指定一个范围的端口。
-dport <目标端口号>	指定数据包匹配的目标端口号，可以使用“起始端口号:结束端口号”的格式指定一个范围的端口。

[-j target]选项是指对与那些规则匹配的数据包执行处理动作，包括 ACCEPT 和 DROP 等。表 4.2.4 是常用的一些处理动作及其说明。

表 4.2.4 目标选项参数及其说明

目 标	描 述
ACCEPT	接收数据包,即将数据包放行。进行完此处理动作后,防火墙将不再匹配其他规则,直接跳往下一个规则链。
DROP	丢弃数据包,即丢弃数据包不予处理。进行完此处理动作后,将不再匹配其他规则,直接中断过滤程序。
SNAT	源地址转换,即改变数据包的源地址。
DNAT	目标地址转换,即改变数据包的目的地址。
MASQUERADE	伪装,它是 SNAT 的一种特殊情况。当进行 IP 伪装时,不需指定要伪装成哪个 IP,IP 会从出口网络接口直接读取 IP 地址。
LOG	日志功能,将符合规则的数据包相关信息记录在日志(/var/log)中,以便管理员的分析和排错。进行完此处理动作后,将会继续匹配其规则。

(3) 保存规则

用 iptables 命令所建立的规则会被保存到内核中。当重新启动系统时,会丢失这些规则。因此,为了在重新启动系统后再次使用这些规则,那就必须将该规则集保存在配置文件中。可以使用 iptables-save 命令来实现,如"iptables-save > iptables-script"。这样,Netfilter 规则表中的所有规则都被保存在文件 iptables-script 中。当系统重启后,可以使用 iptables-restore 命令将规则集从该脚本文件恢复到 Netfilter 规则表,如"iptables-restore iptables-script"。如果希望在每次启动系统时自动恢复该规则集,则可以将上面指定的这条命令放到一个初始化 Shell 脚本中。

4. Linux 防火墙工作原理

根据图 4.2.1,当数据包要经过 Linux Netfilter/Iptables 防火墙时,传输数据包的过程如下:首先,当一个数据包进入网卡时,它先进入 PREROUTING 链,内核根据数据包目的 IP 判断是否需要转送出去。其次,如果数据包就是进入本机的,它就会到达 INPUT 链。数据包到了 INPUT 链后,任何进程都会接收到它。本机上运行的程序可以发送数据包,这些数据包会经过 OUTPUT 链,然后到达 POSTROUTING 链输出。最后,如果数据包是要转发出去的,且内核允许转发,数据包就会经过 FORWARD 链,然后到达 POSTROUTING 链输出。

数据包每经过一个规则链时,首先读取该链中第 1 条规则,如果第 1 条规则匹配,则执行该规则指定的处理动作,并不再读取下面的规则。如果第 1 条规则没有匹配,则读取第二条规则,如果匹配到第 2 条规则,则同样执行该规则指定的处理动作,并不在读取下面的规则。以此类推往下执行。如果数据包没有匹配到该链中的任何规则,则匹配该链的默认策略。默认策略是允许或者拒绝,可以由用户自己定义。

5. Linux NAT 防火墙

(1) Netfilter 的 NAT 实现原理

Netfilter 在 Linux 2.4 及以上内核中提供了网络地址转换表 nat，在 nat 表中包含三个链：PREROUTING、POSTROUTING 和 OUTPUT 链。进行数据包 NAT 处理时，Netfilter 监听钩子函数：NF_IP_PRE_ROUTING、NF_IP_POST_ROUTING 及 NF_IP_LOCAL_OUT 将根据 nat 表中的规则对数据包进行地址转换处理。图 4.2.2 是 Netfilter 的 NAT 实现原理图。NAT 只对新连接的第一个数据包查询 nat 表，随后同一个连接的数据包将根据第一个数据包的结果进行同样的转换处理。

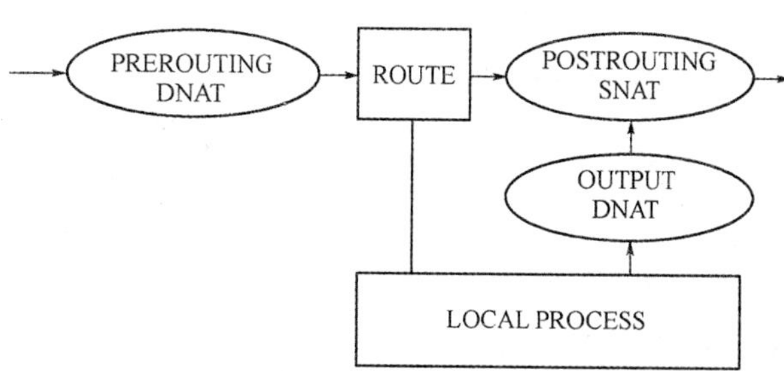

图 4.2.2　Netfilter 的 NAT 实现原理

(2) Iptables 的 NAT 操作

Linux NAT 防火墙利用 iptables 工具，并用选项"-t nat"来创建和修改 nat 表。nat 表的操作目标包含 SNAT 和 DNAT。其中，SNAT 是指修改数据包的源地址。SNAT 会在数据包经过 NF_IP_POST_ROUTING 时，根据 nat 表中 POSTROUTING 链的规则修改数据包的源地址。IP 伪装 MASQUERADE 是一种特殊的 SNAT。DNAT 是指修改数据包的目的地址，DNAT 在数据包经过 NF_IP_LOCAL_OUT 或 NF_IP_PRE_ROUTING 时，根据 nat 表中 OUTPUT 链或 PREROUTING 链的规则修改数据包目的地址。重定向和端口转发属于 DNAT。下面，我们分别介绍 Iptables 的 SNAT 和 DNAT 操作。

① SNAT

SNAT 用"-j SNAT"选项表示，用"-o"选项指定数据包将要发送到的网络接口名称，用"-to-source"来指定需要改变的源 IP 地址、IP 地址的范围或者端口号。例如，更改所有来自 192.168.1.0/24 的数据包的源 IP 地址为 210.34.16.59：# iptables -t nat -A POSTROUTING -s 192.168.1.0/24 -o eth0 -j SNAT --to 210.34.16.59。有一种 SNAT 的特殊情况是 IP 伪装，在 IP 伪装中不需要明确指定源地址，只要指明正确的网络接口，它会使用包送出的那个接口地址作为源地址。例如：# iptables -t nat -A POSTROUTING -o eth0 -j MASQUERADE

② DNAT

DNAT 用"-j DNAT"选项表示，用"-i"选项指定输入数据包的网络接口名称，用"--to-destination"选项来指定需要改变的目的 IP 地址、IP 地址的范围或者端口号。例如，更改所有来自 eth1 网络接口的数据包的目的 IP 地址为 210.34.16.59：# iptables -t nat -A PREROUTING -i eth1 -j DNAT --to 210.34.16.59。有一种 DNAT 的特殊情况是重定向，它将符合条件的数据包的目的地址改为数据包进入系统时的网络接口的 IP 地址。例如，将发送到 80 端口的 Web 连接重定向到 Squid 代理端口上：# iptables -t nat -A PREROUTING -i eth1 -p tcp -dport 80 -j REDIRECT --to-port 3128。DNAT 的另外一种特殊情况是端口转发，例如，要将 210.34.16.59:8080 变为 192.168.1.1:80：# iptables -A PREROUTING -t nat -p tcp -d 210.34.16.59 --dport 8080 -j DNAT --to 192.168.1.1:80。

【实验环境】

1. 实验配置

本实验所需的软硬件配置见表 4.2.5 所示。

表 4.2.5 Linux NAT 防火墙实验配置

配　置	描　　述
硬件	CPU：Intel Core i7 4790 3.6GHz；主板：Intel Z97；内存：8G DDR3 1333
系统	Windows；Linux
应用软件	Vmware Workstation；iptables

2. 实验网络环境拓扑

本实验的网络环境拓扑如图 4.2.3 所示。

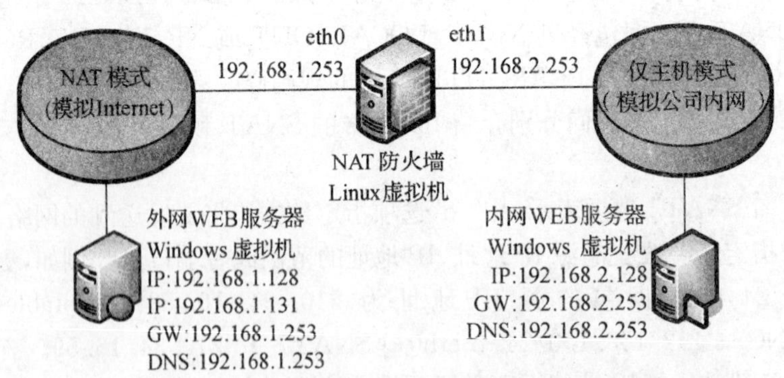

图 4.2.3 基于 Linux 的 NAT 防火墙实验网络环境

【实验内容】

(1) 安装 Linux Netfilter/Iptables 防火墙组件。

(2) 配置 Linux NAT 防火墙。

(3) 启动 Linux NAT 防火墙。

(4) 测试 Linux NAT 防火墙。

【实验步骤】

1. 安装 Linux Netfilter/Iptables 防火墙组件

Linux 防火墙包含 Netfilter 和 Iptables 组件，因此在本实验内容中我们将进行 Linux Netfilter/Iptables 防火墙组件安装操作。

(1) Netfilter 框架安装

一般情况下，Netfilter 模块已经集成到 Linux Kernel 2.4 及以上的内核中。因此，安装 Linux Kernel 2.4 及以上内核的操作系统后，系统将自动加载 Netfilter 模块。对于 2.4 以下版本的内核，可以通过重新编译内核加载 Netfilter 模块，然后再安装重新编译后的 Linux 内核操作系统，这样系统就能支持 Netfilter 框架。

本实验采用的系统环境是 CentOS release 6.4，其内核是 kernel 2.6.32－358.el6.x86_64。因此，它默认集成了 Netfilter 模块。

(2) 检查 Iptables 防火墙组件

用 root 帐户登录 Linux NAT 防火墙。使用 rpm 命令检查 iptables 组件是否安装。

```
[root@NAT ~]# rpm_qa iptables
iptables-1.4.7-9.el6.x86_64
```

如果出现以上 iptables－1.4.7－9.el6.x86_64 的相关信息，则说明已经安装；如果没有显示，那么通过安装命令进行安装。

(3) 安装 Iptables 防火墙组件

通过 Linux 系统安装光盘/镜像文件，或在网上搜索(http://rpm.pbone.net)下载获取安装 Iptables 所需的软件包：iptables－1.4.7－9.el6.x86_64.rpm。并将该 Iptables 安装软件包拷贝到 Linux NAT 防火墙上。在软件包所在的当前目录下执行以下安装命令：

```
[root@NAT ~]# rpm -ivh iptables-1.4.7-9.el6.x86_64.rpm
warning: iptables-1.4.7-9.el6.x86_64.rpm: HeaderV3DSAsignature: NOKEY, keyID1e9c9308
Preparing... ########################################
#####[100%]
1:iptables########################################
####[100%]
[root@net~]#
```

以上显示结果说明 Iptables 已经正确安装。

2. Linux NAT 防火墙配置

在本实验内容中，我们将进行 Linux NAT 防火墙的配置，包括数据包转发、规则表初始化、默认策略配置、IP 伪装以及 IP 地址映射等。具体实验操作步骤如下：

(1) 启动系统 IP 转发

Linux 系统缺省并没有打开 IP 转发功能，由于进出内网的数据都必须经过防火墙，所以必须启动防火墙的 IP 数据包转发功能。首先，编辑/etc/sysctl.conf 文件，并设置参数 net.ipv4.ip_forward 的值为 1，操作命令如下所示：

```
[root@NAT ~]# vi /etc/sysctl.conf
...
net.ipv4.ip_forward = 1
...
```

然后，重新启动网络服务，操作命令如下所示：

```
[root@NAT ~]# service network restart
Shutting down interface eth0:   Device state: 3 (disconnected) [  OK  ]
Shutting down interface eth1:   Device state: 3 (disconnected) [  OK  ]
Shutting down loopback interface:  [  OK  ]
Bringing up loopback interface:  [  OK  ]
Bringing up interface eth0:  [  OK  ]
Bringing up interface eth1:  [  OK  ]
```

最后，检查确认 IP 转发功能的状态，可以查看/proc 文件系统中的"/proc/sys/net/ipv4/ip_forward"状态值。如果/proc/sys/net/ipv4/ip_forward 文件中的值为 0，说明当前系统禁止进行 IP 转发；如果是 1，则说明当前系统的 IP 转发功能已经打开。操作命令如下所示：

```
[root@NAT ~]# cat /proc/sys/net/ipv4/ip_forward
1
```

以上显示结果说明，当前系统已经开启了 IP 转发功能。

(2) Iptables 表初始化设置

Iptables 表的初始设置包含清除当前 Iptables 表状态及默认策略设置。其中，清除 Iptables 表以前的设定，以防止对 NAT 防火墙的设置有影响，操作命令如下所示：

```
[root@NAT ~]# iptables -F
[root@NAT ~]# iptables -X
[root@NAT ~]# iptables -t mangle -F
[root@NAT ~]# iptables -t mangle -X
[root@NAT ~]# iptables -t nat -F
[root@NAT ~]# iptables -t nat -X
```

其中"iptables -F"表示清除预设表 filter 中所有规则链中的规则；"iptables -X"表示清除预设表 filter 中使用者自定链中的规则；"iptables -t mangle -F"表示清除 mangle 表中所有规则链中的规则；"iptables -t mangle -X"表示清除 mangle 表中使用者自定链中的规则；"iptables -t nat -F"表示清除 nat 表中所有规则链中的规则；"iptables -t nat -X"表示清除 nat 表中使用者自定链中的规则。

(3) 默认策略配置

对于 Iptables 中某条链，当所有规则都匹配不成功时，将采用默认的处理动作。我们将 Iptables 默认的处理动作称为默认策略。Iptables 允许两种默认策略处理动作，即"接收该数据包(ACCEPT)"和"丢弃数据包(DROP)"。此外，Iptables 的默认策略设置命令为"-P"，在本实验中我们选择的默认策略为"ACCEPT"。操作命令如下所示。

```
[root@NAT ~]# iptables -P INPUT ACCEPT
[root@NAT ~]# iptables -P FORWARD ACCEPT
[root@NAT ~]# iptables -P OUTPUT ACCEPT
[root@NAT ~]# iptables -t nat -P PREROUTING ACCEPT
[root@NAT ~]# iptables -t nat -P POSTROUTING ACCEPT
[root@NAT ~]# iptables -t nat -P OUTPUT ACCEPT
```

(4) IP 伪装配置

实验场景：在本实验中，用仅主机模式网络(即 192.168.2.0/24)模拟内网，NAT 模式网络(即 192.168.1.0/24)模拟外网(如图 4.2.3 所示)。NAT 防火墙的两个网络接口 eth0 和eth1分别接到 NAT 模式网络和仅主机模式网络，则当仅主机模式内网的主机访问外网时，可以通过 NAT 防火墙进行 IP 地址伪装，操作命令如下所示：

```
[root@ NAT ~]# iptables -t nat -A POSTROUTING -s 192.168.2.0/24 -o eth0 -j
MASQUERADE
```

其中，"-t nat"指明对 NAT 表操作；"-A POSTROUTING"指明添加 POSTROUTING 链中的规则；"-o eth0 -j MASQUERADE"表示对所有通过 eth0 接口向外发送的包进行 IP 伪装。

查看配置信息，操作命令如下所示：

```
[root@NAT ~]# iptables -t nat -L POSTROUTING -n -v
Chain POSTROUTING (policy ACCEPT 12 packets, 827 bytes)
pkts bytes target      prot opt in     out     source              destination
   0     0 MASQUERADE  all  --  *      eth0    192.168.2.0/24      0.0.0.0/0
```

以上命令中，-v 参数表示显示详细信息。显示内容说明了在 nat 表的 POSTROUTING 链中添加了一条规则，通过该规则把数据包的源地址是来自 192.168.2.0/24 这个网段的所有 IP 地址，伪装成 eth1 网络接口所对应的 IP 地址后，并从 eth0 发送出去。

(5) IP 地址映射

实验场景：在仅主机模式内网中，有一台 FTP 服务器，其 IP 地址是 192.168.2.128。为了外网的用户能使用该服务器资源，在 NAT 防火墙上进行地址映射，其映射的外部全局地址是 192.168.1.252。具体操作步骤如下：

首先，我们在 NAT 防火墙的外部网络接口(eth0)上绑定多个全局 IP 地址，本例中为

192.168.1.252,操作命令如下所示：

```
[root@NAT ~]# ifconfig eth0 add 192.168.1.252 netmask 255.255.255.0
```

查看 NAT 防火墙外部网络接口配置,操作命令如下所示：

```
[root@NAT ~]# ifconfig
...
eth0      Link encap:Ethernet  HWaddr 00:0C:29:C2:A2:05
          inet addr:192.168.1.253  Bcast:192.168.1.255  Mask:255.255.255.0
          inet6 addr: fe80::20c:29ff:fec2:a205/64 Scope:Link
          UP BROADCAST RUNNING MULTICAST  MTU:1500  Metric:1
          RX packets:108 errors:0 dropped:0 overruns:0 frame:0
          TX packets:28 errors:0 dropped:0 overruns:0 carrier:0
          collisions:0 txqueuelen:1000
          RX bytes:13729 (13.4 KiB)  TX bytes:1903 (1.8 KiB)
eth0:0    Link encap:Ethernet  HWaddr 00:0C:29:C2:A2:05
          inet addr:192.168.1.252  Bcast:192.168.1.255  Mask:255.255.255.0
          UP BROADCAST RUNNING MULTICAST  MTU:1500  Metric:1
...
```

然后,对 NAT 防火墙接收到的目的 IP 地址为 192.168.1.252 的所有数据包进行 DNAT 处理,操作命令如下所示：

```
[root@NAT ~]# iptables -t nat -A PREROUTING -i eth0 -d 192.168.1.252 -j DNAT --
to 192.168.2.128
```

查看 NAT 防火墙 PREROUTING 链规则配置信息,操作命令如下所示：

```
[root@NAT ~]# iptables -t nat -L PREROUTING -n -v
Chain PREROUTING (policy ACCEPT 3963 packets, 422K bytes)
pkts bytes target prot opt in   out  source    destination
0   0   DNAT   all  -- eth0  any  anywhere  192.168.1.252      to:192.168.2.128
[root@NAT ~]#
```

接着,对 NAT 防火墙接收到的源 IP 地址为 192.168.2.128 的数据包进行 SNAT 处理,操作命令如下所示：

```
[root@NAT ~]# iptables -t nat -A POSTROUTING -o eth0 -s 192.168.2.128 -j SNAT --
to 192.168.1.252
```

查看 NAT 防火墙 POSTROUTING 链规则配置信息,操作命令如下所示：

```
[root@NAT ~]# iptables -t nat -L POSTROUTING -n -v
Chain POSTROUTING (policy ACCEPT 0 packets, 0 bytes)
pkts bytes target      prot opt in    out    source          destination
   0     0 MASQUERADE  all  --   any   eth0   192.168.2.0/24   anywhere

   0     0 SNAT        all  --   any   eth0   192.168.2.128    anywhere
to:192.168.1.252
```

这样，所有目的 IP 为 192.168.1.252 的数据包都将分别被转发给 192.168.2.128，而所有来自 192.168.2.128 的数据包都将被伪装成 192.168.1.252，从而也就实现了 IP 映射。

（6）保存 Iptables 配置规则

可以将以上的配置规则保存到 Iptables 配置文件/etc/sysconfig/iptables 中，以便于系统下次启动时，能够重新使用这些配置规则。操作命令如下所示：

```
[root@NAT ~]# service iptables save
将当前规则保存到 /etc/sysconfig/iptables:[确定]
```

查看配置文件内容，操作命令如下所示：

```
[root@NAT ~]# cat /etc/sysconfig/iptables
# Generated by iptables-save v1.4.7 on Sun Sep 20 05:41:44 2015
*nat
:PREROUTING ACCEPT [4:442]
:POSTROUTING ACCEPT [0:0]
:OUTPUT ACCEPT [0:0]
-A PREROUTING -d 192.168.1.252/32 -i eth0 -j DNAT --to-destination 192.168.2.128
-A POSTROUTING -s 192.168.2.0/24 -o eth0 -j MASQUERADE
-A POSTROUTING -s 192.168.2.128/32 -o eth0 -j SNAT --to-source 192.168.1.252
COMMIT
# Completed on Sun Sep 20 05:41:44 2015
# Generated by iptables-save v1.4.7 on Sun Sep 20 05:41:44 2015
*mangle
:PREROUTING ACCEPT [177:14407]
:INPUT ACCEPT [177:14407]
:FORWARD ACCEPT [0:0]
:OUTPUT ACCEPT [139:16430]
:POSTROUTING ACCEPT [139:16430]
COMMIT
# Completed on Sun Sep 20 05:41:44 2015
# Generated by iptables-save v1.4.7 on Sun Sep 20 05:41:44 2015
*filter
:INPUT ACCEPT [143:12089]
:FORWARD ACCEPT [0:0]
:OUTPUT ACCEPT [118:14292]
COMMIT
# Completed on Sun Sep 20 05:41:44 2015
```

以上结果显示，已经成功将当前的 Iptables 配置规则保存到了配置文件/etc/sysconfig/iptables 中。

3. 启动 Linux NAT 防火墙

在 Linux 系统下用 RPM 方式安装 Iptables 组件后，添加了一个 Iptables 启动脚本/

etc/rc. d/init. d/iptables。因此,可以通过 Linux 的 service 命令来启动 Linux NAT 防火墙,操作命令如下所示:

```
[root@net~]# service iptables start
应用 iptables 防火墙规则:[确定]
载入额外 iptables 模块:ip_conntrack_netbios_ns ip_conntrack_ftp [确定]
```

以上信息显示表明 Linux NAT 防火墙已经正确启动。如果需要关闭或重启 Linux NAT 防火墙,可以分别使用以下操作命令:

```
[root@net~]# service iptables stop
[root@net~]# service iptables restart
```

4. Linux NAT 防火墙测试

在本实验内容中,我们将对 Linux 防火墙进行测试实验,验证 NAT 防火墙功能。测试项目包括 Ping 测试、内网主机访问外网测试,以及外网主机访问内网特定服务器等。具体操作步骤如下:

(1) IP 伪装测试

① Ping 测试

在内网上通过 Ping 命令测试外网,例如在 IP 地址为 192. 168. 2. 128 的内网主机 Ping 外网服务器 192. 168. 1. 128,操作命令如下所示。

```
Microsoft Windows [版本 6.1.7601]
版权所有 (c) 2009 Microsoft Corporation。保留所有权利。
C:\Users\John>ping 192.168.1.128
正在 Ping 192.168.1.128 具有 32 字节的数据:
来自 192.168.1.128 的回复: 字节=32 时间=20ms TTL=127
来自 192.168.1.128 的回复: 字节=32 时间<1ms TTL=127
来自 192.168.1.128 的回复: 字节=32 时间=2ms TTL=127
来自 192.168.1.128 的回复: 字节=32 时间=2ms TTL=127
192.168.1.128 的 Ping 统计信息:
    数据包: 已发送 = 4,已接收 = 4,丢失 = 0 (0% 丢失),
往返行程的估计时间(以毫秒为单位):
    最短 = 0ms,最长 = 20ms,平均 = 6ms
C:\Users\John>
```

由于 192. 168. 2. 128 主机的网关为 192. 168. 2. 253,指向 NAT 防火墙,所以 192. 168. 2. 128 主机发往外网的数据包都将通过 NAT 防火墙。以上测试结果显示内网主机能够与外网连通。

② 内网主机访问外网网站

内网主机通过 NAT 防火墙访问外网的网站,例如,在 IP 地址为 192. 168. 2. 128 的内网主机打开 Web 浏览器,并在浏览器地址栏中输入外网网站地址 192. 168. 1. 128。这时,可以看到该网站的主页内容,如图 4. 2. 4 所示。

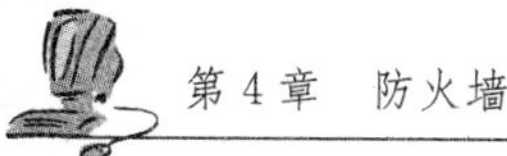

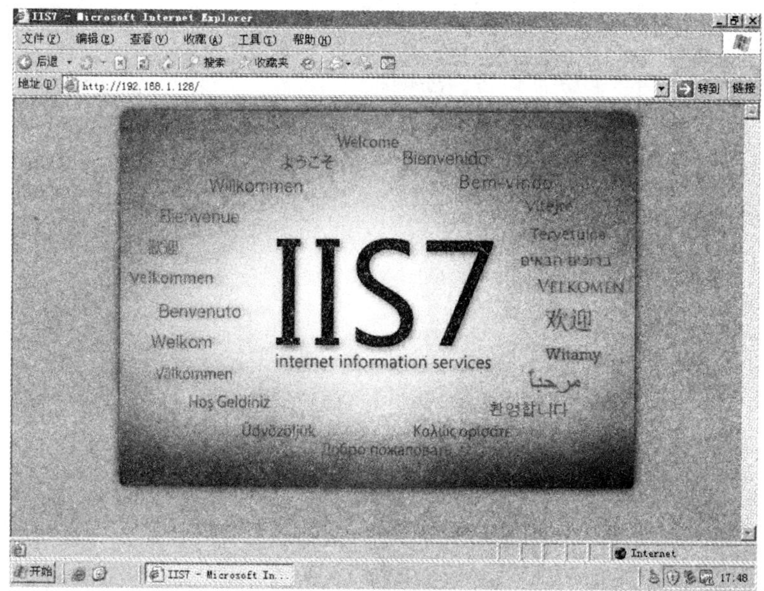

图 4.2.4　访问外部网站

以上显示结果说明内网主机能通过 NAT 防火墙访问外网的网站。

(2) IP 映射测试

下面我们测试外网主机通过 NAT 防火墙访问内网 Web 服务器，来验证 NAT 防火墙的 IP 地址映射功能。

在外网主机(例如 192.168.1.128)上打开 Web 浏览器，在浏览器地址栏中输入 NAT 防火墙的外网 IP 地址 192.168.1.252，这时 Web 请求到达 NAT 防火墙后，将在 NAT 防火墙中被映射到内网真正的 Web 服务器 192.168.2.128 上。内网 Web 服务器 192.168.2.128 对 Web 请求进行响应，并发送到 NAT 防火墙。NAT 防火墙接收到内网 Web 服务器的响应数据包后，该数据包将被映射到 NAT 防火墙的外网 IP 地址，并通过该 IP 地址的接口发送到外网主机，最终在外网主机的 Web 浏览器上显示内网服务器的 Web 内容，如图 4.2.5所示。

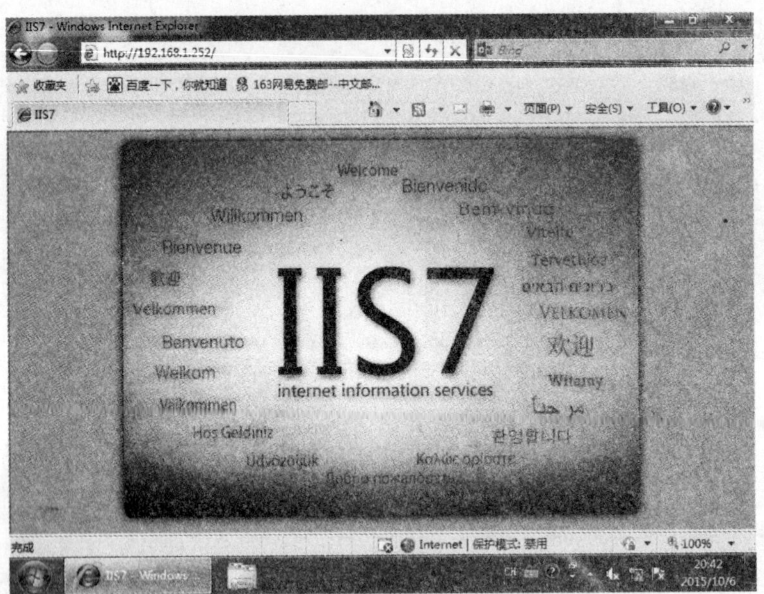

图 4.2.5 访问内网 Web 服务器

以上显示信息表明 NAT 防火墙的 IP 地址映射成功。

【实验报告】

(1) 请回答实验目的中的思考题。

(2) 根据本实验的 NAT 防火墙实验操作,给出本实验产生的 NAT 防火墙规则表,并详细分析说明该表。

(3) 分析说明 Linux 防火墙测试内容及其结果。

(4) 比较分析说明 Linux NAT 防火墙中,SNAT 和 MASQUERADE 操作的联系与区别。

(5) 如何在 Linux NAT 防火墙中实现 NAT-PT(选做)?

(6) 请谈谈你对本实验的看法,并提出你的意见或建议。

第 5 章　网络安全扫描

网络安全扫描是为了能够及时发现网络系统中存在的安全漏洞，并采取相应防范措施，从而降低网络系统的安全风险而发展起来的一种安全技术。利用网络安全扫描技术，可以对网络的连通状态、安全配置、运行的网络服务、主机操作系统及应用系统的漏洞进行扫描。网络安全工作人员可以根据扫描的结果客观评估网络风险等级、更正网络安全漏洞和系统中的错误配置，在入侵者攻击前进行防范。因此，网络安全扫描技术是网络安全领域的重要主动安全检测技术之一。在本章中，我们将通过实验学习和掌握网络安全中的扫描技术，包括主机扫描技术、端口扫描技术和漏洞扫描技术，并能综合运用网络安全扫描技术，有效避免攻击行为。

实验 5.1　Ping 主机扫描实验

【实验目的】

(1) 了解 TCP/IP 和 ICMP 协议。

(2) 理解和学习 Ping 主机扫描实现的基本原理。

(3) 学习和掌握 Windows Ping 命令的操作使用及其在主机扫描中的应用。

(4) 学习和掌握 Ping 扫描子网主机。

(5) 思考：

① 什么是 ICMP 协议？分析 ICMP 协议，写出其数据包格式。

② ICMP 协议在网络安全扫描中作用是什么？

③ 常用的主机扫描技术有哪些？

④ 什么是局域网的 MTU(Maximum Transmission Unit)？

⑤ 如何利用 Ping 扫描检查网络故障？

⑥ 当用 Ping 命令无法确定目标主机是否处于活动状态时，如何进一步进行扫描判断目标主机的活动状态？

【实验原理】

1. ICMP 协议

在 TCP/IP 协议中，网络层的 IP 协议是一个无连接协议，它不会处理网络层传输中的故障,而ICMP(Internet Control Messages Protocol,网间控制报文协议)协议却恰好弥补了IP的这一缺陷。ICMP协议使用IP协议进行信息传递,向数据包中的源节点提供发生在网络层的错误信息反馈。一般来说,ICMP报文提供针对网络层的错误诊断、拥塞控制、路径控制和查询服务等功能。例如,当一个分组无法到达目的站点或TTL超时后,路由器就会丢弃此分组,并向源站点返回一个目的站点不可到达的ICMP报文。图5.1.1显示了ICMP协议报文的基本结构。

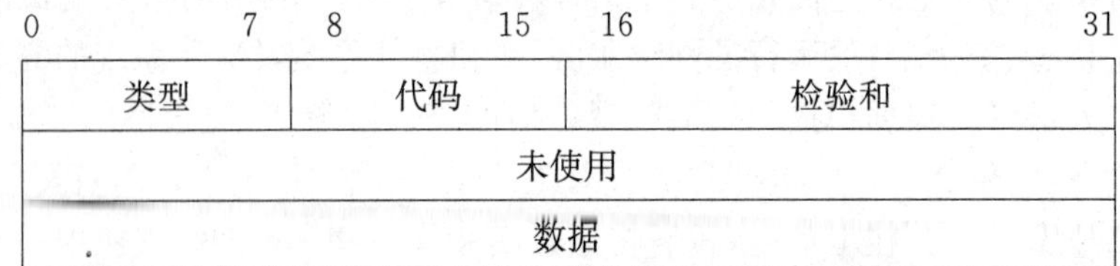

图5.1.1 ICMP协议报文

在图5.1.1中,类型是ICMP报文中的第一个字段,它标识生成的信息报文服务类型,表5.1.1列出了ICMP消息报文类型定义及其描述。代码字段包含了与类型字段相关联的详细信息,用于对同一类型报文信息进行进一步的细分。例如,类型11的超时报文,分为TTL超时和分片重组超时,它们分别用户代码0和代码1表示。校验和字段存储ICMP报文的校验和值。未使用即保留字段,供将来使用。数据字段对不同类型和代码有不同的内容。

表5.1.1 ICMP诊断报文类型

类 型	描 述
0	回应应答(Echo Reply),它一般与类型8的Echo Request一起使用。
3	目的不可达(Destination Unreachable)。
4	源拥塞(Source Quench)。
5	重定向(Redirect Message)。
8	回应请求(Echo Request),它一般与类型0的Echo Reply一起使用。
9	路由器公告(Router Advertisement),与类型10一起使用。
10	路由器请求(Router Solicitation),与类型9一起使用。
11	超时(Time Exceeded)。
12	参数问题(Parameter Problem)。
13	时间戳(Timestamp),与类型14一起使用。
14	时间戳应答(Timestamp Reply),与类型13一起使用。

(续表)

类 型	描 述
15	信息请求(Information Request),与类型 16 一起使用。
16	信息应答(Information Reply),与类型 15 一起使用。
17	地址掩码请求(Address Mask Request),与类型 18 一起使用。
18	地址掩码应答(Address Mask Reply),与类型 17 一起使用。

2. 主机扫描技术

主机扫描的目的是确定在网络上的目标主机是否可达。这是信息搜集的初级阶段,其效果直接影响到后续的扫描。传统的扫描技术包括 ICMP Echo、ICMP Sweep、Broadcast ICMP 和 Non-Echo ICMP 扫描。

(1) ICMP Echo 扫描

Ping 主机扫描可以使用 ICMP Echo 数据包来探测主机是否存活。当扫描主机发送一个 ICMP Echo Request(类型 8)数据包到目标主机时,如果扫描主机能够收到目标主机回复的 ICMP Echo Reply(类型 0)数据包,则说明目标主机是在活动状态;如果没有,则可以初步判断主机没有在线或者使用了某些过滤设备过滤了 ICMP Echo Request 数据包。这种机制就是使用 ping 命令检测目标机的依据。这种扫描方式的优点是简单、系统支持;缺点是很容易被防火墙限制或过滤。

(2) ICMP Sweep 扫描

一个单独的 Ping 可以帮助用户识别某个主机是否在网络中活动,而 ICMP Sweep 会轮询多个主机地址。如果主机地址是活的,它就会做出回应。ICMP Sweep 适用于中小网络,对于一些大的网络这种扫描方法就显得比较慢。有很多工具可以进行 ICMP Sweep,如 Unix 系统的 fping 和 nmap 软件,用于 Windows 系统的 SolarWinds Engineers Toolset 和 cping。

(3) Broadcast ICMP 扫描

Broadcast ICMP 扫描是将 ICMP 请求包的目标地址设为广播地址或网络地址,则可以探测广播域或整个网络范围内的主机。这种扫描方式只适合于 Unix/Linux 系统,Windows 会忽略这种请求包。此外,这种扫描方式容易引起广播风暴。

(4) Non-Echo ICMP 扫描

ICMP 的其他类型包也可以用于对主机或网络设备的探测,如:Timestamp(Type 14)和 Timestamp Reply(Type 13);Information Request/Reply(Type 15/16)和 Address Mask Request/Reply(Type 17/18)。

3. 主机扫描高级技术

防火墙和网络过滤设备常常导致传统的探测手段变得无效。为了突破这种限制,必须采用一些非常规的方法，如利用ICMP协议提供网络间传送错误信息，包括异常的IP包头、在IP头中设置无效的字段值、错误的数据分片、通过超长包探测内部路由器和反向映射探测等，可以更有效地进行主机扫描。

(1) 异常IP包头

向目标主机发送包头错误的IP包，常见的伪造错误字段为首部长度(Header Length)字段、可选项(Options)字段、IP包的版本(Version)字段和报头校验和(Header Checksum)字段。目标主机或过滤设备会反馈ICMP Parameter Problem Error信息(类型12)，这样可以初步判断目标系统所在网络过滤设备。

(2) 在IP头中设置无效字段值

在IP头中设置无效的字段值是指向目标主机发送的IP包中填充错误的字段值，目标主机或过滤设备会反馈ICMP Destination Unreachable(类型3)信息。这种方法同样可以探测目标主机和网络设备。

(3) 错误数据分片

当目标主机接收到错误的数据分片(如某些分片丢失)，并且在规定的时间间隔内得不到更正时，将丢弃这些错误数据包，并向发送主机反馈ICMP Fragment Reassembly Time Exceeded(类型11)错误报文。利用这种方法同样可以检测到目标主机和网络路由设备。

(4) 通过超长包探测内部路由器

如果构造的数据包长度超过目标系统所在路由器的PMTU(Path Maximum Transmission Unit)且设置禁止分片标志，该路由器会反馈Fragmentation Needed and Don't Fragment Bit was Set(类型3，代码4)差错报文，从而获取目标系统的网络拓扑结构。

(5) 反向映射探测

反向映射探测用于探测被过滤设备或防火墙保护的网络和主机。当探测某个未知网络内部的结构时，构造可能的内部IP地址列表，并向这些地址发送数据包。当对方路由器接收到这些数据包时，会进行IP识别并路由，对不在其服务范围的IP包发送ICMP Host Unreachable(类型3)或ICMP Time Exceeded(类型11)错误报文。没有接收到相应错误报文的IP地址会被认为在该网络中。

4. Ping基本原理

Ping利用ICMP协议来扫描另一个主机是否可达。原理是发送ICMP回送请求消息(类型码为8)给目标主机。ICMP协议规定：目标主机必须返回ICMP回送应答消息给扫描主机。如果扫描主机在一定时间内收到类型码为0的ICMP回应信息，则认为主机可达。Ping程序来计算间隔时间，并计算有多少个包被送达。用户就可以判断网络大致的情况。

5. Windows系统ping命令

作为一款使用最为广泛的主机扫描工具，Ping集成在Windows和Linux操作系统中，成为一个系统命令。其中，在Windows操作系统中，Ping命令的语法格式如下所示：

ping 目标主机［选项］

其中，Ping命令的常用选项及其描述如表5.1.2所示。

表5.1.2 Windows ping命令常用选项及其描述

选 项	描 述
-t	连续发送回应请求信息到目标主机，直到用“Ctrl+c”中断ping命令。
-n count	count指定发送回应请求消息的次数。默认值是4。
-l size	设置Echo数据包大小，最大值是65,527字节，默认值是32字节。
-f	禁止ICMP Echo Request信息被分片发送。
-i TTL	TTL指定发送回应请求消息的IP分组首部中的TTL字段值。
-w timeout	指定等待回应应答消息响应的时间，该回应应答消息响应接收到的指定回应请求消息。
-a	对目标主机IP地址进行反向名称解析。
-v ToS	指定发送回应请求消息的IP报头中的ToS字段值，默认值是0。
-r count	指定IP分组首部中“记录路由”选项，用于记录由回应请求消息和相应的回应应答消息使用的路径。
-s count	指定IP首部中的“Internet时间戳”选项，用于记录每跳的回应请求消息和相应的回应应答消息的到达时间。1<=Count<=4。

【实验环境】

1. 实验配置

本实验所需的软硬件配置如表5.1.3所示。

表5.1.3 Ping主机扫描实验配置

配 置	描 述
硬件	CPU：Intel Core i7 4790 3.6GHz；主板：Intel Z97；内存：8G DDR3 1333
系统	Windows；Linux
应用软件	Vmware Workstation；Angry IP Scanner；fping

2. 实验环境网络拓扑

本实验的网络环境拓扑如图5.1.2所示。

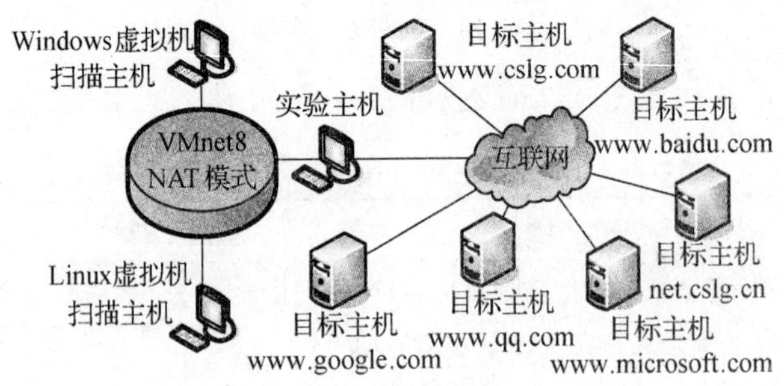

图 5.1.2 Ping 主机扫描实验网络环境

【实验内容】

(1) 掌握 Windows 系统中 Ping 命令的重要参数使用。

(2) 利用 Windows 系统 Ping 命令进行主机扫描。

(3) Ping 扫描子网的所有主机。

(4) 利用 Ping 主机扫描测试网络故障。

(5) 利用 Ping 主机扫描测试网络 DNS 服务。

【实验步骤】

1. Windows Ping 命令重要参数使用

在本实验中,我们首先学习和掌握 Ping 命令中一些重要参数的应用。

(1) 设置发送 Ping 探测报文的数量

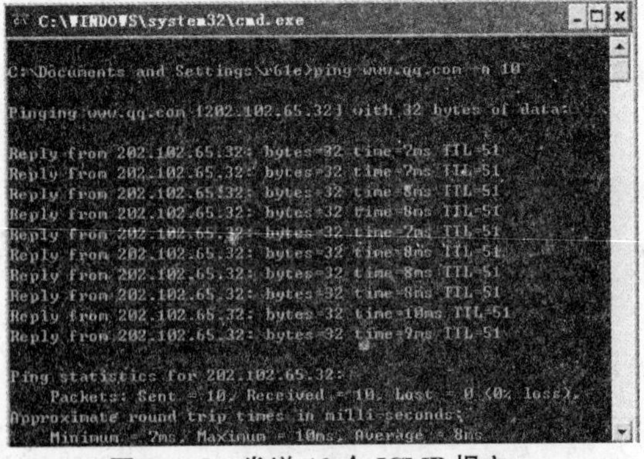

图 5.1.3 发送 10 个 ICMP 报文

当使用 Windows 系统的 Ping 命令时,它默认发送四个 ICMP Echo Request 数据包。通过"-n count"命令参数可以设置发送 ICMP 数据包的个数,该参数可以有效检测当前网络传输速度和拥塞状况,包括发送包数量、接收包数量、丢包率、返平均时间为多少、最快时间为多少、最慢时间为多少等。例如,在 IP 地址为 192.168.1.10 的 Windows 扫描主机上对目标主机 www.qq.com 发送 10 个 Ping 数据包,可以在命令提示符窗口下执行命令"ping www.qq.com -n 10",如图 5.1.3 所示。

从图 5.1.3 的测试结果可以看出,扫描主机到目标主机(www.qq.com)之间网络传输的最小延迟时间为 7 ms,最大延迟时间为 10 ms,平均延迟时间为 8 ms。

(2) 连续发送 ICMP 探测报文

有时候,为了对网络的连接状况进行长时间的监测,需要通过 Ping 命令向目标主机连续发送 ICMP Echo Request 数据包,这时可以通过使用“-t”参数来实现。例如:ping net.cslg.cn -t,显示结果如图 5.1.4 所示。

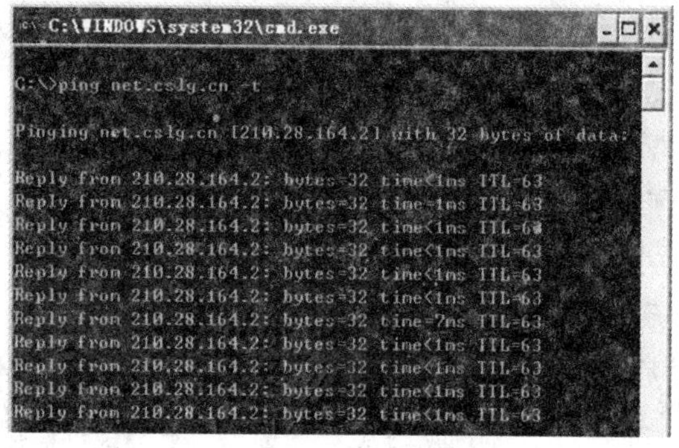

图 5.1.4　连续发送 ICMP 报文

```
C:\WINDOWS\system32\cmd.exe
C:\>ping net.cslg.cn -t
Pinging net.cslg.cn [210.28.164.2] with 32 bytes of data:
Reply from 210.28.164.2: bytes=32 time=1ms TTL=63
Reply from 210.28.164.2: bytes=32 time<1ms TTL=63
Ping statistics for 210.28.164.2:
    Packets: Sent = 2, Received = 2, Lost = 0 (0% loss),
Approximate round trip times in milli-seconds:
    Minimum = 0ms, Maximum = 1ms, Average = 0ms
Control-Break
Reply from 210.28.164.2: bytes=32 time<1ms TTL=63
Reply from 210.28.164.2: bytes=32 time<1ms TTL=63
Reply from 210.28.164.2: bytes=32 time<1ms TTL=63
Reply from 210.28.164.2: bytes=32 time<1ms TTL=63
```

图 5.1.5　用 Ctrl+Break 命令查看统计信息

如果需要查看 Ping 统计信息,可以用 Ctrl+Break 命令,如图 5.1.5 所示。

如果需要结束发送 ICMP Echo Request 报文,可以用 Ctrl+c 命令,如图 5.1.6 所示。

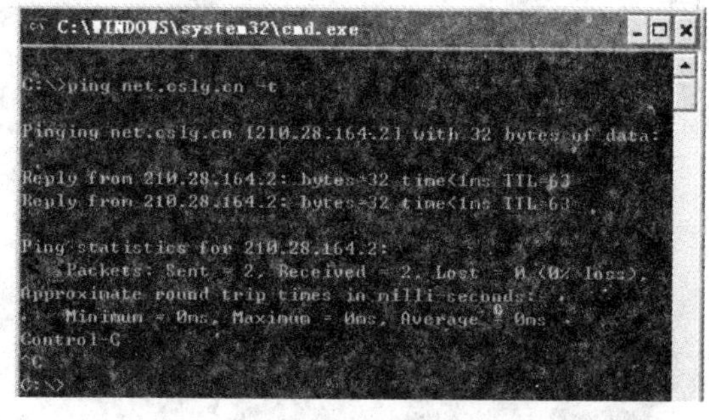

图 5.1.6　用 Ctrl+c 命令结束发送 ICMP 包

```
C:\WINDOWS\system32\cmd.exe
C:\>ping net.cslg.cn -i 1
Pinging net.cslg.cn [210.28.164.2] with 32 bytes of data:
Reply from 10.28.77.14: TTL expired in transit.
Reply from 10.28.77.14: TTL expired in transit.
Reply from 10.28.77.14: TTL expired in transit.
Reply from 10.28.77.14: TTL expired in transit.
Ping statistics for 210.28.164.2:
    Packets: Sent = 4, Received = 4, Lost = 0 (0% loss),
Approximate round trip times in milli-seconds:
    Minimum = 0ms, Maximum = 0ms, Average = 0ms
```

图 5.1.7　发送 TTL 值为 1 的 ICMP 报文

(3) 设置 Ping 探测报文的 TTL 值

当使用 ping 命令时,Windows 系统默认发送 ICMP 数据包的 TTL 值是 128。为了改变发送 ICMP 数据包的 TTL 值,需要使用“-i TTL”参数。例如:ping net.cslg.cn -i 1,显示结果如图 5.1.7 所示。

图 5.1.7 所示的扫描结果说明实验扫描主机和目标主机(net.cslg.cn)之间的中间路由节点数大于 1。

(4) 设置 Ping 探测报文大小

当使用 Ping 命令时，Windows 系统默认发送的 ICMP 数据包大小为 32 字节。为了改变发送 ICMP 数据包的大小，需要使用“-l size”参数。例如：ping net. cslg. cn -l 2048，显示如图 5.1.8 所示结果。

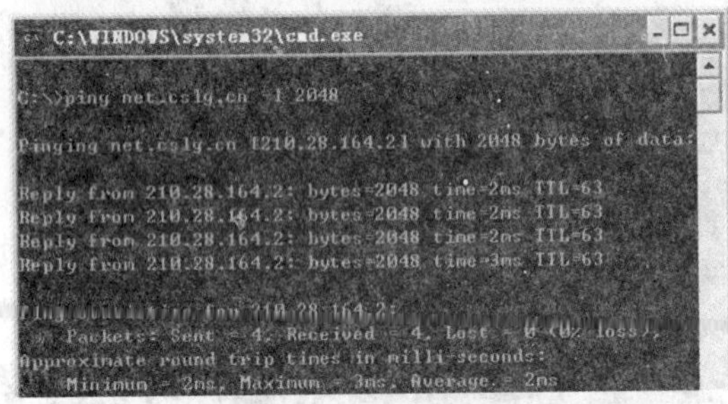

图 5.1.8 发送 2048 字节大小的 ICMP 报文

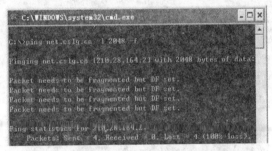

图 5.1.9 禁止 ICMP 报文分片发送

(5) 禁止对 Ping 探测报文分片

当 Ping 发送的 ICMP 数据包大小超过数据链路层的数据帧大小时，Ping 会对 ICMP 数据包进行分片发送。为了禁止对发送的 ICMP 数据包进行分片发送，需要使用“-f”参数。例如：Ping net. cslg. cn -l 2048 -f，显示如图 5.1.9 所示结果。

以上扫描结果说明扫描主机发送的 ICMP 数据包超过了数据链路层 MTU 值。由于 ping 命令禁止 ICMP 数据包被分片，因此产生了错误提示信息。

(6) 设置 Ping 命令的请求超时时间

Windows 系统的 Ping 命令默认等待每个回应应答的超时时间为 1 000 毫秒，为了修改等待每个回应应答的超时时间，可以用“-w 时间值”参数，单位为毫秒。例如：Ping net. cslg. cn -w 500，显示如图 5.1.10 所示结果。

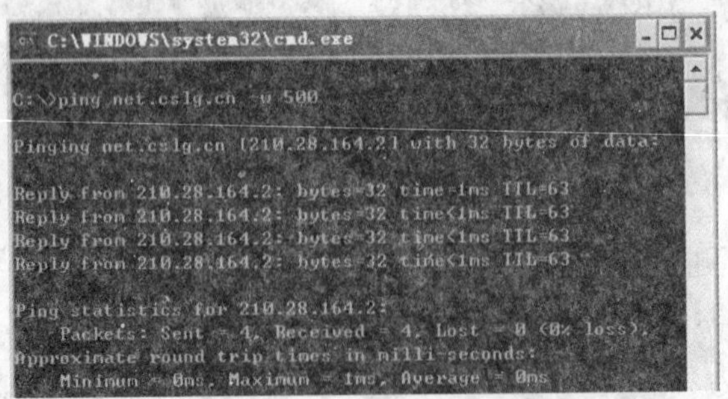

图 5.1.10 设置 Ping 超时等待时间

2. 利用 Ping 命令进行主机扫描

(1) 扫描内部实验网的目标主机

例如，在 Windows 扫描主机上用 Ping 命令对 IP 地址分别为 192.168.1.1 和 192.168.1.129 目标主机进行主机扫描，其结果如图 5.1.11 所示。

(a)　(b)

图 5.1.11　Ping 目标主机扫描结果

从图 5.1.11 的扫描结果可以看出，扫描主机分别收到了目标主机 192.168.1.1 和 192.168.1.129 的 Ping 响应包，因此可以确定它们都处于网络连接活动状态。此外，我们可以根据图 5.1.11(a)的 TTL 值判断主机 192.168.1.1 的操作系统是 Windows，而根据图 5.1.11(b)的 TTL 值判断主机 192.168.1.129 的操作系统是 Linux。

在目标主机 192.168.1.1 和 192.168.1.129 上用防火墙过滤 ICMP 协议数据包(参考第 4 章)。然后，在扫描主机上用同样的方法再次分别 Ping 扫描 192.168.1.1 和 192.168.1.129，得到如图 5.1.12 所示的扫描结果。

(a)　(b)

图 5.1.12　存在防火墙过滤 ICMP 时的扫描结果

通过与图 5.1.11 进行比较发现，虽然目标主机 192.168.1.1 和 192.168.1.129 的网络连接状态未进行任何更改，但是图 5.1.12(a)和图 5.1.12(b)的扫描结果却是显示超时，即扫描主机无法收到目标主机的 Ping 响应包。这是由于目标主机的防火墙对 Ping 扫描数据包进行了过滤，使得 Ping 扫描无法判断目标主机的网络连接状态。

(2) 扫描 Internet 的目标主机

用和步骤(1)一样的方法 Ping 扫描 Internet 上的一些稳定大型网站，如 www.baidu.com、www.google.com 和 www.microsoft.com，观察并分析说明扫描结果，并判断活动目标主机的操作系统。

3. Ping 扫描子网主机

Windows 和 Linux 操作系统自带的 Ping 命令工具只支持对单一主机的扫描。要实现对整个网段内的所有主机进行扫描，需要使用第三方软件工具，如 Angry IP Scanner 等。Angry IP Scanner 提供了对一个 C 类 IP 地址进行 Ping 扫描的功能，测试结果以列表形式直观地显示出来，方便观察分析和判断。

例如：扫描实验室内部网络(192.168.1.0/24)的所有主机，则可进行如下操作，如图 5.1.13所示。

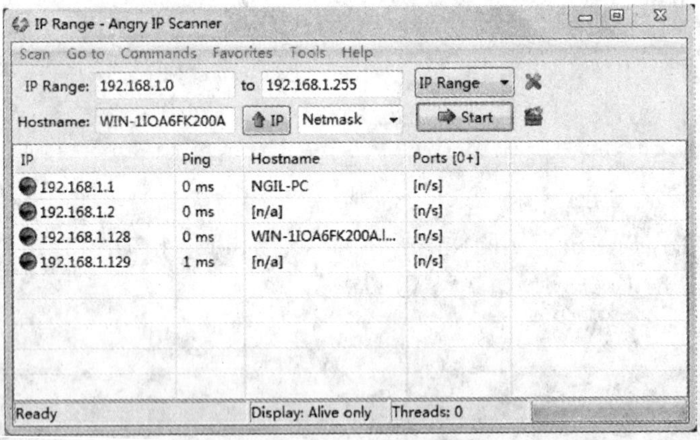

图 5.1.13　Ping 扫描子网主机

从图 5.1.13 的扫描结果可以看出，在 192.168.1.0/24 的子网内，有四台主机处于活动状态，其中延迟时间小于 1 ms 的主机分别是：192.168.1.1、192.168.1.2、192.168.1.128 和 192.168.1.129。

在 Linux 平台下可以用 fping 工具对子网内的所有主机进行 Ping 扫描。首先，安装 fping。在 Linux 系统下，从网上搜索下载 fping 的 RPM 安装包 fping—3.9—1.el6.rf.x86_64.rpm，并通过以下命令进行安装。

```
[root@net ~]# rpm -ivh fping-3.9-1.el6.rf.x86_64
warning: fping-3.9-1.el6.rf.x86_64.rpm: Header V3 DSA signature: NOKEY, key ID 217521f6
Preparing...                ##################################
##############[100%]
   1:fping                  ##################################
##############[100%]
[root@net ~]#
```

以上结果显示 fping 已经正确安装到 Linux 系统中。然后，在 Linux 终端下通过“-g”参数对子网进行主机扫描。例如，对实验室子网 192.168.1.0/24 进行主机扫描，操作命令如下所示：

```
[root@net ~]# fping -a -g 192.168.1.0/24 > livehosts
```

以上命令中，“-a”选项表示只在输出报告里列出当前正在运行的活动主机。当扫描结束后，用 cat 命令查看扫描结果报告文件 livehosts，操作命令如下所示：

```
[root@net ~]# cat livehosts
192.168.1.1
192.168.1.2
192.168.1.128
192.168.1.129
```

从以上扫描结果报告文件中可以看出，在实验室内网中，有 IP 地址分别为 192.168.1.1、192.168.1.2、192.168.1.128、192.168.1.129 的主机处于活动状态。与图 5.1.13 比较可以看出，fping 和 Angry IP Scanner 具有相同的扫描结果。

4. Ping 主机扫描应用实例

实例 1：利用 Ping 主机扫描判断网络故障

通过 Ping 主机扫描方法可以检查本机的网络情况。例如，当一台主机不能和网络中其他主机进行通信时，可以通过 Ping 主机扫描来判断网络故障。基本原理是本机故障可以通过 Ping 本机的 IP 地址，内网故障可以通过 Ping 本机所在的网关，外网故障可以通过 Ping 一些比较稳定的大型网站，具体操作步骤如下：

(1) 本地主机 TCP/IP 协议配置测试

127.0.0.1 是 TCP/IP 协议在本地主机上创建的本地环回接口(loopback)的 IP 地址。因此，可以通过扫描本地环回接口来判断本地主机的 TCP/IP 协议安装配置是否正确。在 Windows 系统的命令提示符窗口(即 DOS 窗口)下输入“ping 127.0.0.1”命令，如果出现图 5.1.14(a)结果，说明本地主机 TCP/IP 协议安装配置正确；如果本地环回接口地址无法 Ping 通，如图 5.1.14(b)所示，则表明本地主机 TCP/IP 协议不能正常工作。

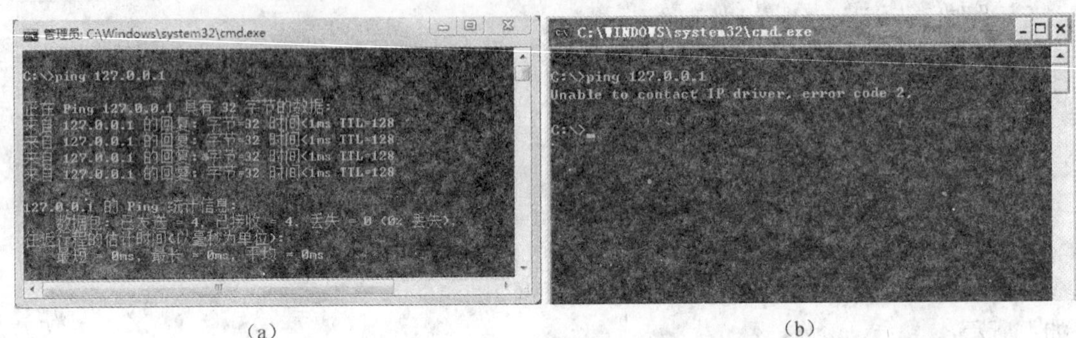

(a) (b)

图 5.1.14 Ping 扫描本地环回接口

(2) 本地主机网卡及配置测试

进行本地网络接口的 Ping 扫描能测试本地主机网卡及配置是否正确。例如，在本地主机的 Windows 系统命令提示符窗口中输入"ping 192.168.1.128"命令，如果出现如图 5.1.15(a)所示的 ping 扫描结果，则说明本地主机的网卡工作正常；如果出现如图 5.1.15(b)所示的扫描结果，则说明本地主机的网卡工作不正常。

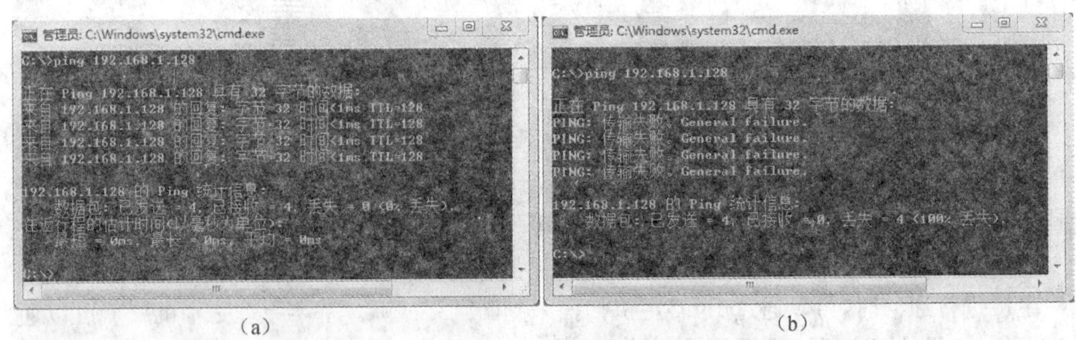

(a) (b)

图 5.1.15 Ping 扫描本地主机网络接口

(3) 本地网络线路测试

Ping 扫描网关能测试本地主机和网关的连接是否正常。例如，在 Windows 系统的命令提示符窗口中输入"ping 192.168.1.2"命令，其中 192.168.1.2 为本地网络的网关 IP 地址。如果出现如图 5.1.16(a)所示的扫描结果，则说明本地网络工作正常；如果出现如图 5.1.16(b)所示的扫描结果，则说明本地网络线路或网关工作不正常。

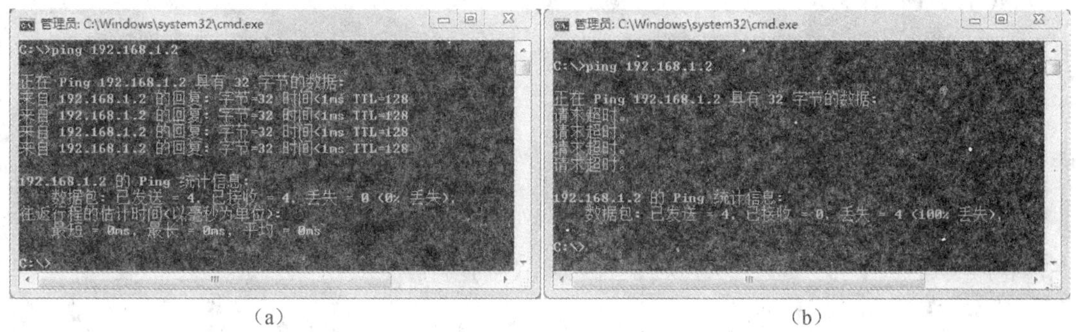

图 5.1.16　Ping 扫描网关

(4) 外网测试

最后，通过 Ping 扫描外网稳定可靠，且允许 Ping 扫描的主机或服务器(如 www.baidu.com)测试外网的连通性。在 Windows 系统的命令提示符窗口中输入“ping 远程目标主机”，并查看从扫描主机向外网目标主机发送的 ICMP 包能否送出。例如，输入“ping www.baidu.com”，如果出现如图 5.1.17(a)所示的扫描结果，说明网关配置正确，且外网工作正常；如果出现如图 5.1.17(b)所示的扫描结果，说明网关配置不正确或外网工作不正常。

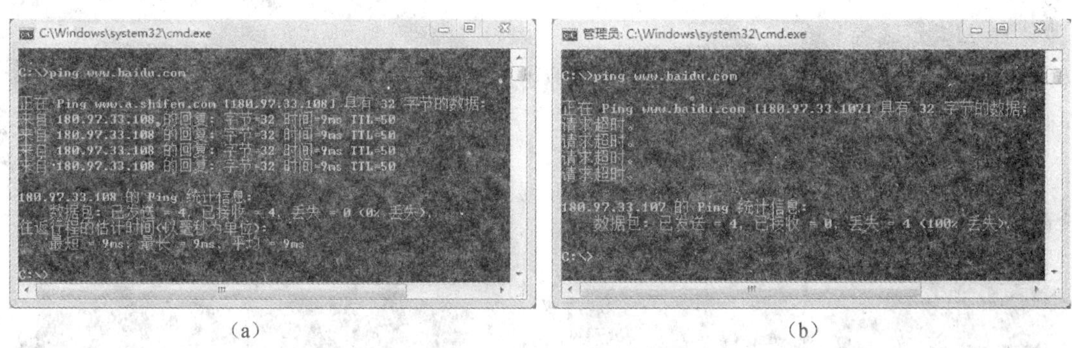

图 5.1.17　Ping 扫描远程主机

实例 2：利用 Ping 扫描测试主机 DNS 配置正确与否

实例 1 测试确定网络工作正常后，还可以利用 Ping 主机扫描来测试其他的一些配置是否正确。例如，当直接 Ping 主机的域名时，Ping 命令会首先通过主机配置的 DNS 服务器进行域名解析。因此，我们可以通过 Ping 主机扫描测试 DNS 服务器能否进行主机名称解析。

(1) DNS 服务器设置

在本地网络连接的 TCP/IP 属性中，设置正确的 DNS 服务器 IP 地址，如192.168.1.2，如图 5. 1. 18(a)所示。

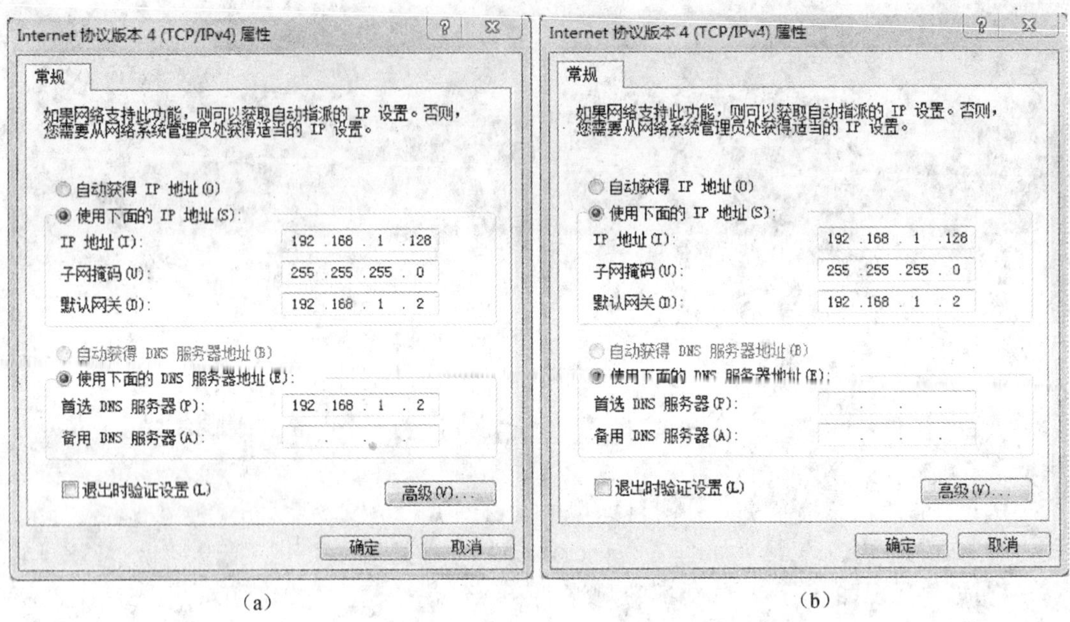

(a) (b)

图 5. 1. 18　DNS 服务器设置

(2) Ping 域名

在 Windows 系统的命令提示符窗口中输入"ping 域名"命令。例如:"ping www.baidu.com",如果出现如图 5. 1. 19(a)所示扫描结果,则说明 DNS 服务器配置正确。

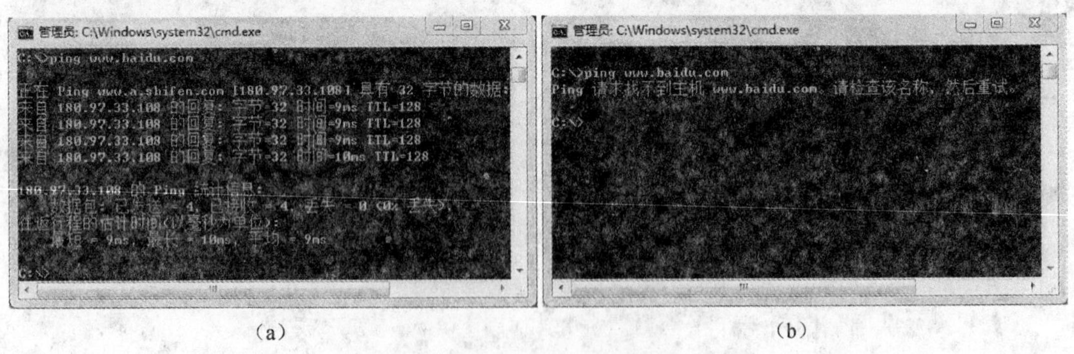

(a) (b)

图 5. 1. 19　Ping 扫描域名

(3) 重新设置 DNS 服务器

在本地网络连接的 TCP/IP 属性中,删除 DNS 服务器 IP 地址,如图 5. 1. 18(b)所示。

(4) 重新 Ping 域名

再次执行步骤(2),观察并分析说明扫描结果。如果出现"Ping 请求找不到主机 www.baidu.com"的提示信息,如图 5.1.19(b)所示,则说明 DNS 配置错误。

【实验报告】

(1) 请回答实验目的中的思考题。

(2) 结合实验,说明 Ping 实现的基本原理和方法。

(3) 结合实验,仔细观察 Ping 同一目标主机采用不同 TTL 参数时的扫描结果,并根据扫描结果进行分析说明原因。

(4) 结合实验,仔细观察 Ping 不同目标主机时显示的 TTL 值,并分析说明原因。

(5) 结合实验,说明如何利用 Ping 扫描命令测试数据链路层的 MTU 值?

(6) 结合实验,说明 Ping 命令进行主机扫描的实验操作,分析说明各种不同的扫描结果。

(7) 除在本实验的 cping 工具能提供整个子网的扫描外,请举例说明其他具有类似功能的 Ping 工具。

(8) 请举例说明 Windows 系统中的 Ping Sweep 工具(选做)。

(9) 请举例说明 Ping 主机扫描的应用实例。

(10) 请自己设计实现一个 Ping 主机扫描软件(选做)。

(11) 请谈谈你对本实验的看法,并提出你的意见或建议。

实验 5.2　SuperScan 端口扫描实验

【实验目的】

(1) 了解网络端口扫描的作用和理解端口扫描的原理。

(2) 学习和掌握 SuperScan 网络端口扫描实现的基本原理。

(3) 掌握使用 SuperScan 扫描工具对计算机进行端口扫描的方法操作及其应用。

(4) 学习和掌握如何利用 SuperScan 进行网络安全扫描与分析。

(5) 思考:

① 什么是网络端口?

② 端口扫描技术有哪些?

③ 常用的端口扫描器有哪些?

④ 端口扫描器的实现原理?

【实验原理】

通过主机扫描确定网络中的目标活动主机后，使用端口扫描技术对目标主机进行端口扫描可以得到目标主机开放的服务程序和运行的系统版本等信息，从而为下一步的系统或漏洞扫描做好准备。因此，端口扫描是网络扫描的又一重要内容。在本节中，我们将通过实验进一步学习网络端口的重要概念和端口扫描原理与技术，并掌握端口扫描工具SuperScan的操作和使用。

1. 网络端口概述

在网络通信中，一台主机可以与其他不同主机进行不同的服务通信，区分同一台主机上不同服务通信的方式称为端口。因此，一个开放的网络端口就是一条与计算机进行通信的信道。在TCP/IP协议中，网络层的IP地址用于区分不同的主机，而同一主机上的不同服务通信则可以由传输层的端口号区分，即端口号在传输层协议中定义。例如，TCP协议通过套接字(Socket)建立起两台主机之间的连接进程。TCP套接字采用[IP地址:端口号]的形式来定义，这样，通过套接字中不同的端口号可以区别同一台主机上开启的不同TCP连接进程，从而实现在同一台主机上不同服务的同时网络通信。

在TCP/IP通信中，端口号的范围在0～65535之间。这些端口号分为保留端口号和动态端口号。其中，保留端口号在0～1023之间，它们保留给常用的网络服务，因此又称为“公认端口(Well Known Ports)”。此外，根据使用的传输协议不同，分为TCP端口和UDP端口。表5.2.1列出0～1023之间的常见端口号及其提供的各种网络应用服务和采用的传输协议。

表5.2.1 常见端口介绍

端口号	服务	传输方式	描述
21	FTP	TCP	文件传输
22	SSH	TCP	安全远程登录或文件传输
23	Telnet	TCP	远程登录
25	SMTP	TCP	简单邮件传输
53	DNS	UDP/TCP	域名服务
80	HTTP	TCP	WEB服务
110	POP3	UDP/TCP	电子邮件接收
161	SNMP	UDP	简单网络管理
67	DHCP	UDP	动态IP地址分配

动态端口号在 1024～65535 之间，这些端口多数没有明确定义的服务对象，不同程序可根据实际需要自己定义，一些远程控制软件和木马程序中都会有这些端口的定义。在关闭程序进程后，就会释放所占用的端口号，并可以为另一个程序所使用。

2. 网络端口扫描技术

确定目标主机可达后，使用端口扫描技术，发现目标主机的开放端口，包括网络协议和各种应用监听的端口。目前，端口扫描方式主要采用开放扫描、半开放扫描和隐蔽扫描。其中，开放扫描的技术包括 TCP Connect 扫描技术和 TCP 反向 ident 扫描技术。开放扫描会产生大量的审计数据，容易被对方发现，但其可靠性高。隐蔽扫描技术包括 TCP FIN 扫描、TCP Xmas 扫描、TCP Null 扫描、TCP FTP Proxy 扫描和分段扫描。隐蔽扫描能有效地避免对方入侵检测系统和防火墙的检测，但它使用的数据包在通过网络时容易被丢弃，从而产生错误的探测信息。半开放扫描的隐蔽性和可靠性介于前两者之间，其技术包括 TCP SYN 扫描技术和 TCP 间接扫描。

(1) 开放扫描技术

① TCP Connect 扫描

TCP Connect 扫描通过调用 Socket 函数 connect()连接到目标计算机上。如果端口处于侦听状态，那么 connect()就能成功返回；否则，这个端口不可用，即没有提供服务。TCP Connect 扫描的优点是稳定可靠，不需要特殊的权限；其缺点是扫描方式不隐蔽，服务器日志会记录下大量密集的连接和错误记录，并容易被防火墙发现和屏蔽。

② TCP 反向 ident 扫描

ident 协议允许看到通过 TCP 连接的任何进程的拥有者用户名，即使这个连接不是由这个进程开始的。比如，连接到 http 端口，然后用 ident 来发现服务器是否正在以 root 权限运行。TCP 反向 ident 扫描的缺点是这种方法只能在和目标端口建立一个完整的 TCP 连接后才能看到。

(2) 半开放扫描技术

① TCP SYN 扫描

TCP SYN 扫描技术是扫描器向目标主机端口发送 SYN 包。如果应答是 RST 包，说明端口是关闭的；如果应答中包含 SYN 和 ACK 包，说明目标端口处于监听状态，再传送一个 RST 包给目标机，从而停止建立连接。由于在 SYN 扫描时，全连接尚未建立，所以这种技术通常被称为半连接扫描。TCP SYN 扫描的优点是隐蔽性较好，一般系统对这种半扫描很少记录；其缺点是通常构造 SYN 数据包需要超级用户或者授权用户访问专门的系统调用。

② TCP 间接扫描

TCP 间接扫描技术是利用第三方的 IP(欺骗主机)来隐藏真正扫描主机的 IP 地址。由于扫描主机会对欺骗主机发送回应信息，所以必须监控欺骗主机的行为，从而获得原始扫描的结果。TCP 间接扫描的隐蔽性好，但对第三方主机的要求较高。

(3) 隐蔽扫描技术

① TCP FIN 扫描

TCP FIN 扫描技术的实现原理是扫描器向目标主机端口发送 FIN 包。当一个 FIN 数据包到达一个关闭的端口时，数据包会被丢掉，并且返回一个 RST 数据包。否则，若是打开的端口，数据包只是简单的丢掉(不返回 RST)。由于 TCP FIN 扫描技术不包含标准的 TCP 三次握手协议的任何部分，所以无法被记录下来，从而比 SYN 扫描更隐蔽。TCP FIN 扫描的缺点跟 SYN 扫描类似，需要自己构造数据包，要求由超级用户或者授权用户访问专门的系统调用。TCP FIN 扫描通常适用于 Unix/Linux 目标主机。在 Windows 系统中，不论目标端口是否打开，系统都返回 RST 包，因此它并不适用于 Windows 系统。

② TCP Null 扫描

扫描主机将 TCP 数据包中 ACK、FIN、RST、SYN、URG、PSH 标志位全部清零后发给目标主机。若目标端口开放，目标主机将不返回任何信息；如果目标主机返回 RST 信息，则表示端口关闭。

③ TCP Xmas 扫描

Xmax 扫描原理和 Null 扫描类似，它是将 TCP 数据包中 ACK、FIN、RST、SYN、URG、PSH 标志位全部置 1 后发给目标主机。若目标端口开放，目标主机将不返回任何信息；若目标主机返回 RST 信息，则表示端口关闭。

④ TCP FTP Proxy 扫描

FTP 代理连接选项允许一个客户端同时跟两个 FTP 服务器建立连接，然后在服务器之间直接传输数据。因此，可以利用 FTP 代理连接选项使得 FTP 服务器发送文件到 Internet 的其他目标主机，从而实现对目标主机的端口扫描。

⑤ 分段扫描

分段扫描技术是扫描主机并不直接发送 TCP 探测数据包，而是将数据包分成较小的 IP 段。这样就将一个 TCP 头分成好几个数据包，从而包过滤器就很难探测到。这种扫描技术的优点是隐蔽性好，可穿越防火墙，其缺点是可能被丢弃。另外，某些程序在处理这些小数据包时会出现异常。

3. 网络端口扫描工具

网络端口扫描工具是对目标主机的开放端口进行扫描检测的软件，它一般具有数据分析功能。通过对端口的扫描分析，可以发现目标主机开放的端口和所提供的服务，以及相应服务软件版本和这些服务及软件的安全漏洞等，从而能及时了解目标主机存在的安全隐患。目前的端口扫描工具有多种，例如：SuperScan、Nmap、Netcat、X-port、PortScanner、Netscan tools、Winscan、WUPS、Fscan、LANguard Network Scanner 等。在本次实验中，我们以

SuperScan 工具为例，详细介绍端口扫描器的操作和应用。

4. SuperScan 简介

SuperScan 是由 Foundstone 开发的一款免费且功能强大的网络端口扫描工具，它的功能特点包括：① Ping 扫描的功能，通过 Ping 来检验 IP 是否在线；② IP 地址和域名相互转换；③ 检验目标计算机提供的服务类别；④ 检验一定范围目标计算机是否在线和端口情况；⑤ 自定义要检验的端口，并可以保存为端口列表文件；⑥ 软件自带一个木马端口列表 trojans. lst，通过这个列表我们可以检测目标主机是否中木马。同时，我们也可以自己定义修改这些木马端口列表。作为安全工具，SuperScan 能够帮助我们发现网络中存在的安全问题。图5. 2. 1显示了 SuperScan 的操作界面。

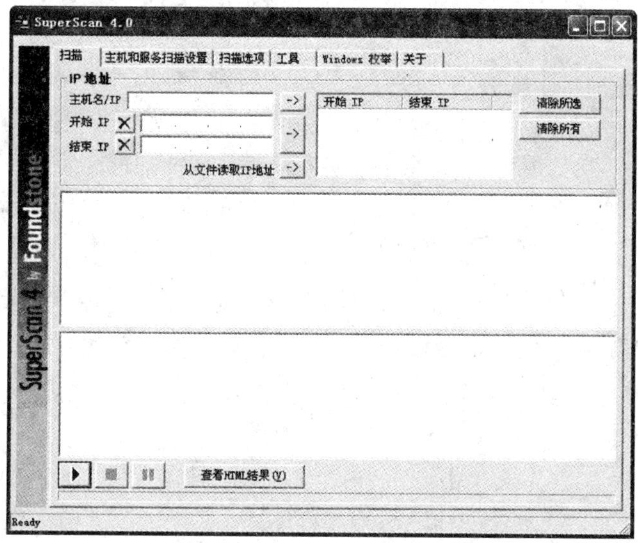

图 5. 2. 1　SuperScan 操作界面

【实验环境】

1. 实验配置

本实验所需的软硬件配置如表 5. 2. 2 所示。

表 5. 2. 2　SuperScan 端口扫描实验配置

配　置	描　　述
硬件	CPU：Intel Core i7 4790 3. 6GHz；主板：Intel Z97；内存：8G DDR3 1333
系统	Windows；Linux
应用软件	Vmware Workstation；SuperScan；冰河；Apache；Vsftpd；Bind；Dhcp

2. 实验环境网络拓扑

本实验的网络环境拓扑如图 5.2.2 所示。

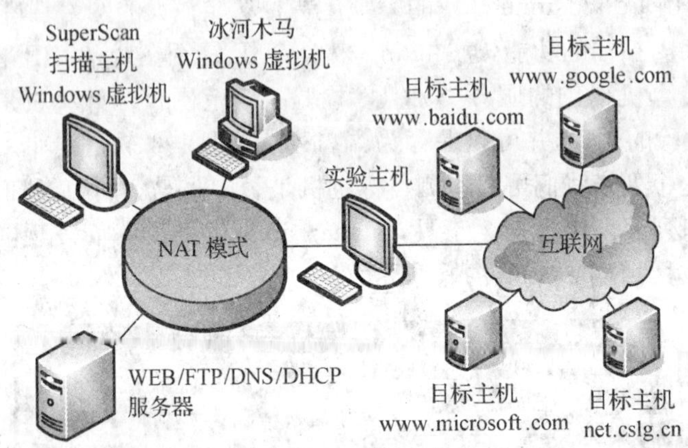

图 5.2.2　SuperScan 端口扫描实验网络环境

【实验内容】

(1) 使用 SuperScan 对目标主机(本地主机/远程主机)进行端口/网络服务扫描。

(2) 利用端口扫描功能,扫描提供特定网络服务的主机。

(3) 利用端口扫描功能,对目标主机进行木马检测。

【实验步骤】

1. 使用 SuperScan 对本地主机进行端口扫描

(1) 运行 SuperScan 程序

用鼠标双击可执行文件"superscan. exe",出现如图 5.2.1 所示程序窗口。

(2) 执行端口扫描

在程序"扫描"标签页的"IP 地址"栏中输入本地主机的主机名或 IP 地址。例如:localhost,点击"▶"按钮,SuperScan 在默认设置下开始对本地主机进行扫描。扫描结束后,出现如图 5.2.3 所示的扫描结果。

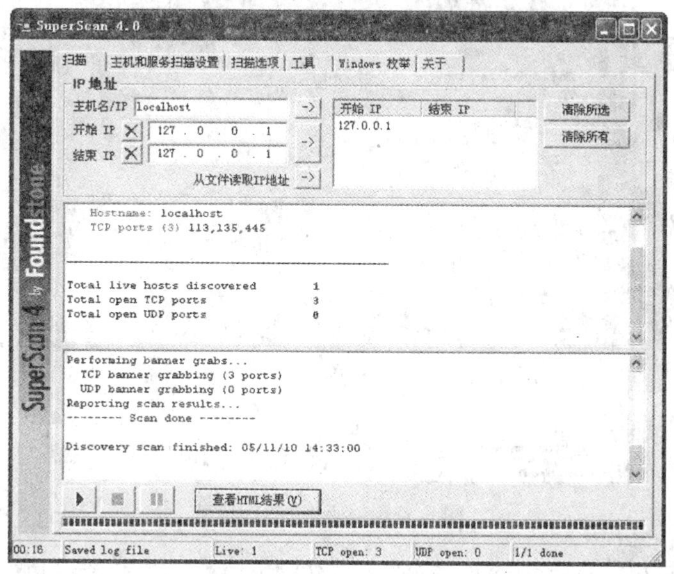

图 5.2.3　本地主机扫描

(5) 查看扫描结果报告

点击“查看 HTML 结果(V)”按钮，可以看到详细的扫描结果报告，如图 5.2.4 所示。

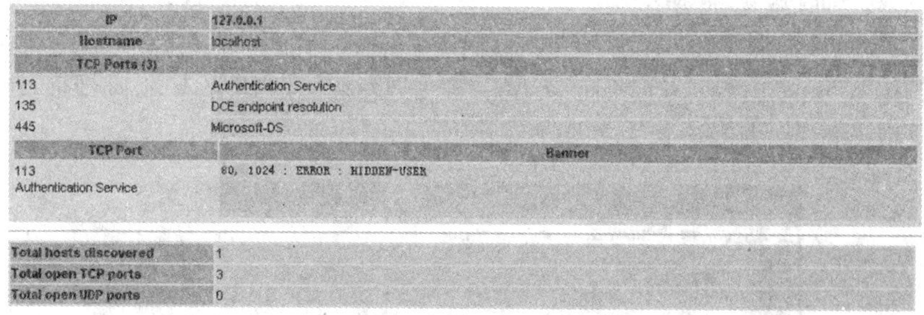

IP	127.0.0.1
Hostname	localhost
TCP Ports (3)	
113	Authentication Service
135	DCE endpoint resolution
445	Microsoft-DS
TCP Port	Banner
113 Authentication Service	80, 1024 : ERROR : HIDDEN-USER

Total hosts discovered	1
Total open TCP ports	3
Total open UDP ports	0

图 5.2.4　本地主机扫描结果报告

从图 5.2.4 的扫描报告中可以看出，在本次的本地主机扫描中，发现本地主机开发三个 TCP 端口号，它们分别是 113、135 和 445。

3. 使用 SuperScan 对远程主机进行端口扫描

(1) 设置扫描远程主机，并执行端口扫描

在 SuperScan 程序“扫描”标签页的“IP 地址”栏中输入远程主机的主机名/IP 地址，例如：www.microsoft.com。然后，点击“▶”按钮，SuperScan 在默认设置下开始对远程主机 www.microsoft.com 进行扫描。扫描结束后，出现如图 5.2.5 所示的扫描结果。

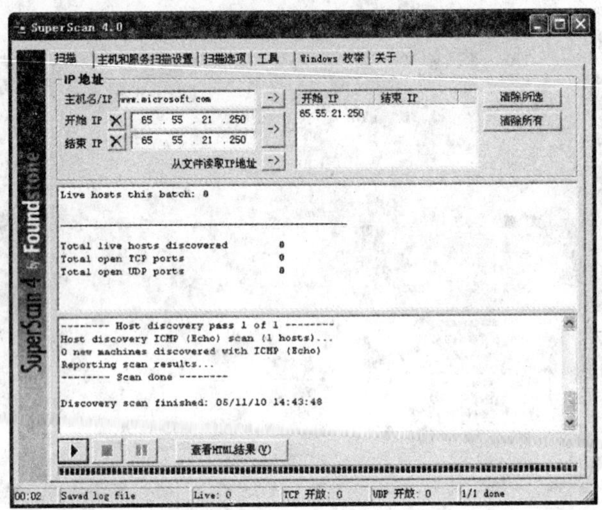

图 5.2.5　远程主机扫描

从图 5.2.5 可以看出，对 www.microsoft.com 的主机扫描和端口扫描结果都为 0。这是由于 www.microsoft.com 主机禁止了扫描器的 ICMP 扫描响应。因此，需要修改对 www.microsoft.com 主机的扫描方式。

(2) 修改主机和服务扫描设置

点击“主机和服务扫描设置”标签页，并在该标签页中去掉“查找主机”复选框。选中 UDP 端口扫描复选框，并将 UDP 扫描类型设置为“Data”；选中 TCP 端口扫描复选框，并将 TCP 扫描类型设置为“直接连接”，如图 5.2.6 所示。

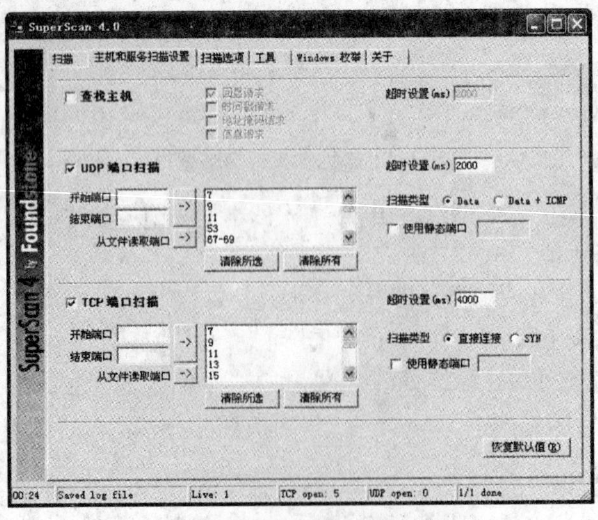

图 5.2.6　远程主机和服务扫描设置

(3) 执行端口扫描

点击“扫描”回到扫描标签页，然后点击“▶”按钮重新扫描远程主机 www.microsoft.com。扫描结果如图 5.2.7 所示。

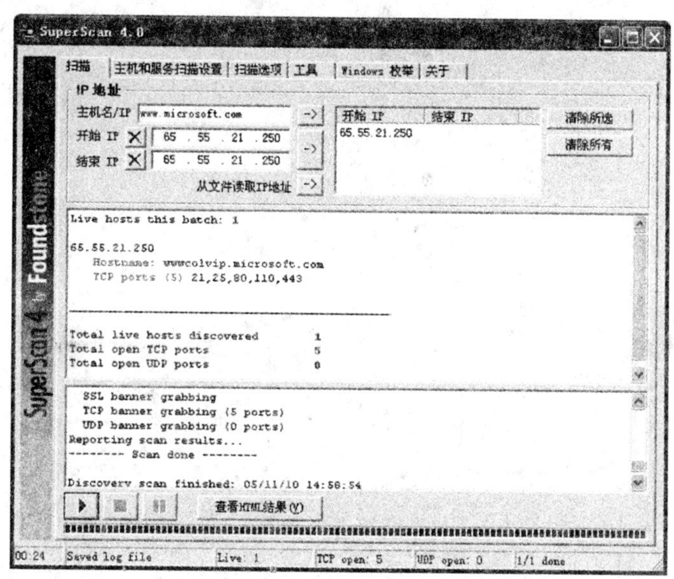

图 5.2.7　禁止“查找主机”模式的远程主机端口扫描

(4) 查看扫描结果报告

点击“查看 HTML 结果”按钮，可以看到详细的扫描结果报告，如图 5.2.8 所示。

从图 5.2.8 的扫描结果报告中，我们可以看出远程主机 www.microsoft.com 当前处于活动状态，且开放了五个 TCP 服务端口，分别是 21、25、80、110 和 443。其中，21 端口是用于提供文件传输(File Transfer)服务，25 端口是用于提供简单邮件传输(Simple Mail Transfer)服务，110 端口是用于提供 POP3(Post Office Protocol - Version3)邮件客户端接收服务，80 端口用于提供基于 HTTP 协议的 Web 服务，443 端口用于提供支持安全 HTTP(HTTP protocol over TLS/SSL)协议的 Web 服务。

(5) 扫描其他远程主机

重复步骤(1)～(4)，选择不同的远程主机/服务器(如 www.google.com、www.baidu.com、www.cslg.cn 和 net.cslg.cn 等)进行端口扫描测试，并分析扫描结果。

4. 使用 SuperScan 扫描网络服务

在本实验中，我们将分别进行基于 TCP 和 UDP 的网络服务扫描操作。

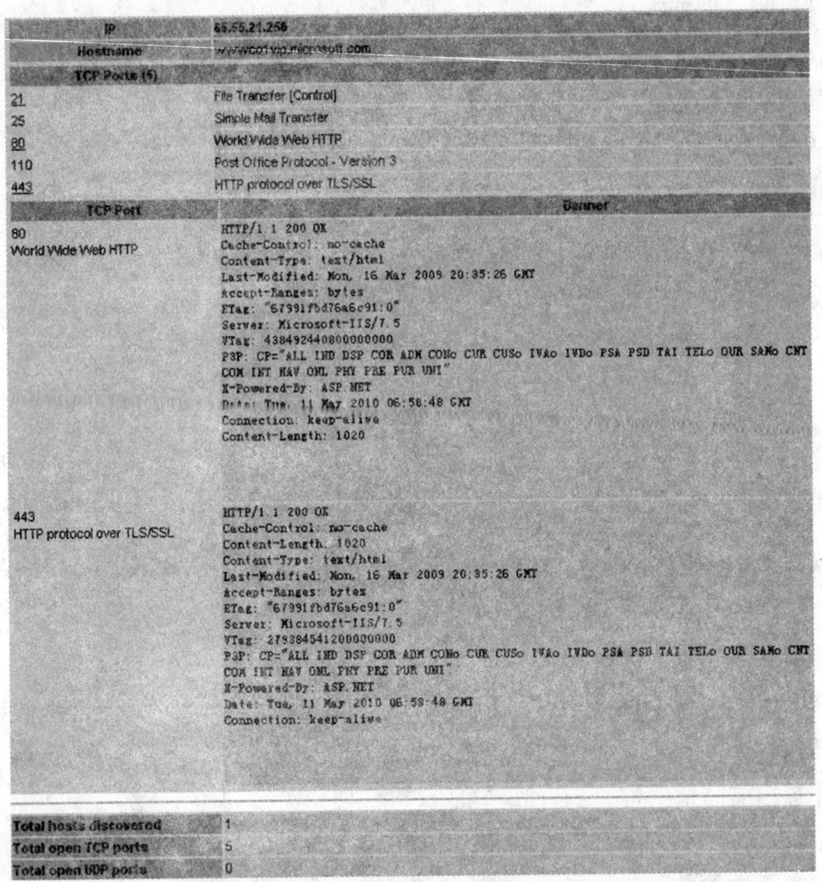

IP	65.55.21.250
Hostname	wwwco1vip.microsoft.com
TCP Ports (5)	
21	File Transfer [Control]
25	Simple Mail Transfer
80	World Wide Web HTTP
110	Post Office Protocol - Version 3
443	HTTP protocol over TLS/SSL
TCP Port	**Banner**
80 World Wide Web HTTP	HTTP/1.1 200 OK Cache-Control: no-cache Content-Type: text/html Last-Modified: Mon, 16 Mar 2009 20:35:26 GMT Accept-Ranges: bytes ETag: "67991fbd76a6c91:0" Server: Microsoft-IIS/7.5 VTag: 438492440800000000 P3P: CP="ALL IND DSP COR ADM CONo CUR CUSo IVAo IVDo PSA PSD TAI TELo OUR SAMo CNT COM INT NAV ONL PHY PRE PUR UNI" X-Powered-By: ASP.NET Date: Tue, 11 May 2010 06:58:48 GMT Connection: keep-alive Content-Length: 1020
443 HTTP protocol over TLS/SSL	HTTP/1.1 200 OK Cache-Control: no-cache Content-Length: 1020 Content-Type: text/html Last-Modified: Mon, 16 Mar 2009 20:35:26 GMT Accept-Ranges: bytes ETag: "67991fbd76a6c91:0" Server: Microsoft-IIS/7.5 VTag: 279384541200000000 P3P: CP="ALL IND DSP COR ADM CONo CUR CUSo IVAo IVDo PSA PSD TAI TELo OUR SAMo CNT COM INT NAV ONL PHY PRE PUR UNI" X-Powered-By: ASP.NET Date: Tue, 11 May 2010 06:58:48 GMT Connection: keep-alive

Total hosts discovered	1
Total open TCP ports	5
Total open UDP ports	0

图 5.2.8 远程主机扫描结果报告

实例 1：扫描局域网内提供 Web 服务的主机

(1) 设置扫描端口

Web 服务器默认的监听端口号是 80/TCP。因此，首先设置扫描端口。在 SuperScan 操作界面的"主机和服务扫描设置"标签页中进行如下设置：

- 去掉"查找主机"复选框。
- 去掉"UDP 端口扫描"复选框。
- 选中"TCP 端口扫描"复选框。
- 清除默认的扫描端口号，并重新添加扫描端口号 80。
- TCP 扫描类型为"直接连接"。

如图 5.2.9 所示。

图 5.2.9　设置扫描端口号 TCP/80

(2) 设置扫描子网的 IP 地址

在 SuperScan 程序“扫描”页面的“IP 地址”栏中，在“开始 IP”项中输入目标网络的起始 IP 地址，在“结束 IP”项中输入目标网络的结束 IP 地址，点击“▶”添加按钮，将扫描目标网络的 IP 地址范围添加到扫描地址池栏中。例如，扫描网络地址为“192.168.1.0/24”的子网内所有主机，显示如图 5.2.10 所示。

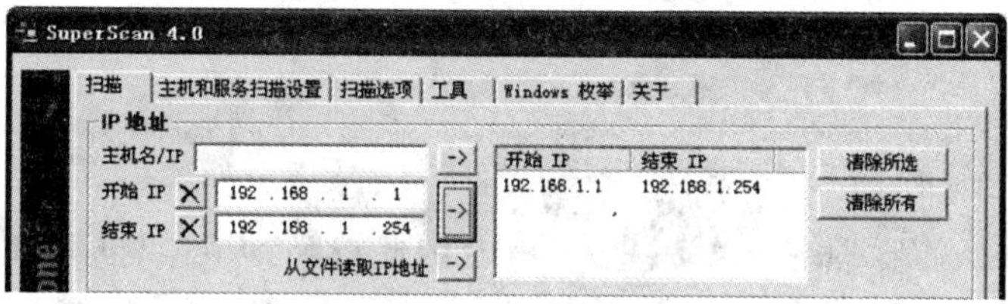

图 5.2.10　设置扫描子网的 IP 地址

(3) 运行端口扫描

在 SuperScan 程序“扫描”页面中，点击“▶”运行按钮扫描目标网络，扫描结果如图 5.2.11所示。

(4) 查看扫描结果报告

点击“查看 HTML 结果”按钮，可以看到详细的扫描结果报告，如图 5.2.12 所示。

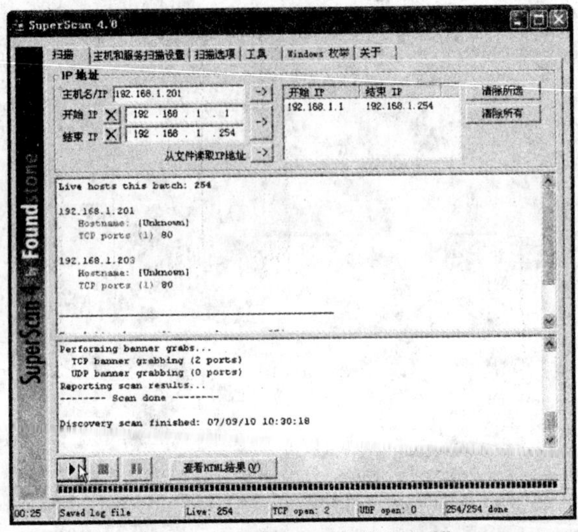

图 5.2.11 运行 TCP 端口扫描

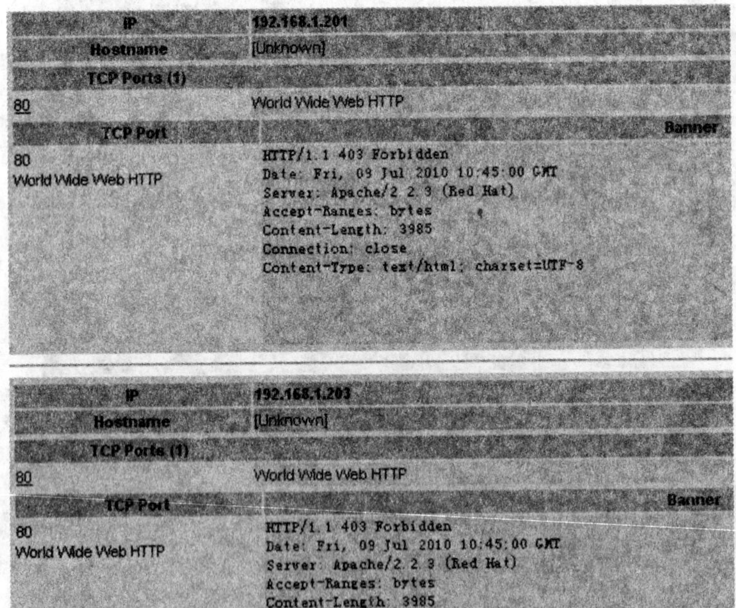

IP	192.168.1.201
Hostname	[Unknown]
TCP Ports (1)	
80	World Wide Web HTTP
TCP Port	Banner
80 World Wide Web HTTP	HTTP/1.1 403 Forbidden Date: Fri, 09 Jul 2010 10:45:00 GMT Server: Apache/2.2.3 (Red Hat) Accept-Ranges: bytes Content-Length: 3985 Connection: close Content-Type: text/html; charset=UTF-8

IP	192.168.1.203
Hostname	[Unknown]
TCP Ports (1)	
80	World Wide Web HTTP
TCP Port	Banner
80 World Wide Web HTTP	HTTP/1.1 403 Forbidden Date: Fri, 09 Jul 2010 10:45:00 GMT Server: Apache/2.2.3 (Red Hat) Accept-Ranges: bytes Content-Length: 3985 Connection: close Content-Type: text/html; charset=UTF-8

Total hosts discovered	254
Total open TCP ports	2
Total open UDP ports	0

图 5.2.12 查看 Web 服务扫描结果报告

从扫描结果报告中,可以看出网络地址为 192.168.1.0/24 的子网内有两台服务器提供 Web 服务,分别是 192.168.1.201 和 192.168.1.203。

实例 2:扫描局域网内提供 FTP 服务的主机

重复实例 1 中的步骤(1)～(4),扫描子网内提供其他基于 TCP 的服务器(如 FTP 服务器),并观察分析扫描结果。

实例 3:扫描局域网内提供 DHCP 服务的主机

(1) 设置扫描端口

DHCP 服务器默认的监听端口号是 UDP/67。因此,首先设置扫描端口。在 SuperScan 操作界面的"主机和服务扫描设置"标签页中,进行如下设置:

- 去掉"查找主机"复选框。
- 去掉"TCP 端口扫描"复选框。
- 选中"UDP 端口扫描"复选框。
- 清除所有默认的扫描端口号,并重新添加扫描端口号 67。
- UDP 扫描类型为"Data＋ICMP"。

如图 5.2.13 所示。

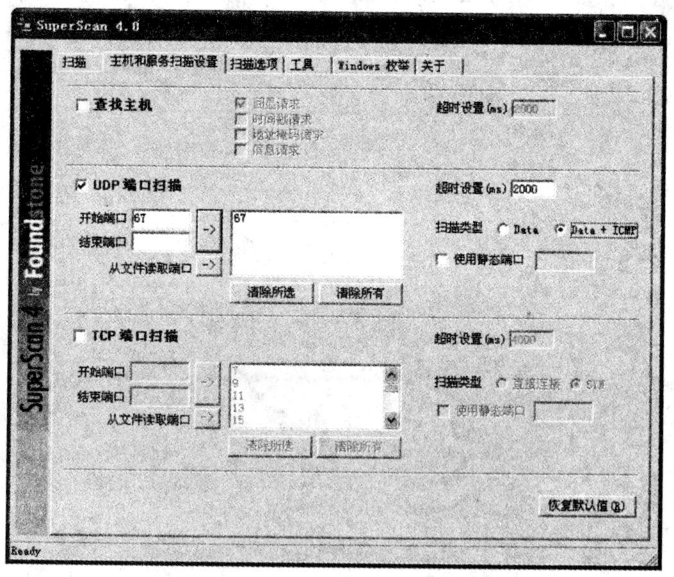

图 5.2.13　设置扫描端口号 UDP/67

(2) 设置扫描子网的 IP 地址

参见实例 1 中步骤(2)。

(3) 运行端口扫描

在 SuperScan 操作界面的“扫描”标签页中，点击“▶”运行按钮扫描目标网络，扫描结果如图 5.2.14 所示。

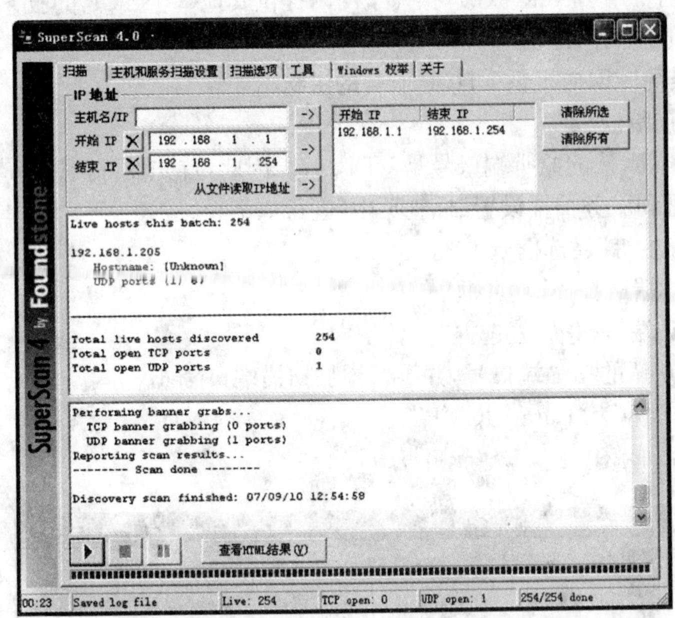

图 5.2.14 运行 UDP 端口扫描

(4) 查看扫描结果报告

点击“查看 HTML 结果”按钮，可以看到详细的扫描结果报告，如图 5.2.15 所示。

IP	192.168.1.205
Hostname	[Unknown]
UDP Ports (1)	
67	Bootstrap Protocol Server

Total hosts discovered	254
Total open TCP ports	0
Total open UDP ports	1

图 5.2.15 查看 DHCP 服务扫描结果报告

从扫描结果报告中，可以看出网络地址为 192.168.1.0/24 的子网内，提供 DHCP 服务的 IP 地址是 192.168.1.205。

实例 4：扫描局域网内提供 FTP 服务的主机

重复实例 3 中的步骤(1)～(4)，扫描子网内提供基于 UDP 的其他服务器(例如 DNS 服务器)，并观察分析扫描结果。

5. 扫描木马

病毒木马程序常常利用动态端口，实现与外部控制主机的通信，例如，冰河默认连接端口号是7626、WAY 2.4是8011、Netspy 3.0是7306、YAI病毒是1024等。SuperScan提供了一个trojans.txt文件，包含了常见的木马端口列表。通过端口配置功能，对木马端口进行扫描，可以检测目标主机是否被种植木马。

(1) 设置扫描木马端口

在SuperScan操作界面的“主机和服务扫描设置”标签页中，进行如下设置：

- 去掉“查找主机”复选框。
- 去掉“UDP端口扫描”复选框。
- 选中“TCP端口扫描”复选框。
- 清除所有默认的扫描端口号，并重新添加扫描端口号：点击“选择从文件读取端口”按钮，并在弹出的对话框中选择木马端口文件trojans.txt。
- TCP扫描类型为“直接连接”。

如图5.2.16所示。

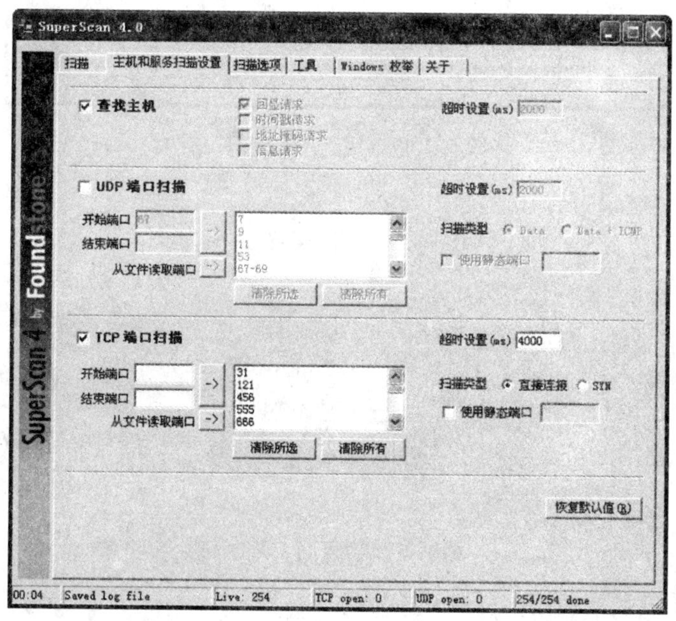

图5.2.16　设置扫描密码端口号

(2) 设置扫描子网的IP地址

参见实例1中步骤(2)。

(3) 运行端口扫描

在 SuperScan 操作界面的“扫描”标签页中，点击“ ▶ ”运行按钮扫描目标网络，扫描结果如图 5.2.17 所示。

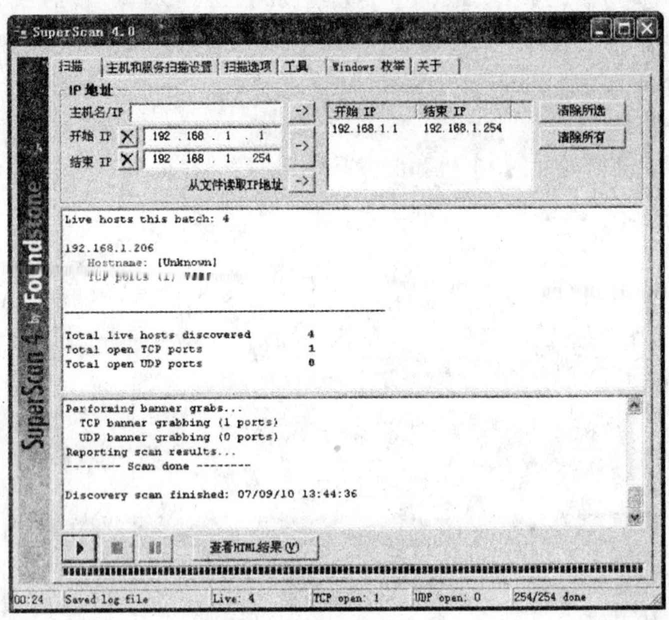

图 5.2.17 运行木马端口扫描

(4) 查看扫描结果报告

点击“查看 HTML 结果(V)”按钮，可以看到详细的扫描结果报告，如图 5.2.18 所示。

从扫描结果报告中，可以看出网络地址为 192.168.1.0/24 的子网内，IP 地址为 192.168.1.206 的主机开启 7626 端口号。查询木马端口列表发现该端口号是冰河木马所使用的端口号，因此，可以确定该主机中了冰河木马。

IP	192.168.1.206
Hostname	[Unknown]
TCP Ports (1)	
7626	[Unknown]
TCP Port	

Total hosts discovered	4
Total open TCP ports	1
Total open UDP ports	0

图 5.2.18 查看木马扫描结果报告

【实验报告】

(1) 回答实验目的中的思考题。

(2) 分析说明 SuperScan 实现的基本原理和方法。

(3) 结合实验，举例说明采用 SuperScan 对目标主机(本地主机/远程主机)进行端口扫描，并分析说明扫描结果。

(4) 结合实验,举例说明如何进行子网中 TCP 网络服务的主机扫描,并分析说明扫描结果。

(5) 结合实验,举例说明如何进行子网中 UDP 网络服务的主机扫描,并分析说明扫描结果。

(6) 结合实验,举例说明如何通过端口扫描(SuperScan)实现木马检测?

(7) 请自己设计实现一个端口扫描软件(选做)。

(8) 请谈谈你对本实验的看法,并提出你的意见或建议。

第 6 章　网络监听技术

网络监听是通过截获网络上的数据，然后进行分析处理，并采取相应措施的另一种安全检测技术。通过网络监听技术，可以收集网络节点信息、监测网络的运行状态、隔离网络安全故障，以及对网络安全故障发出告警，达到网络安全管理与维护的目的。因此，它是网络安全检测的又一种重要方法。在本章中，我们将通过不同的网络监听工具在多平台的环境下进行网络安全检测中的监听技术实验操作，并通过实验进一步学习网络监听技术的基本原理、方法和应用，以及能够掌握利用网络监听工具进行分析、诊断、测试网络安全性的能力。

实验 6.1　TCPdump 网络监听实验

【实验目的】

(1) 学习网络监听基本原理和技术。

(2) 理解网络监听技术在网络攻防中的作用。

(3) 熟练掌握网络监听工具 TCPdump 的使用。

(4) 学习和掌握如何利用 TCPdump 进行网络安全监测与分析。

(5) 思考：

① 什么是网络监听？

② 常见的网络监听技术有哪些？

③ 常用的网络监听工具有哪些？

【实验原理】

随着网络重要性和复杂性的不断增长，为了更好地保证网络安全，需要利用网络监听技术监控网络上各种通信数据，记录网络操作，并对网络通信数据进行安全分析，以发现网络安全问题。在本实验中，我们将进一步学习网络监听技术及网络监听工具，并掌握如何利用 TCPdump 工具来检测网络及其安全分析。

1. 网络监听简介

网络监听主要是对网络的状态、信息流动和信息内容等进行监视，相应的工具被称为嗅探器(Sniffer)。网络监听工具通过网络传输介质的共享特性实现抓包，获得当前网络的使用状况，为网络管理员对网络中的信息进行实时监测与分析提供一个合适的方法。在入侵检测系统中，最基本的要求就是能够实现网络监听与过滤。

2. 网络监听工作原理与技术

网络监听的基本工作原理是通过数据包捕获技术收集网络上传输的各种通信数据，并通过过滤技术对收集到的大量数据进行整理，从而获得有用数据，最后再通过协议解析技术对数据进行解析，还原出用户可以直观理解的信息。因此，完整的网络监听应该包含抓包、过滤和协议解析三个环节。

(1) 数据包捕获技术

目前，Internet 上的网络主要包括共享式网络和交换式网络，在不同的网络类型上数据包捕获的技术也不一样。

① 共享网络数据包捕获

共享式网络采用的是共享信道，即网络内的每台主机所发出的数据帧都会被整个网络内的其他所有主机接收到，典型的共享网络是以太网(Ethernet)。在以太网中，对于主机接收到的链路帧数据，其接收设备网卡根据链路帧的物理地址(MAC 地址)决定不同的处理。根据以太网对链路帧的不同处理方式，可以分为广播模式、多播模式、直播模式和混杂模式四种工作模式。其中，广播模式表示数据帧的目的 MAC 地址是 0Xffffff 的帧为广播帧，工作在广播模式的网卡接收广播帧。在多播传送中，多播传送地址作为目的 MAC 地址的帧可以被组内的其他主机同时接收，而组外主机却接收不到。如果将网卡设置为多播传送模式，它可以接收所有的多播传送帧，而不论它是不是组内成员。在直接模式中，网卡只接收目地址是自己 MAC 地址的数据帧。在混杂模式(Promiscuous)中，网卡能够接收所有的共享信道上的数据帧。正常情况下，网卡的缺省工作模式是广播模式和直接模式，即它只接收广播帧和发给自己的帧。如果采用混杂模式，接收主机的网卡将接受同一网络内其他所有所主机发送的数据包，并将接收到的所有帧交给上层处理程序。这样就可以达到对网络信息监视捕获的目的。因此，数据包捕获程序就是在这种模式下运行。

② 交换网络数据包捕获

交换式以太网是基于数据链路层的点到点信道，所以简单采用应用于共享式以太网的监听技术是完全失效的。在本实验中，我们主要讨论共享式以太网的情况。

(2) 数据包过滤技术

捕获数据包后要进行的工作是对其进行包过滤与分解，即通过设置一些过滤规则从捕获的数据中获得我们感兴趣的内容。一些基础的过滤规则包括：① 主机过滤，即专门筛选出来自一台主机或者服务器的数据；② 协议过滤，即根据不同的协议来筛选数据，如选择 TCP 数据而非 UDP 数据；③ 服务过滤，即根据端口号来选择特定数据包；④ 通用过滤，即从数据包中某一特定位置开始，选择具有某些共同数据特征的数据包。

(3) 协议数据解析技术

网络直接所传送的数据只是大量的二进制数据流，因此，当我们通过抓包技术和过滤技术获得我们感兴趣的二进制数据后，需要使用特定的网络协议来分解抓到的数据流，即分析出哪个协议对应于这个数据片断，这样才能够进行正确的解码。通过协议解析对已经捕获的数据包进行各种信息分析，比如网络流量分析、数据包中信息分析、敏感信息提取分析等，最终获得为用户理解和有用的信息。

3. 网络监听工具

自网络监听这一技术诞生以来，产生了大量工作在各种平台上相关软硬件工具。表 6.1.1 列举一些常用的网络监听软件。

表 6.1.1 常用网络监听工具

监听软件	运行平台	描　　述
TCPdump	Linux	互联网上最经典的网络监听工具。TCPdump 以其强大的功能，灵活的截取策略成为最重要的网络安全工具之一。此外，TCPdump 提供了源代码和公开接口，因此具备很强的可扩展性。
Ngrep	Linux	和 TCPdump 类似，但与 TCPdump 最大的不同之处在于，它可以很方便地把截获目标定制在用户名、口令等感兴趣的关键字上。
Dsniff	Linux	该工具主要监听用户密码、访问资源等敏感信息上。此外，它包含 arpspoof、macof 等工具可以捕获交换机环境下的主机敏感数据。
Sniffit	Linux	广泛使用的网络监听软件，其重点在用户的输出。
Windump	Windows	TCPdump 的 Windows 移植版，和 TCPdump 几乎完全兼容。
Iris	Windows	Eeye 公司的一款商业软件，完全图形化界面，可以很方便地定制各种截获控制语句，对截获数据包进行分析、还原等。

4. TCPdump

(1) TCPdump 简介

TCPdump 是一款开源的网络数据截取分析工具，其官方网站为 http://www.tcpdump.org/。TCPdump 具有灵活的截取策略，支持针对协议、主机、网络或端口的过滤，并通过正则表达式的灵活应用，准确获取有用信息。TCPdump 在网络的分析、维护、统计、安全检测等方面具有广泛应用，例如定位网络瓶颈、统计网络流量使用情况等。

(2) TCPdump 语法

TCPdump 命令的语法格式如下：

```
tcpdump [选项] [表达式]
```

通过对 TCPdump 选项和表达式的组合应用，从网络数据中过滤出真正有用的信息，从而缩小分析范围。表 6.1.2 列出了 TCPdump 支持的常用选项及其描述。

表 6.1.2　TCPdump 常用选项及其描述

选　项	描　　述
-D	打印出系统中所有可以用 TCPdump 截包的网络接口。
-e	在输出行打印出数据链路层的头部信息。
-n	不将网络地址转换成名字。
-p	不将网络接口设置成混杂模式。
-vv	输出详细的报文信息。
-x	以 16 进制数形式显示去掉链路层报头后的报文,可以显示较小的完整报文。
-xx	以 16 进制数形式显示包含链路层报头后每一个报文。
-X	以十六进制和 ASCII 码的形式输出去掉链路层头信息的报文。
-XX	以十六进制和 ASCII 码的形式输出包含链路层头信息的报文。
-c count	指定监听数据包数量,当收到指定的包的数目后,TCPdump 就会停止。
-C file-size	限定数据包写入文件大小。
-F file	从指定的文件中读取表达式,忽略其他的表达式。
-i interface	指定监听网络接口。
-w file	将监听到的数据包写入文件,不分析和打印数据包。
-W filecount	限定能写入文件数据包的数量。
-r file	从指定的文件中读取包(这些包一般通过-w 选项产生)。
-s snaplen	从每个分组中读取最开始的 snaplen 个字节,而不是默认的 68 个字节。
-A	以 ASCII 格式打印出所有分组,并将链路层的头最小化。

TCPdump 利用正则表达式作为报文的过滤条件,如果数据包满足表达式的条件,则会被捕获。如果没有给出任何条件,则网络上所有的数据包将会被截获。TCPdump 表达式通常由一个或多个原语(Primitive)组成。原语通常由一个标识(ID,名称或数字)和标识前面的一个或多个关键字组成。表达式中常用关键字有以下几类:

① 参数类型关键字:指出标识名称或标识数字代表什么类型的东西。可以使用的类型有 host、net 和 port。如果没有指定类型,缺省的类型是 host。例如,# tcpdump host 192.168.1.1 表示监听 IP 地址为 192.168.1.1 的主机收发的所有数据包。

② 报文传输方向关键字:指出相对于标识的传输方向(数据是传入还是传出标识)。可以使用的传输方向关键字包括 src、dst、src or dst 和 src and dst。缺省为 src or dst。例如,# tcpdump src net 192.168.1.1 表示监听源网络地址为 192.168.1.1 的所有数据包。如果

是 null 链路层(如 slip 的点到点协议),用 inbound 和 outbound 关键字指定所需的传输方向。

③ 协议关键字:要求匹配指定的协议。可以使用的协议有:ether、fddi、ip、arp、rarp、decnet、lat、sca、moprc、mopdl、tcp 和 udp。默认监听所有协议的数据包。例如,# tcpdump arp 表明监听所有 arp 协议的数据包。

④ 逻辑运算关键字:not 和! 表示非运算,and 和 && 表示与运算,or 和 || 表示或运算。

⑤ 其他重要的关键字:包括 gateway、broadcast、less、greater 等。

这些关键字的组合能灵活构造过滤条件,从而满足用户需要。例如,# tcpdump host www.cslg.cn and src port \(80 or 8080\)表示截取主机 www.cslg.cn 上源端口为 80 或 8080 的所有数据包。

【实验环境】

1. 实验配置

本实验所需的软硬件配置如表 6.1.3 所示。

表 6.1.3 TCPdump 安全监听实验配置

配　置	描　　述
硬件	CPU:Intel Core i7 4790 3.6GHz;主板:Intel Z97;内存:8G DDR3 1333
系统	Windows;Linux
应用软件	Vmware Workstation;TCPdump;Nmap;Vsftpd;Bind;Telnet;Openssh

2. 实验环境网络拓扑

本实验的网络环境拓扑如图 6.3.1 所示。

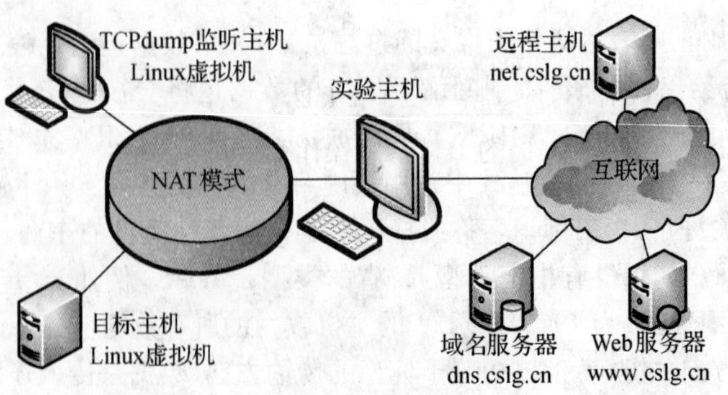

图 6.1.1 TCPdump 安全监听实验网络环境

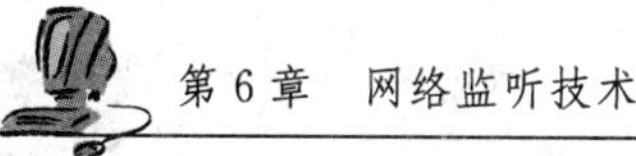

【实验内容】

(1) 显示可以被 TCPdump 抓取的网络接口名。
(2) 用 TCPdump 监听本地主机。
(3) 用 TCPdump 监听目标主机。
(4) 用 TCPdump 监听目标网络。
(5) 用 TCPdump 监听不同协议数据包。
(6) 用 TCPdump 诊断 ARP 风暴。
(7) 用 TCPdump 监听 Telent 帐户/密码信息。
(8) 用 TCPdump 监听 SSH 通信。

【实验步骤】

1. 显示可以被 TCPdump 抓取的网络接口名

在用 TCPdump 进行抓包和监听网络前，需要确定监听主机有哪些网络接口可以使用。例如，在 TCPdump 监听主机上执行以下命令显示本主机可以被 TCPdump 抓取的网络接口名。

```
[root@tcpdump ~]# tcpdump_D
1. eth0
2. lo
```

以上显示结果说明 TCPdump 监听主机能够监听网络的网络接口名为 eth0。

2. 用 TCPdump 监听本地主机

(1) 监听本地主机和其他主机之间的所有网络数据

首先，设置 TCPdump 监听主机的 IP 地址，在 TCPdump 监听主机(如图 6.3.1 所示)上执行以下命令：

```
[root@ tcpdump ~]# ifconfig eth0 192.168.1.110
[root@ tcpdump ~]# route add default gw 192.168.1.2
```

然后，查询 TCPdump 监听主机的 IP 地址，操作命令如下所示：

```
[root@tcpdump ~]# ifconfig
eth0      Link encap:Ethernet  HWaddr 00:0C:29:8F:A9:B4
          inet addr:192.168.1.110  Bcast:192.168.1.255  Mask:255.255.255.0
          inet6 addr: fe80::20c:29ff:fe8f:a9b4/64 Scope:Link
          UP BROADCAST RUNNING MULTICAST  MTU:1500  Metric:1
          RX packets:1384 errors:0 dropped:0 overruns:0 frame:0
          TX packets:792 errors:0 dropped:0 overruns:0 carrier:0
          collisions:0 txqueuelen:1000
          RX bytes:139896 (136.6 KiB)  TX bytes:99846 (97.5 KiB)
```

```
lo        Link encap:Local Loopback
          inet addr:127.0.0.1   Mask:255.0.0.0
          inet6 addr: ::1/128 Scope:Host
          UP LOOPBACK RUNNING   MTU:16436   Metric:1
          RX packets:36 errors:0 dropped:0 overruns:0 frame:0
          TX packets:36 errors:0 dropped:0 overruns:0 carrier:0
          collisions:0 txqueuelen:0
          RX bytes:4548 (4.4 KiB)   TX bytes:4548 (4.4 KiB)
```

以上结果显示 TCPdump 监听主机的 IP 地址为 192.168.1.110。

接着，在 TCPdump 监听主机上执行以下命令，监听它和远程主机 net.cslg.cn 之间通信的所有数据包。

```
[root@net ~]# tcpdump host 192.168.1.110 and net.cslg.cn
```

在 TCPdump 主机上分别执行以下操作：

```
[root@net ~]# ping net.cslg.cn
```

```
[root@net ~]# telnet net.cslg.cn
```

```
[root@net ~]# ssh net.cslg.cn
```

这时，可以在 TCPdump 监听主机上看到以下监听结果。

```
[root@net ~]# tcpdump host 192.168.1.110 and net.cslg.cn
tcpdump: verbose output suppressed, use -v or -vv for full protocol decode
listening on eth0, link-type EN10MB (Ethernet), capture size 96 bytes
21:35:50.308617 IP 192.168.1.110 > 210.28.164.2: ICMP echo request, id 15642, seq 1, length 64
21:35:50.308852 IP 210.28.164.2 > 192.168.1.110: ICMP echo reply, id 15642, seq 1, length 64
...
21:39:52.916963 IP 192.168.1.110.41182 > 210.28.164.2.telnet: S 1357319973:1357319973(0)
win 5840 <mss 1460,sackOK,timestamp 28363341 0,nop,wscale 4>
21:39:52.917129 IP 210.28.164.2.telnet > 192.168.1.110.41182: R 0:0(0) ack 1357319974 win 0
...
21:41:09.179118 IP 192.168.1.110.53577 > 210.28.164.2.ssh: . ack 1 win 365 <nop,nop,
timestamp 28439616 551537170>
21:41:09.196299 IP 210.28.164.2.ssh > 192.168.1.110.53577: P 1:21(20) ack 1 win 46 <nop,
nop,timestamp 551537174 28439616>
```

以上监听结果显示，TCPdump 监听主机对远程主机 net.cslg.cn 进行了 Ping 扫描操作，并试图向该远程主机分别发起了 Telnet 和 SSH 远程连接。

(2) 显示本地的主机和其他主机之间的 FTP 通信数据

例如，在 TCPdump 监听主机上执行以下命令，监听它和其远程主机 net.cslg.cn 之间的 FTP 通信数据。

```
[root@net ~]# tcpdump port 21 and host 192.168.1.110 and net.cslg.cn
```

在 TCPdump 监听主机上分别执行以下操作：

```
[root@net ~]# ping net.cslg.cn
[root@net ~]# telnet net.cslg.cn
[root@net ~]# ftp net.cslg.cn
[root@net ~]# ftp 192.168.1.204
[root@net ~]# ssh net.cslg.cn
```

这时，可以在 TCPdump 监听主机上看到以下监听结果。

```
[root@net ~]# tcpdump port 21 and host 192.168.1.110 and net.cslg.cn
tcpdump: verbose output suppressed, use -v or -vv for full protocol decode
listening on eth0, link-type EN10MB (Ethernet), capture size 96 bytes
21:59:21.890177 IP 192.168.1.110.39680 > 210.28.164.2.ftp: S 2585540941:2585540941(0) win
5840 <mss 1460,sackOK,timestamp 29532505 0,nop,wscale 4>
21:59:21.890364 IP 210.28.164.2.ftp > 192.168.1.110.39680: R 0:0(0) ack 2585540942 win 0
```

以上监听结果显示，TCPdump 监听主机监听它和远程主机 net.cslg.cn 的通信时，只监听 FTP 数据包，对它们之间的其他通信数据，如 Ping、Telnet 和 SSH，并不监听和捕获。

(3) 监听本地主机和其他网络任意主机之间的通信数据

例如，在 TCPdump 监听主机上执行以下命令，监听它和网络地址为 210.28.164.0/24 的子网内任意主机之间的通信。

```
[root@net ~]# tcpdump host 192.168.1.110 and net 210.28.164.0/24
```

在 TCPdump 监听主机上分别执行以下操作。

```
[root@net ~]# nmap -sP 210.28.164.0/24
```

这时，可以在 TCPdump 监听主机上看到以下监听结果。

```
[root@net ~]# tcpdump host 192.168.1.110 and net 210.28.164.0/24
...
13:52:09.180005 IP 192.168.1.110 > 210.28.164.61: ICMP echo request, id 61260, seq 4201,
length 8
13:52:09.180062 IP 192.168.1.110.58322 > 210.28.164.61.http: . ack 593118238 win 2048
13:52:09.180119 IP 192.168.1.110 > 210.28.164.62: ICMP echo request, id 61260, seq 5481,
length 8
13:52:09.180178 IP 192.168.1.110.58322 > 210.28.164.62.http: . ack 211436894 win 2048
13:52:09.180391 IP 210.28.164.62 > 192.168.1.110: ICMP echo reply, id 61260, seq 5481, length 8
13:52:09.180409 IP 210.28.164.62.http > 192.168.1.110.58322: R 211436894:211436894(0)
win 0
13:52:09.180754 IP 192.168.1.110 > 210.28.164.63: ICMP echo request, id 61260, seq 6761,
length 8
13:52:09.180826 IP 192.168.1.110.58322 > 210.28.164.63.http: . ack 714753694 win 1024
...
```

以上监听结果显示，TCPdump 监听主机对网络地址为 210.28.164.0/24 的子网发送 Ping 扫描数据包，包括 ICMP Echo 包和 TCP ACK 包，并且发现 IP 地址为 210.28.164.62 的主机向主机 192.168.1.110 发送了 ICMP Echo Reply 响应包。

3. 用 TCPdump 监听目标主机

(1) 监听目标主机其他任意主机的通信

如果需要监听某个目标主机，则可以通过 TCPdump 抓取所有进出该目标主机的所有报文。例如，在 TCPdump 监听主机上执行以下命令，监听并显示所有进出 IP 地址为 192.168.1.201 的目标主机报文。

```
[root@net ~]# tcpdump host 192.168.1.201
```

首先，将 Linux 目标主机(图 6.3.1)的主机名设置为 host2，操作命令如下所示：

```
[root@localhost ~]# hostname host2
[root@localhost ~]# exit
```

退出系统，并重新登录。然后，将 Linux 目标主机的 IP 地址设置为 192.168.1.202，操作命令如下所示：

```
[root@host2 ~]# ifconfig eth0 192.168.1.202
[root@host2 ~]# route add default gw 192.168.1.2
```

在 IP 地址为 192.168.1.202 的内网主机上向目标主机 192.168.1.201 发起端口扫描，操作命令如下所示：

```
[root@host2 ~]# nmap -sT 192.168.1.201
```

接着，将 Linux 目标主机的主机名和 IP 地址重新设置为 host1 和 192.168.1.201，操作命令如下所示：

```
[root@localhost ~]# hostname host1
[root@localhost ~]# exit
```

```
[root@host1 ~]# ifconfig eth0 192.168.1.201
[root@host1 ~]# route add default gw 192.168.1.2
```

最后，目标主机 192.168.1.201 向外网主机 www.cslg.cn 发起端口扫描，操作命令如下所示：

```
[root@host1 ~]# nmap -sT www.cslg.cn
```

这时可以在 TCPdump 本地监听主机上看到以下监听结果：

```
[root@net ~]# tcpdump host 192.168.1.201
tcpdump: WARNING: peth0: no IPv4 address assigned
tcpdump: verbose output suppressed, use -v or -vv for full protocol decode
listening on peth0, link-type EN10MB (Ethernet), capture size 96 bytes
```

```
16:17:08.783477 arp who-has 192.168.1.201 (Broadcast) tell 192.168.1.202
16:17:08.783510 arp reply 192.168.1.201 is-at 50:78:4c:48:95:c3 (oui Unknown)
16:17:08.796370 IP 192.168.1.202.54260 > 192.168.1.201.ssh: S 1731871858:1731871858(0) win
5840 <mss 1460,sackOK,timestamp 16312685 0,nop,wscale 7>
16:17:08.796477 IP 192.168.1.202.37248 > 192.168.1.201.https: S 1736172451:1736172451(0)
win 5840 <mss 1460,sackOK,timestamp 16312685 0,nop,wscale 7>
16:17:08.796505 IP 192.168.1.201.ssh > 192.168.1.202.54260: S 3271311737:3271311737(0) ack
1731871859 win 5792 <mss 1460,sackOK,timestamp 95274921 16312685,nop,wsc
ale 4>
...
19:06:17.303574 IP 192.168.1.201.41680 > 61.155.18.12.smtp: S 3871483052:3871483052(0)
win 5840 <mss 1460,sackOK,timestamp 18849653 0,nop,wscale 7>
19:06:17.303738 IP 192.168.1.201.38680 > 61.155.18.12.telnet: S 3871486867:3871486867(0)
win 5840 <mss 1460,sackOK,timestamp 18849653 0,nop,wscale 7>
19:06:17.304077 IP 192.168.1.201.55953 > 61.155.18.12.ldap: S 3858544781:3858544781(0) win
5840 <mss 1460,sackOK,timestamp 18849653 0,nop,wscale 7>
19:06:17.304246 IP 192.168.1.201.43081 > 61.155.18.12.rtsp: S 3856344204:3856344204(0) win
5840 <mss 1460,sackOK,timestamp 18849653 0,nop,wscale 7>
...
```

以上监听结果显示，有 IP 地址为 192.168.1.202 的主机向目标主机 192.168.1.201 的不同端口(ssh,https 等)发送数据包，说明主机 192.168.1.202 向目标主机 192.168.1.201 发起端口扫描。此外，也可以看到目标主机 192.168.1.201 向外网主机 www.cslg.cn 的不同端口(telnet、smtp 等)发送数据包，说明目标主机 192.168.1.201 也正在向外网主机 www.cslg.cn 发起端口扫描。可见目标主机不论和内网主机通信，还是和外网主机通信都能被监听主机监听到。

(2) 监听目标主机和外网主机的通信

如果只想监听目标主机和外网的通信情况，可以过滤掉目标主机和本地内网其他主机通信的数据包。例如，监听网络地址为 192.168.1.0/24 子网的目标主机 192.168.1.201 和外网通信的信息，TCPdump 监听主机执行如下所示的命令：

```
[root@net ~]# tcpdump host 192.168.1.201 and dst net not 192.168.1.0/24 or src net not 192.
168.1.0/24
```

在目标主机 192.168.1.201 上分别对本地子网 192.168.1.0/24 和外部子网 210.28.164.0/24 发起主机扫描，在 Linux 目标主机(图 6.1.1)上执行以下命令：

```
[root@host1 ~]# nmap -sP 192.168.1.0/24
```

```
[root@host1 ~]# nmap -sP 210.28.164.0/24
```

这时，可以在 TCPdump 监听主机上获得如下监听结果。

```
[root@net ~]# tcpdump host 192.168.1.201 and dst net not 192.168.1.0/24 or src net not 192.
168.1.0/24
```

```
20:09:18.513978 IP 192.168.1.201 > 210.28.164.0: ICMP echo request, id 52941, seq 64155, length 8
20:09:18.514073 IP 192.168.1.201.33273 > 210.28.164.0.http: . ack 2959539870 win 3072
20:09:18.514142 IP 192.168.1.201 > 210.28.164.1: ICMP echo request, id 52941, seq 65435, length 8
20:09:18.514206 IP 192.168.1.201.33273 > 210.28.164.1.http: . ack 2555870 win 2048
20:09:18.514261 IP 192.168.1.201 > 210.28.164.2: ICMP echo request, id 52941, seq 1180, length 8
20:09:18.514352 IP 192.168.1.201.33273 > 210.28.164.2.http: . ack 4096196894 win 3072
20:09:18.514408 IP 210.28.164.2 > 192.168.1.201: ICMP echo reply, id 52941, seq 1180, length 8
```

以上监听结果显示，虽然目标主机 192.168.1.201 同时扫描本地内网的所有主机和外网的所有主机，但是 TCPdump 监听主机只获取目标主机扫描外网主机的通信数据包。

(3) 监听目标主机和其他特定主机的通信

如果需要监听目标主机和其他特定主机的通信，如监听目标主机 192.168.1.201 与本地主机 192.168.1.202 或远程主机 210.28.164.254 之间通信的报文，执行命令如下所示：

```
[root@net ~]# tcpdump host 192.168.1.201 and 192.168.1.202 or 210.28.164.254
```

在目标主机 192.168.1.201 上分别对本地子网 192.168.1.0/24 和外部子网 210.28.164.0/24 发起主机扫描，执行命令分别如下所示：

```
[root@host1 ~]# nmap -sP 192.168.1.0/24
```

```
[root@host1 ~]# nmap -sP 210.28.164.0/24
```

在 TCPdump 监听主机上获得如下监听结果：

```
[root@tCPdump ~]# tcpdump host 192.168.1.201 and 192.168.1.202 or 210.28.164.254
tcpdump: verbose output suppressed, use -v or -vv for full protocol decode
listening on eth0, link-type EN10MB (Ethernet), capture size 96 bytes
20:27:19.405163 arp who-has 192.168.1.202 (Broadcast) tell 192.168.1.201
20:27:19.405207 arp reply 192.168.1.202 is-at 00:01:6c:91:f0:8a (oui Unknown)
20:30:26.787560 IP 192.168.1.201 > 210.28.164.254: ICMP echo request, id 49236, seq 58451, length 8
20:30:26.787622 IP 192.168.1.201.43233 > 210.28.164.254.http: . ack 1374494 win 3072
20:30:26.798125 IP 210.28.164.254 > 192.168.1.201: ICMP echo reply, id 49236, seq 58451, length 8
20:30:26.798400 IP 210.28.164.254.http > 192.168.1.201.43233: R 1374494:1374494(0) win 0
```

以上监听结果显示，虽然目标主机 192.168.1.201 同时扫描本地内网的所有主机和外网的所有主机，但是，TCPdump 监听主机只获取指定的本地目标主机 192.168.1.202 以及指定的外网主机 210.28.164.254 之间通信的数据包。

4. 用 TCPdump 监听目标网络

如果需要监听本地内部网中的所有主机与外部网的主机之间的通信，如监听网络地址为 192.168.1.0/24 的本地内部网中的所有主机与外部网之间的通信，可以在内部网的 TCPdump 监听主机上执行以下命令：

```
[root@net ~]# tcpdump src net not 192.168.1.0/24 or dst net not 192.168.1.0/24
```

在本地内部网中的任意一台主机（如 192.168.1.201 主机）上分别对本地子网 192.168.1.0/24 和外部子网 210.28.164.0/24 发起主机扫描，执行命令分别如下所示：

```
[root@host1 ~]# nmap -sP 192.168.1.0/24
```

```
[root@host1 ~]# nmap -sP 210.28.164.0/24
```

在 TCPdump 监听主机上获得如下监听结果：

```
[root@tcpdump ~]#tcpdump src net not 192.168.1.0/24 or dst net not 192.168.1.0/24
20:59:18.513978 IP 192.168.1.201 > 210.28.164.0: ICMP echo request, id 52941, seq 64155, length 8
20:59:18.514073 IP 192.168.1.201.33273 > 210.28.164.0.http: . ack 2959539870 win 3072
20:59:18.514142 IP 192.168.1.201 > 210.28.164.1: ICMP echo request, id 52941, seq 65435, length 8
20:59:18.514206 IP 192.168.1.201.33273 > 210.28.164.1.http: . ack 2555870 win 2048
20:59:18.514261 IP 192.168.1.201 > 210.28.164.2: ICMP echo request, id 52941, seq 1180, length 8
20:59:18.514352 IP 192.168.1.201.33273 > 210.28.164.2.http: . ack 4096196894 win 3072
20:59:18.514408 IP 210.28.164.2 > 192.168.1.201: ICMP echo reply, id 52941, seq 1180, length 8
```

以上监听结果显示，虽然在本地内部子网之间有产生通信信息，但是，TCPdump 监听主机只监听本地内部子网和外网的通信数据包。

5. 用 TCPdump 监听不同协议数据包

(1) 监听 ICMP 报文

ICMP(Internet Control Messages Protocol，网间控制报文协议)允许主机或路由器报告差错情况和提供有关异常情况的报告。因此，我们常常通过监听网络上主机或路由收发 ICMP 报文的情况来获取针对网络层的错误诊断、拥塞控制、路径控制和查询服务等方面的信息。例如，在 TCPdump 监听主机上监听网络上的 ICMP 报文，执行命令如下所示：

```
[root@net ~]# tcpdump icmp
```

在 TCPdump 监听主机上对目标主机 192.168.1.201 进行 Ping 主机扫描，执行命令如下所示：

```
[root@tcpdump ~]# ping -c 1 192.168.1.201
```

这时，可以在 TCPdump 监听主机上观察到以下监听结果：

```
[root@tcpdump ~]# tcpdump icmp
tcpdump: verbose output suppressed, use or -vv for full protocol decode
listening on peth0, link-type EN10MB (Ethernet), capture size 96 bytes
```

```
09:08:28.042767 IP 192.168.1.110 > 192.168.1.201: ICMP echo request, id 9547, seq 1, length 64
09:08:28.048304 IP 192.168.1.201 > 192.168.1.110: ICMP echo reply, id 9547, seq 1, length 64
```

从以上扫描结果可以看出,TCPdump 监听主机 192.168.1.110 捕获两个报文。其中,第一个报文的"192.168.1.110 > 192.168.1.201"信息表示该报文是由主机 192.168.1.110 发往主机 192.168.1.201,"ICMP echo request"表示该报文为 ICMP 报文,其类型为"echo request",其报文 ID 为 9547,报文的序号为 1,报文的长度为 64。第二个报文的"192.168.1.201 > 192.168.1.110"信息表示该报文是由主机 192.168.1.201 发往主机 192.168.1.110,"ICMP echo reply"表示该报文为 ICMP 报文,其类型为"echo reply",说明该报文是对第一个 ICMP echo 请求报文的响应。同样,该报文 ID 为 9547,报文的序号为 1,报文的长度为 64。

(2) 监听 ARP 报文

ARP(Address Resolution Protocol,地址解析协议)是位于 TCP/IP 协议栈中的低层协议,它负责将某个 IP 地址解析成对应的以太网 MAC 地址。ARP 协议工作时,发出一个含有所希望的 IP 地址的以太网广播数据包。以太网内的所有主机收到该广播数据包后,拥有该 IP 地址的主机将发送一个含有 IP 和以太网 MAC 地址对应的数据包作为应答。通过监听网络上 ARP 包可以获知有哪些主机在发送 ARP 请求,哪些主机在响应 ARP 请求。例如,在 TCPdump 监听主机上监听网络上的 ARP 报文,执行命令如下所示:

```
[root@tCPdump ~]# tcpdump arp
```

在 TCPdump 监听主机上对目标主机 192.168.1.201 进行 arping 主机扫描,执行命令如下所示:

```
[root@tCPdump ~]# arping -c 1 192.168.1.201
```

这时,可以在 TCPdump 监听主机上观察到以下监听结果:

```
[root@tCPdump ~]# tcpdump arp
tcpdump: verbose output suppressed, use -v or -vv for full protocol decode
listening on peth0, link-type EN10MB (Ethernet), capture size 96 bytes
13:09:57.633509 arp who-has 192.168.1.201 (Broadcast) tell 192.168.1.110
13:09:57.636861 arp reply 192.168.1.201 is-at 00:09:73:4b:aa:ea (oui Unknown)
```

从以上扫描结果可以看出,TCPdump 监听主机捕获两个报文。其中,第一个报文说明主机 192.168.1.110 发出一个 ARP 报文询问主机 192.168.1.201 的以太网 MAC 地址。在第二个报文中,主机 192.168.1.201 用它的以太网 MAC 地址"00:09:73:4b:aa:ea"作应答。

如果用 tcpdump -e arp,可以看到实际上第一个报文是广播报文,第二个报文是点到点报文。

```
[root@tcpdump ~]# tcpdump -e arp
13:24:38.203449 50:78:4c:48:95:c3 (oui Unknown) > Broadcast, ethertype ARP (0x0806), length
60: arp who-has 192.168.1.201 (Broadcast) tell 192.168.1.110
13:24:38.203519 00:09:73:4b:aa:ea (oui Unknown) > 50:78:4c:48:95:c3 (oui Unknown),
ethertype ARP (0x0806), length 42: arp reply 192.168.1.201 is-at 00:09:73:4b:aa:ea (oui
Unknown)
```

这里，第一个报文指出以太网源地址是 TCPdump 监听主机的 MAC 地址“50:78:4c:48:95:c3”，目的地址是以太网广播地址，类型域为 16 进制数 0806(类型 ETHER_ARP)，报文全长 64 字节。

(3) 监听 TCP 报文

TCP 是 TCP/IP 协议栈的传输层中最为重要的协议之一，它提供了端到端的可靠数据流，同时，很多应用层协议(如 HTTP、FTP、SSH 等)都是将 TCP 作为传输层的通信协议。因此，TCP 的匹配非常重要。例如，在 TCPdump 监听主机上监听网络上基于 TCP 协议的 FTP 报文，可以执行以下命令：

```
[root@tcpdump ~]# tcpdump tcp and port 21
```

首先，将 Linux 目标主机(图 6.3.1)的主机名设置为 host4，操作命令如下所示：

```
[root@localhost ~]# hostname host4
[root@localhost ~]# exit
```

退出系统，并重新登录。然后，将 Linux 目标主机的 IP 地址设置为 192.168.1.204，操作命令如下所示：

```
[root@host2 ~]# ifconfig eth0 192.168.1.204
[root@host2 ~]# route add default gw 192.168.1.2
```

接着，在 IP 地址为 192.168.1.204 的主机上创建帐户“tom”，并设置密码“tom.cn”，操作命令如下所示：

```
[root@host4 ~]# useradd tom
[root@host4 ~]# passwd tom
Changing password for user tom.
New UNIX password: tom.cn
Retype new UNIX password: tom.cn
passwd: all authentication tokens updated successfully.
```

然后，启动 FTP 服务器，操作命令如下所示：

```
[root@host4 ~]# service vsftpd start
为 vsftpd 启动 vsftpd:[确定]
```

最后，在 TCPdump 监听主机上用“tom/tom.cn”的帐户/密码连接 FTP 服务器 192.168.1.204，操作命令如下所示：

```
[root@tcpdump ~]# ftp 192.168.1.204
Connected to 192.168.1.204.
220 (vsFTPd 2.0.5)
530 Please login with USER and PASS.
KERBEROS_V4 rejected as an authentication type
Name (192.168.1.204:root): tom
331 Please specify the password.
Password:tom.cn
230 Login successful.
Remote system type is UNIX.
Using binary mode to transfer files.
ftp>
```

这时，可以在 TCPdump 监听主机上观察到以下监听结果：

```
[root@tcpdump ~]# tcpdump tcp and port 21
tcpdump: verbose output suppressed, use -v or -vv for full protocol decode
listening on peth0, link-type EN10MB (Ethernet), capture size 96 bytes
13:51:06.805888 IP 192.168.1.110.41239 > 192.168.1.204.ftp: S 1673728762:1673728762(0) win
5840 <mss 1460,sackOK,timestamp 14612794 0,nop,wscale 7>
13:51:06.805963 IP 192.168.1.204.ftp > 192.168.1.110.41239: S 1160377427:1160377427(0) ack
1673728763 win 5792 <mss 1460,sackOK,timestamp 587652713 14612794,nop,wscale 7>
13:51:06.806011 IP 192.168.1.110.41239 > 192.168.1.204.ftp: . ack 1 win 46 <nop,nop,
timestamp 14612794 587652713>
...
```

从以上扫描结果可以看出，第一个数据包表明 TCPdump 监听主机向服务器 192.168.1.204 的 FTP 端口发起 TCP 的 SYN 连接请求；第二个数据包表明服务器 192.168.1.204 通过向 TCPdump 监听主机回复一个 SYN/ACK 的 TCP 包，响应 TCP 连接请求；第三个数据包表明 TCPdump 监听主机发送一个 TCP ACK 包回复服务器 192.168.1.204 的 TCP SYN/ACK 包。这样，监听主机和 FTP 服务器之间建立起一个 TCP 连接，并可以继续进行下一步的 FTP 帐户/密码认证通信。

(4) 监听 UDP 报文

UDP 同样是 TCP/IP 协议栈里面最为重要的协议之一，它是一种无连接的非可靠的用户数据报。采用 UDP 作为传输层通信协议的应用协议包括 DNS、DHCP 等。UDP 的主要特征同样是端口，如果想匹配 DNS 的通信数据，那只需指定匹配端口为 53 的条件即可。例如，在 TCPdump 监听主机上监听网络上基于 UDP 的 DNS 报文，操作命令如下所示：

```
[root@tcpdump ~]# tcpdump udp and port 53
```

在 TCPdump 监听主机上查询域名 www.cslg.cn 的 IP 地址，操作命令如下所示：

```
[root@tcpdump ~]# nslookup www.cslg.cn
Server:         61.155.18.30
```

```
Address:        61.155.18.30#53
Name:           www.cslg.cn
Address:        61.155.18.12
```

这时，可以在监听主机 192.168.1.110 上观察到以下监听结果：

```
[root@ntcpdumpt ~]# tcpdump udp and port 53
tcpdump: verbose output suppressed, use -v or -vv for full protocol decode
listening on peth0, link-type EN10MB (Ethernet), capture size 96 bytes
14:22:34.394232 IP 192.168.1.110.32808 > DNS.cslg.cn.domain: 48446+ A? www.cslg.cn. (29)
14:22:34.395059 IP DNS.cslg.cn.domain > 192.168.1.110.32808: 48446 * 1/1/1 A 61.155.18.12
(79)
...
```

从以上扫描结果可以看出，监听主机捕获了两个数据包。其中，第一个数据包表明 TCPdump 监听主机向域名服务器 dns.cslg.cn 的 domain(53)端口发送一个包含有 www.cslg.cn 域名信息的 DNS 查询数据包。第二个数据包表明 DNS 服务器 dns.cslg.cn 向 TCPdump 监听主机响应了一个 DNS 查询响应的数据包，该数据包包含有 www.cslg.cn 域名的 IP 地址(即 61.155.18.12)信息。

6. 用 TCPdump 诊断 ARP 风暴

ARP 攻击包括 ARP 扫描和 ARP 欺骗两类。ARP 风暴属于前者，它是指由于病毒作用，导致主机向整个网络内广播大量 ARP 请求，耗尽带宽资源，使网络瘫痪的现象，它往往是 ARP 欺骗的前兆，用于破坏网络连接、盗取他人网络账号。通过 TCPdump 网络监听工具能诊断局域网中产生的 ARP 风暴，具体操作步骤如下：

(1) 监听 ARP 包

用"tcpdump arp"命令可以监听网络内部广播的所有数据包，监听结果中包含数据发送方 MAC 地址、ARP 请求方 IP 地址等其他信息。例如，在 TCPdump 监听主机上用以下命令监听网络地址为 192.168.1.0/24 的局域网内的 ARP 广播包。

```
[root@tcpdump ~]# tcpdump arp net 192.168.1.0/24
```

(2) ARP 扫描

如果网络中有主机中木马或病毒，或执行了 ARP 扫描，该主机则会发送大量的 ARP 请求包。例如，局域网上的扫描主机上 192.168.1.202 用 Nmap 对本局域网进行了 ARP 扫描，操作步骤如下所示。

首先，将 Linux 目标主机(图 6.3.1)的主机名设置为 host2，操作命令如下所示：

```
[root@localhost ~]# hostname host2
[root@localhost ~]# exit
```

退出系统，并重新登录。然后，将 Linux 目标主机的 IP 地址设置为 192.168.1.202，操作命令如下所示：

```
[root@host2 ~]# ifconfig eth0 192.168.1.202
[root@host2 ~]# route add default gw 192.168.1.2
```

最后，在 IP 地址为 192.168.1.202 的主机上进行 ARP 扫描，操作命令如下所示：

```
[root@host2 ~]# nmap -sP -PR 192.168.1.0/24
```

(3) 观察监听结果

在 TCPdump 监听主机上可以看到以下监听结果。

```
[root@net ~]# tcpdump arp net 192.168.1.0/24
...
21:47:34.483171 arp who-has 192.168.1.0 (Broadcast) tell 192.168.1.202
21:47:34.483213 arp who-has 192.168.1.1 (Broadcast) tell 192.168.1.202
21:47:34.483224 arp who-has 192.168.1.2 (Broadcast) tell 192.168.1.202
21:47:34.483236 arp who-has 192.168.1.3 (Broadcast) tell 192.168.1.202
21:47:34.483305 arp who-has 192.168.1.4 (Broadcast) tell 192.168.1.202
21:47:34.583832 arp who-has 192.168.1.0 (Broadcast) tell 192.168.1.202
21:47:34.583873 arp who-has 192.168.1.2 (Broadcast) tell 192.168.1.202
21:47:34.583879 arp who-has 192.168.1.3 (Broadcast) tell 192.168.1.202
21:47:34.693783 arp who-has 192.168.1.62 tell 192.168.1.202
...
```

从以上监听结果可以看到，IP 地址为 192.168.1.202 发送了大量的 ARP 请求包。在实际网络环境中，如果 TCPdump 监听发现了某个或多个固定 MAC 地址的主机连续发送大量请求广播，并得到回应，则其有可能为 ARP 风暴源，因此需要对此主机进行物理隔离，进行进一步的检测、分析和判断。

7. 用 TCPdump 监听 Telnet 帐户/密码信息

(1) Telnet 服务器设置

首先，将 Linux 目标主机(图 6.3.1)的主机名设置为 host2，操作命令如下所示：

```
[root@localhost ~]# hostname host2
[root@localhost ~]# exit
```

退出系统，并重新登录。然后，将 Linux 目标主机的 IP 地址设置为 192.168.1.202，操作命令如下所示：

```
[root@host2 ~]# ifconfig eth0 192.168.1.202
[root@host2 ~]# route add default gw 192.168.1.2
```

接着，关闭防火墙，操作命令如下所示：

```
[root@host3 ~]# service iptables stop
```

然后，检查 Telnet 服务是否安装，操作命令如下所示：

```
[root@host3 ~]# rpm -qa telnet-server
```

如果 Linux 系统没有装 Telnet 服务器，通过以下命令进行安装：

```
[root@host3 ~]# rpm -ivh telnet-server-0.17-38.el5.i386.rpm
warning: telnet-server-0.17-38.el5.i386.rpm: Header V3 DSA signature: NOKEY, key ID 82fd17b2
Preparing... ########################################## [100%]
1:telnet-server ########################################## [100%]
```

接着，启动 Telnet 服务器，操作命令如下所示：

```
[root@host3 ~]# chkconfig telnet on
[root@host3 ~]# service xinetd restart
停止 xinetd:[确定]
启动 xinetd:[确定]
```

最后，添加 Telnet 登录帐户“cs”，并设置密码“lg”，操作命令如下所示：

```
[root@ host3 ~]# useradd cs
[root@ host3 ~]# passwd cs
Changing password for user cs.
New UNIX password:lg
Retype new UNIX password:lg
passwd: all authentication tokens updated successfully.
[root@host3 ~]#
```

（2）监听 23 端口

由于 Telnet 远程登录协议在进行身份认证时，帐户/密码是以明文的方式传输的。因此，可以利用 TCPdump 监听工具监听网络上的 Telnet 数据包，获取其传输的帐户/密码信息。例如，在网络地址为 192.168.1.0/24 的局域网中，TCPdump 监听主机执行以下监听命令：

```
[root@tcpdump ~]# tcpdump -w telnet.pw port 23
```

以上监听命令中的“port 23”选项表示检测 Telnet 端口 23 的数据，而过滤掉其他数据。“-w telnet.pw”选项表示检测到的数据不直接送到标准输出，而是将它们存到文件名为“telnet.pw”的文件中。

（3）客户机登录 Telnet 服务器

当网络上有其他主机登录 Telnet 服务器时，例如，IP 地址为 192.168.1.110 的客户机通过帐户和密码分别是“cs”和“lg”的用户登录到 IP 地址为 192.168.1.203 的 Telnet 服务器，操作命令如下所示：

```
[root@tcpdump ~]# telnet 192.168.1.203
Trying 192.168.1.203...
```

```
Connected to 192.168.1.203 (192.168.1.203).
Escape character is '^]'.
Red Hat Enterprise Linux Server release 5.1 (Tikanga)
Kernel 2.6.18-53.el5xen on an i686
login: cs
Password: lg
Last login: Wed May 19 21:48:41 from 192.168.1.201
[ldg@host1 ~]$
```

这时，TCPdump 监听主机 192.168.1.110 就可以获取发往 Telnet 服务器 23 端口的数据包。这些数据包将会保存到文件名为“telnet.pw”的文件中，该文件以二进制格式存储。

（4）数据解析

步骤(3)的通信数据将被步骤(2)的监听所捕获。为了便于阅读，需要将“telnet.pw”文件转换成 ASCII 格式，操作命令如下所示：

```
[root@tcpdump ~]# tcpdump -v -x -r telnet.pw > telnet.pw.txt
```

该命令中，“-v”选项表示输出详细信息。“-r telnet.pw”表示从“telnet.pw”文件中读数据，不用到网卡上读数据。“-x”表示数据以左边是十六进制，右边是 ASCII 码的格式显示，“> telnet.pw.txt”表示将结果输出到“telnet.pw.txt”文件中。

（5）查阅帐户/密码信息

用 vi 命令打开“telnet.pw.txt”文件，查阅用户名和密码，显示内容如下所示：

```
[root@tcpdump ~]# vi telnet.pw.txt
...
16:19:36.907241 IP (tos 0x10, ttl 64, id 23067, offset 0, flags [DF], proto: TCP (6), length: 53)
192.168.1.110.44610 > 192.168.1.203.telnet: P, cksum 0xf25c (correct), 83:84(1) ack 153 win 46
<nop,nop,timestamp 16877237 181971287>
    0x0000: 4510 0035 5a1b 4000 4006 4654 0a1c 4307      E..5Z.@.@.FT..C.
    0x0010: 0a1c 4305 ae42 0017 9eb7 dfe7 12c4 0b42      ..C..B........B
    0x0020: 8018 002e f25c 0000 0101 080a 0101 86b5      .....\..........
    0x0030: 0ad8 a957 63                                 ...Wc
16:19:37.223801 IP (tos 0x10, ttl 64, id 23069, offset 0, flags [DF], proto: TCP (6), length: 53)
192.168.1.110.44610 > 192.168.1.203.telnet: P, cksum 0xde40 (correct), 84:85(1) ack 154 win
46 <nop,nop,timestamp 16877314 181972260>
    0x0000: 4510 0035 5a1d 4000 4006 4652 0a1c 4307      E..5Z.@.@.FR..C.
    0x0010: 0a1c 4305 ae42 0017 9eb7 dfe8 12c4 0b43      ..C..B........C
    0x0020: 8018 002e de40 0000 0101 080a 0101 8702      .....@..........
    0x0030: 0ad8 ad24 73                                 ...$s
...
16:19:39.092592 IP (tos 0x10, ttl 64, id 23074, offset 0, flags [DF], proto: TCP (6), length: 53)
192.168.1.110.44610 > 192.168.1.203.telnet: P, cksum 0xe003 (correct), 87:88(1) ack 167 win
46 <nop,nop,timestamp 16877782 181973117>
```

```
    0x0000:  4510 0035 5a22 4000 4006 464d 0a1c 4307         E..5Z"@.@.FM..C."
    0x0010:  0a1c 4305 ae42 0017 9eb7 dfeb 12c4 0b50         ..C..B........P
    0x0020:  8018 002e e003 0000 0101 080a 0101 88d6         ................
    0x0030:  0ad8 b07d 6c                                    ...}l
16:19:39.757616 IP (tos 0x10, ttl 64, id 23075, offset 0, flags [DF], proto: TCP (6), length: 53)
192.168.1.110.44610 > 192.168.1.203.telnet: P, cksum 0xdf02 (correct), 88:89(1) ack 167 win 46
<nop,nop,timestamp 16877949 181974486>
    0x0000:  4510 0035 5a23 4000 4006 464c 0a1c 4307         E..5Z#@.@.FL..C.
    0x0010:  0a1c 4305 ae42 0017 9eb7 dfec 12c4 0b50         ..C..B........P
    0x0020:  8018 002e df02 0000 0101 080a 0101 897d         ...............}
    0x0030:  0ad8 b5d6 67                                    ....g
...
```

从以上显示内容可以看出，帐户“cs”的每个字符分别存在一个数据包中，密码“lg”的两个字符分别存在另外两个数据包中。这是由于 Telnet 协议在发送帐户和密码的时候，将帐户和密码拆开成一个字符一个字符的发送。

8. 用 TCPdump 监听 SSH 通信

参考实验内容 7，用同样的方式监听基于 SSH 的帐户/密码信息以及传输的数据信息，并观察、比较、分析监听结果。

【实验报告】

(1) 请回答实验目的中的思考题。

(2) 说明 TCPdump 的功能和作用。

(3) 举例说明使用 TCPdump 监听本地主机。

(4) 举例说明使用 TCPdump 监听目标主机。

(5) 举例说明使用 TCPdump 监听整个局域网。

(6) 举例说明使用 TCPdump 监听进行不同协议类型数据包。

(7) 举例说明 TCPdump 监听器在网络安全中的应用实例，及其操作步骤。

(8) 请用 TCPdump 监听 SSH 通信的帐户/密码信息，以及传输的数据信息，并观察、比较、分析监听结果。

(9) 在交换模式的局域网中如何进行网络监听(选做)？

(10) 请自己设计实现一个网络监听软件(选做)。

(11) 请谈谈你对本实验的看法，并提出你的意见或建议。

实验 6.2 Wireshark 网络监听实验

【实验目的】

(1) 进一步学习和理解网络监听原理及技术。
(2) 学习和掌握 Wireshark 网络监听工具的基本使用方法。
(3) 利用 WireShark 学习和分析 TCP/IP 协议。
(4) 学习和掌握如何利用 Wireshark 进行网络安全监测与分析。
(5) 思考:
① 什么是 Wireshark?
② Wireshark 有哪些功能特点?
③ Wireshark 有哪些过滤功能?

【实验原理】

1. 网络监听技术

参见实验 6.1。

2. Wireshark 网络监听工具

(1) Wireshark 简介

Wireshark 是一款开源网络数据包监听与分析软件,其官方网站为 http://www.wireshark.org/。Wireshark 可以实时监听抓取网络通讯数据,并逐条详细地显示数据包内容,从而实现数据包的协议分析。此外,Wireshark 拥有许多强大的特性,包含有强显示过滤器语言和查看 TCP 会话重构流的能力。另外,它支持上百种协议和媒体类型。

(2) Wireshark 特性与功能

Wireshark 作为一款优秀的网络监听工具,它支持多种网络监听技术,并提供了多种高级功能和特性。表 6.2.1 列出了 Wireshark 的功能特性。

表 6.2.1 Wireshark 功能特性

功能特性	描　述
跨平台	支持 Unix 和 Windows 平台。
显示详细丰富	能详细显示数据包的详细协议信息,并通过过滤以多种色彩显示数据包。
协议解码	可以支持许多协议的解码。
多格式输入	可以导入其他捕捉程序支持的包数据格式。

（续表）

功能特性	描　　述
多格式输出	可以将捕捉文件输出为多种其他捕捉软件支持的格式
过滤功能	可以通过多种方式过滤数据包
搜索功能	多种方式查找包
统计分析	创建多种统计分析

（3）Wireshark 程序界面

运行 WireShark 程序时，其图形用户界面如图 6.2.1 所示。

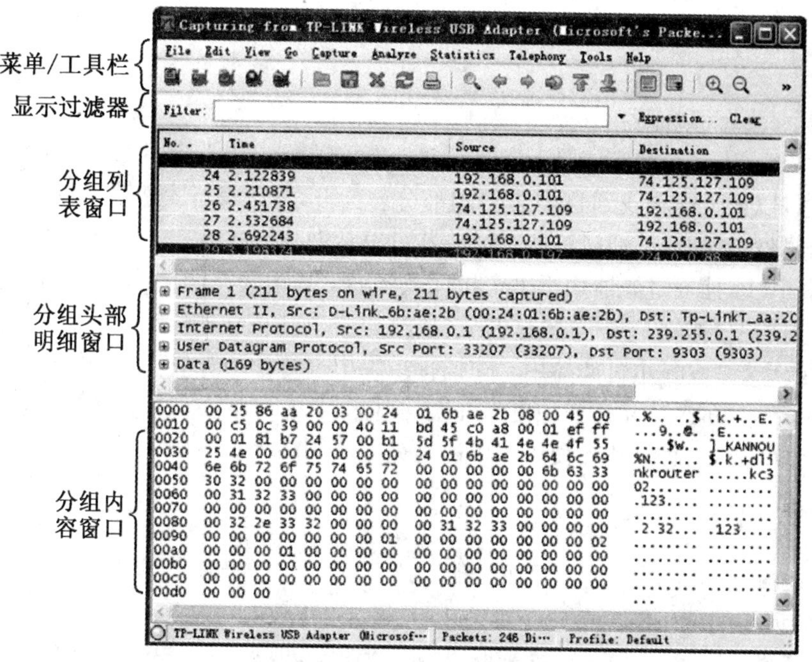

图 6.2.1　Wireshark 用户界面

从图 6.2.1 可以看出，WireShark 的程序界面主要有五个组成部分：

● 命令菜单/工具栏（Command Menus）：命令菜单位于窗口的最顶部，是标准的下拉式菜单。最常用菜单命令有两个：File 和 Capture。File 菜单允许保存捕获的数据包或打开一个已被保存的捕获数据包文件或退出 WireShark 程序；Capture 菜单用于设置并开始捕获分组数据操作。

● 显示过滤器窗口（Display Filter Specification）：当分组列表窗口中显示的内容很多时，可以在显示过滤器中输入过滤表达式来过滤不需要显示的数据包。

● 捕获分组列表窗口(Listing of Captured Packets):该窗口按行显示已被捕获的数据包,包括 WireShark 赋予的数据包序号、捕获时间、数据包的源地址和目的地址、协议类型、数据包中所包含的协议说明信息。单击某一列的列名,可以使数据包按指定列进行排序。

● 分组头部明细窗口(Details of Selected Packet Header):该窗口显示捕获分组列表窗口中被选中数据包的头部详细信息,包括与以太网帧有关的信息、与包含在该分组中的 IP 数据报有关的信息。单击以太网帧或 IP 数据报所在行左边的向右或向下的箭头可以展开或最小化相关信息。此外,如果利用 TCP 或 UDP 承载分组,WireShark 也会显示 TCP 或 UDP 协议头部信息。最后,数据包应用层协议(如 HTTP 等)的头部字段也会显示在此窗口中。

● 分组内容窗口(Packet Content):以 ASCII 码和十六进制两种格式显示被捕获数据的完整内容。

(4) Wireshark 过滤器

由于 Wireshark 在默认情况下能监听并捕获网络接口上所有的数据包,因此会得到大量冗余信息,以至于很难找到自己需要的部分。为此,Wireshark 提供了两个过滤器,即捕捉过滤器和显示过滤器。通过这两个过滤器可以帮助我们在庞杂的结果中迅速找到我们需要的信息。其中,捕捉过滤器用于决定将什么样的信息记录在捕捉结果中,其需要在开始捕捉前设置。捕捉过滤器是数据经过的第一层过滤器,它用于控制捕捉数据的数量,以避免产生过大的记录文件。显示过滤器用于在捕捉结果中进行详细查找。它们可以在得到捕捉结果后随意修改,显示过滤器是一种更为强大的过滤器,它允许在记录文件中迅速准确地找到所需要的记录。这两种过滤器使用的语法是完全不同的。

【实验环境】

1. 实验配置

本实验所需的软硬件配置如表 6.2.2 所示。

表 6.2.2 实验配置

配 置	描 述
硬件	CPU:Intel Core i7 4790 3.6GHz;主板:Intel Z97;内存:8G DDR3 1333
系统	Windows;Linux
应用软件	Vmware Workstation;Wireshark ;TCPdump;Nmap;Vsftpd;Bind;Telnet;Openssh

2. 实验环境网络拓扑

本实验的网络环境拓扑如图 6.2.2 所示。

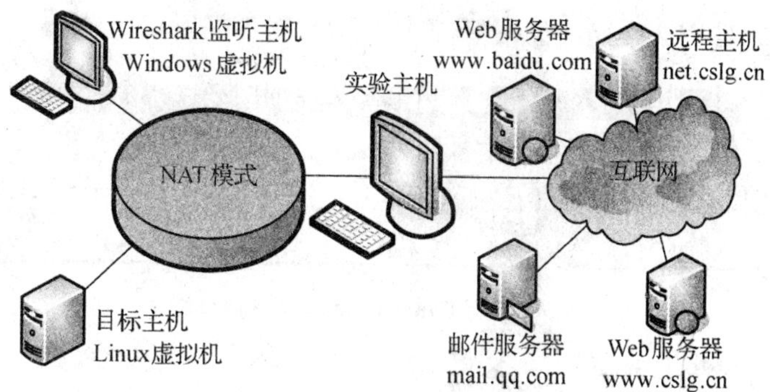

图 6.2.2　Wireshark 安全监听实验网络环境

【实验内容】

(1) Wireshark 基本操作。
(2) 分片扫描检测。
(3) 监听 FTP 帐户/密码。
(4) 导入分析 TCPdump 数据。
(5) 用 Wireshark 诊断 ARP 风暴。

【实验步骤】

1. Wireshark 基本操作

(1) 运行 Wireshark

在 Windows 平台下启动运行 Wireshark。例如，在 Wireshark 监听主机上双击安装好的 Wireshark 可执行文件"wireshark. exe"，弹出 Wireshark 操作界面。

(2) 选择需要监听的网络设备

如果监听主机具有多个活动网卡时，Wireshark 需要选择其中一个用来发送或接收分组的网络接口。在 WireShark 操作窗口的菜单中，选择"Capture→Interfaces"选项，如图 6.2.3所示。

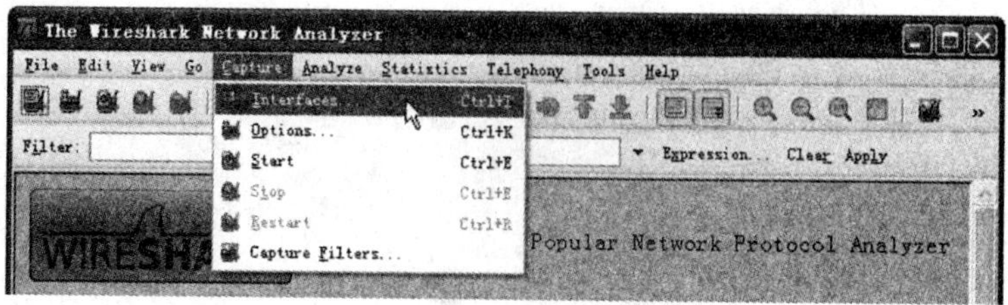

图 6.2.3　Capture → Interfaces 菜单选项

在弹出的对话框中选择监听的网卡，如图 6.2.4 对话框所示。

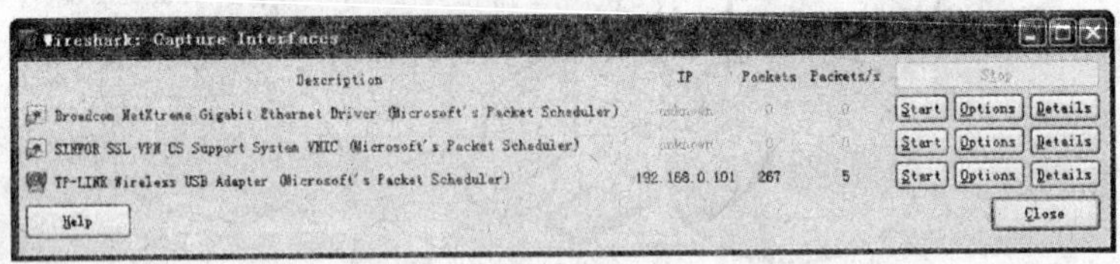

图 6.2.4　Capture Interface 对话框

(3) 开始监听数据包

在图 6.2.4 所示对话框的所选网卡设备处(如 Broadcom NetXtreme Gigabit Ethernet Driver)，点击对应的“Start”按钮。监听主机开始监听并捕获数据包。

(4) 产生网络数据

在监听主机上打开 IE 浏览器浏览某网站的主页，例如 www.cslg.cn。

(5) 停止监听

当页面完全显示完后，点击菜单的“Capture→Stop”选项，如图 6.2.5 所示，停止监听并捕获数据包。

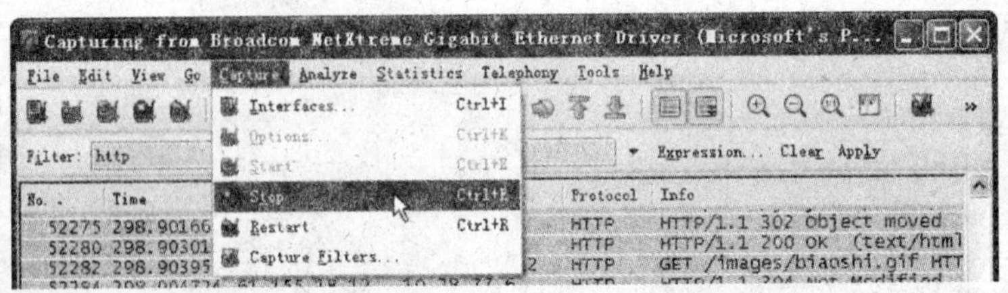

图 6.2.5　Capture → Stop 菜单选项

(6) 观察 Wireshark 监听运行结果

从 Wireshark 操作界面的“分组列表”窗口中可以看到 Wireshark 捕获的数据包。列表中的每行显示捕捉文件的一个数据包，如图 6.2.6 所示。

(7) 分析 Wireshark 监听结果

如果选择其中一行，则该包的详细信息会显示在“分组头部明细”和“分组内容”窗口中。例如，选中被捕获的第二个数据包(如图 6.2.6 所示)，在详细信息窗口中逐层观察各协议层的详细信息。例如，分析 Ethernet 帧中的结构以及各项信息的含义。

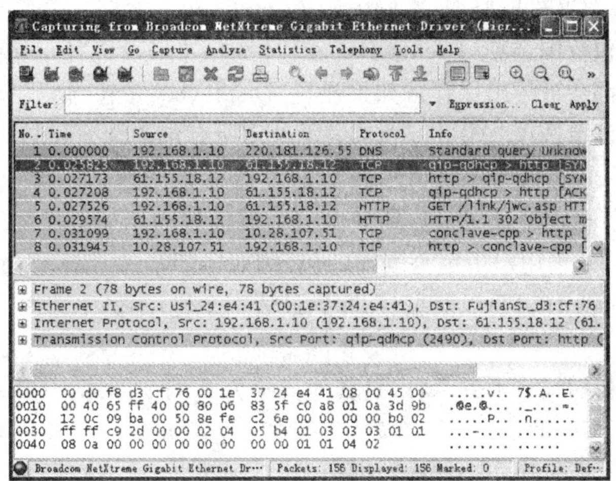

图 6.2.6 监听结果

(8) 保存监听结果

如果需要把监听结果保存起来,可以选择"File"菜单中的"Save"保存捕获信息,或者选择"File"菜单中的"Save as…"将捕获信息保存为其他文件格式,如图 6.2.7 所示。

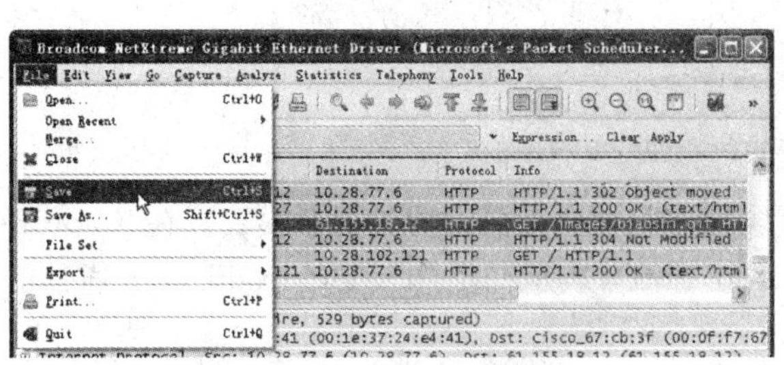

图 6.2.7 保存菜单选项

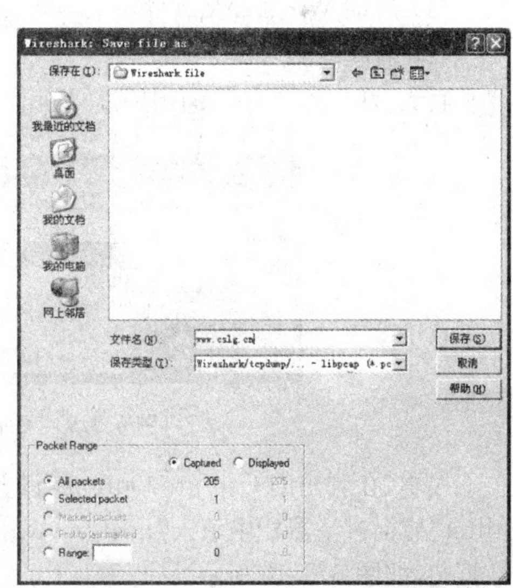

图 6.2.8 保存监听结果对话框

弹出如图 6.2.8 所示的对话框。

在图 6.2.8 的对话框中可以执行如下操作:① 输入指定的文件名,本例中文件名为"www.cslg.cn";② 选择保存目录,本例中选择"E:\Wireshark.file";③ 通过点击"保存类型”下拉列表指定保存文件的格式，本例中选择 tcpdump 兼容格式文件类型；④ 选择保存包的范围。其中，在“包范围选项（Packet Range）”栏中，如果设置“Captured”按钮，则所有被输出规则选中的包都会被导出保存。如果设置“Displayed”按钮，则只有显示中的包被规则选中才会导出保存。单选项“All packets”表示处理所有包，“Selected packet only”表示仅处理被选中的包，“Marked packets only”表示处理被标记的包，“From first to last marked packet”表示处理第一个被标记的包，到最后一个被标记的包加上之间的所有包。“Specify a packet range”表示处理用户指定范围内的包，例如“5,50 - 15,20 -”会处理编号为 5，编号 10 - 15 之间的包（包括 10,15）以及编号 20 到最后一个包，本例中选择“All packets”。

2. 分片扫描检测

分片扫描是隐蔽扫描技术的一种，是其他扫描方式的变形体，其基本原理是 IP 分片原理。与 IP 分片过程不同的是，分片扫描通常是在发送端人为地将 IP 分组分片，分片的长度也可由发送端控制。在发送一个扫描数据分组时，通过将 IP 分组数据段中的 TCP 报头分为若干小段，放入不同的 IP 分片中，再通过重叠乱序等特殊方法使每个分片都不含有敏感信息。这就使得一些防护系统因无法正确重组而不能有效地阻止攻击，目标主机则可正常重组，实现隐蔽的网络扫描。下面，我们将进行如何通过 Wireshark 实现对分片扫描监听的实验。

（1）启动 Wireshark 软件

（2）监听设置

首先，在“Capture”菜单中选择“Options”菜单选项，如图 6.2.9 所示。

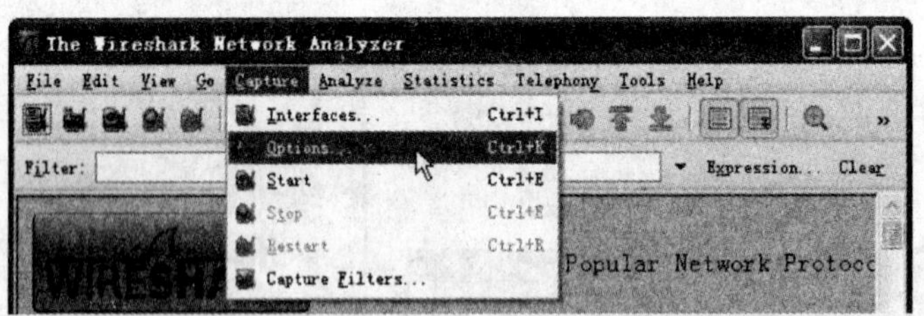

图 6.2.9 Capture → Option 菜单选项

接着，在弹出的 Capture Options 设置窗口中将捕获参数设置为混杂模式。在“Capture Filter”捕捉过滤器栏中填入“host www. baidu. com”，表示捕捉和 www. baidu. com 通信的数据包，如图 6.2.10 所示。

（3）启动监听

点击图 6.2.10 的“Start”按钮，开始捕获数据包。

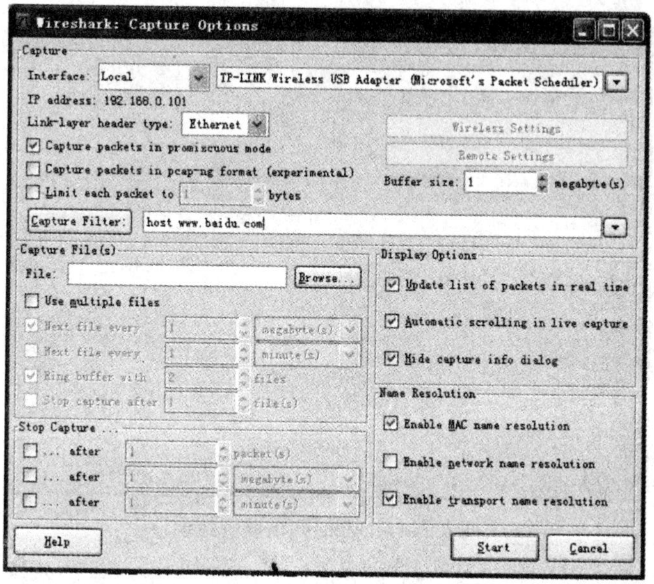

图 6.2.10　Capture Options 对话框主机过滤设置

(4) 执行 Ping 主机扫描

在监听主机的命令提示符窗口中执行 Ping 命令进行主机扫描。例如，对 www. baidu. com 主机用 Ping 发送一个默认大小(32 Bytes)的 ICMP 请求包进行主机扫描，执行如图 6.2.11 所示的命令。

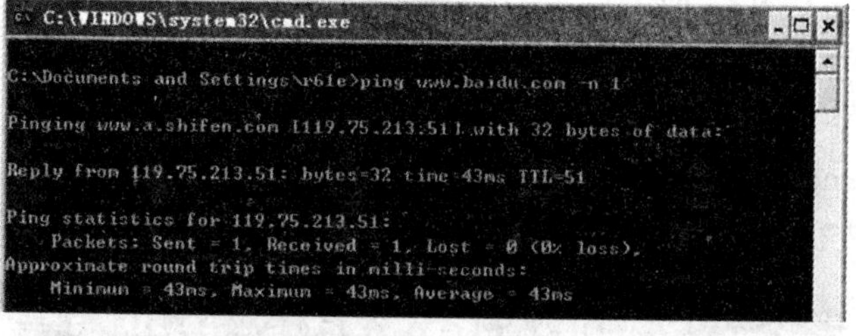

图 6.2.11　Ping 扫描

(5) 停止监听

当图 6.2.11 扫描结束后，点击 Wireshark 菜单的“Capture →Stop”选项(如图 6.2.5 所示)，停止监听并捕获数据包。

(6) 查看监听结果

从 Wireshark 的操作界面的“分组列表”窗口中可以看到 Wireshark 捕获的数据包，如图 6.2.12 所示。

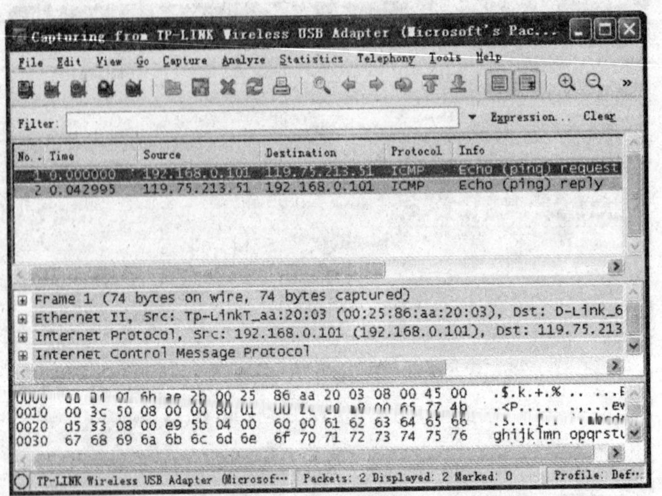

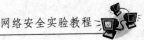

图 6.2.12　Ping 扫描监听结果

从图 6.2.12 中可以看出，Wireshark 监听到两个数据包。第一个是由监听主机 192.168.1.10 发向目标主机 119.75.213.51 的 ICMP Echo Request 包；第二个是由目标主机 119.75.213.51 发向监听主机 192.168.1.10 的 ICMP Echo Reply 包，该数据包是对第一个包的响应。

(7) 分析 IP 数据包的结构以及各项信息的含义

选中被捕获的 ICMP 协议数据包，在详细信息窗口中观察并记录 IP 数据包的详细信息，分析说明这些信息的含义。

(8) 执行 ping 主机分片扫描

重复步骤(2)和(3)，Wireshark 重新开始捕获数据包。然后，在监听主机的命令提示符窗口中用同样的 Ping 命令向 www.baidu.com 主机发送一个大小为 2000 Bytes 的 ICMP 请求包，对该主机进行主机扫描，执行命令，如图 6.2.13 所示。

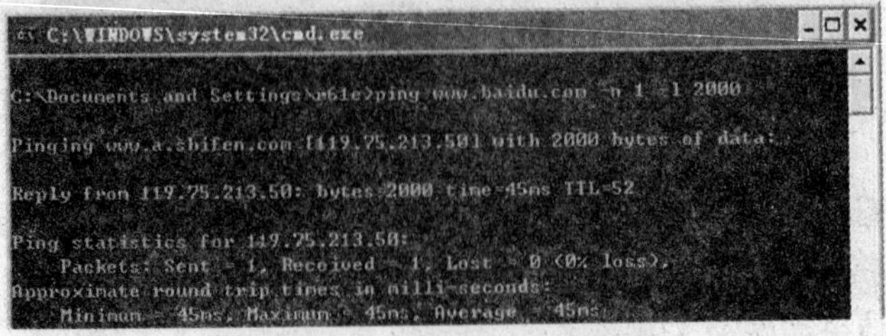

图 6.2.13　Ping 分片扫描

当 Ping 命令执行完后，点击 Wireshark 操作界面“工具栏”中的“”停止按钮，停止监听捕获数据。

(9) 查看监听结果

从 Wireshark 操作界面的“分组列表”窗口中可以看到 Wireshark 捕获的数据包，如图 6.2.14 所示。

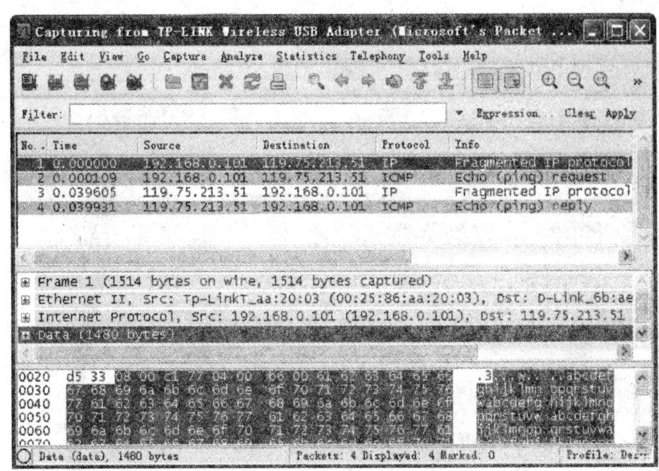

图 6.2.14　Ping 分片扫描监听结果

从图中可以看出，Wireshark 监听并捕捉到四个数据包。其中，第一个是第二个 ICMP 包的 IP 分片数据包。这是由于 ICMP 包的大小(2000 Bytes)超过了以太网 MTU 值，因此在 IP 层对 ICMP Echo Request 数据包进行分片发送。同样，目标主机 119.75.213.51 回复的 ICMP Echo Reply 数据包也进行了分片发送。

(10) 执行 Nmap 分片扫描

点击 Wireshark 操作界面“工具栏”中的“”开始按钮，重新开始捕获数据包。然后，在监听主机 192.168.1.10 的命令提示符窗口中用 Nmap 工具对目标主机 www.baidu.com 的 80 端口采用 TCP SYN 方式进行分片端口扫描，执行命令，如图 6.2.15 所示。

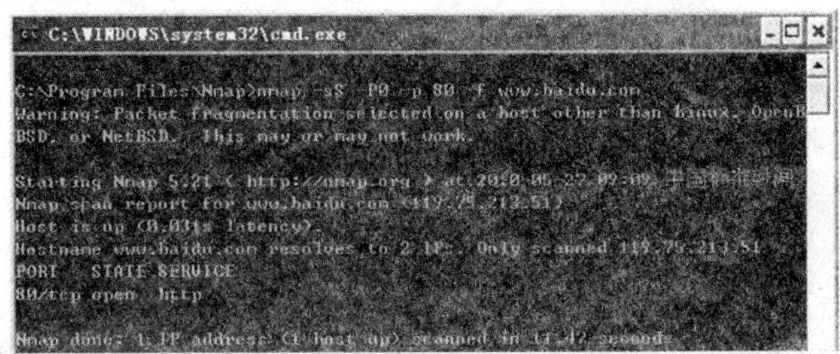

图 6.2.15　Nmap 分片扫描

当 Nmap 扫描执行完后，点击 Wireshark 操作窗口“工具栏”的“”停止按钮，停止监听捕获数据包。

(11) 查看监听结果

从 Wireshark 操作界面的"分组列表"窗口中,可以看到 Wireshark 捕获的数据包,如图 6.2.16 所示。

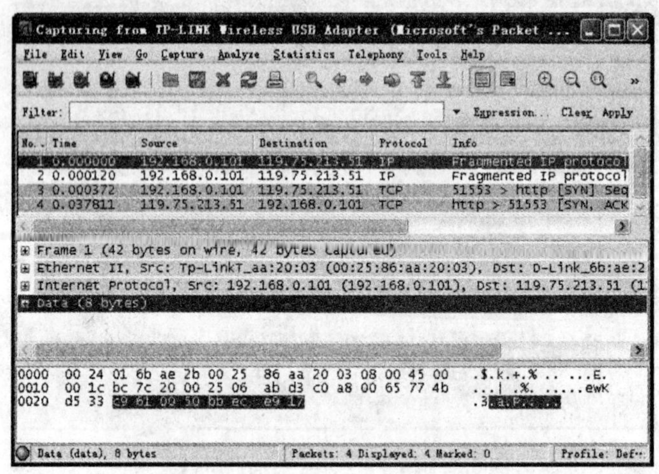

图 6.2.16 Nmap 分片扫描监听结果

从图 6.2.16 中可以看出,Wireshark 监听并捕捉到四个数据包。其中,第一和第二个数据包是第三个 TCP SYN 包的 IP 分片数据包。这是由于监听主机 192.168.1.10 的 Nmap 发出的 24 Bytes 大小的 TCP SYN 扫描数据包在 IP 层被分割成三个 8 Bytes 大小的数据包发送。第四个包是 TCP SYN/ACK 包,该数据包是目标主机 119.75.213.51 对扫描主机 192.168.1.10 的发送 TCP SYN 分片扫描包的响应。因此,通过 Wireshark 可以监听到 Nmap 对目标主机的完整分片扫描过程。

3. 用 Wireshark 监听 FTP 帐户/密码

由于 FTP 文件传输协议在进行身份认证时,帐户/密码是以明文的方式传输的。因此,可以利用 Wireshark 工具监听网络上的 FTP 数据包,获取其传输的帐户/密码信息。下面我们通过以下操作来实现 Wireshark 对 FTP 帐户/密码的监听。

(1) 启动 Wireshark 软件

(2) 监听设置

对 FTP 的帐户/密码信息的监听可以通过对 FTP 的 21 端口监听来实现。例如,在网络地址为 192.168.1.0/24 的局域网中,监听主机 192.168.1.10 设置监听选项。首先,在 Wireshark 操作界面的"Capture"菜单中选择"Options"菜单选项,如图 6.2.9 所示。接着,在弹出的 Capture Options 设置窗口中将捕获参数设置为混杂模式。在"Capture Filter"捕捉过滤器栏中填入"port 21",表示捕捉 192.168.1.0/24 网络上端口号为 21 的通信数据包,如图 6.2.17 所示。

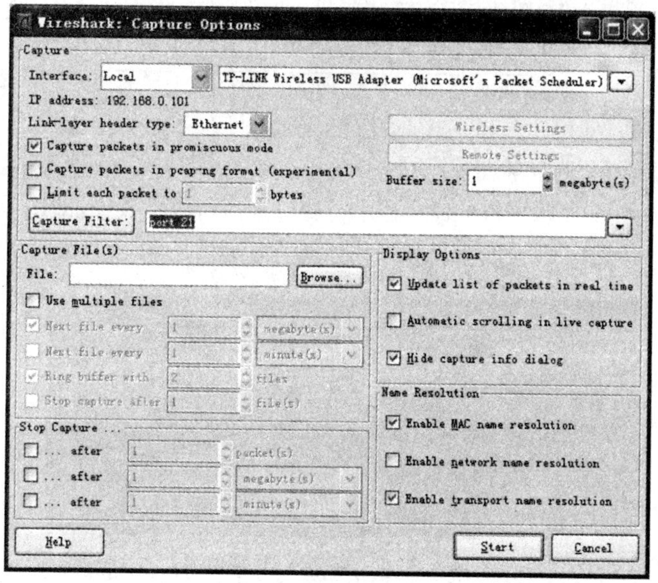

图 6.2.17　Capture Options 对话框 FTP 过滤设置

(3) 启动监听

点击图 6.2.17 的"Start"按钮，开始捕获数据包。

(4) FTP 服务器设置

首先，用 root 帐户登录 Linux 虚拟机(图 6.2.2)，将 Linux 虚拟机的主机名设置为 ftp，操作命令如下所示：

```
[root@localhost ~]# hostname ftp
[root@localhost ~]# exit
```

退出系统，并重新登录。然后，将 Linux 虚拟机的 IP 地址设置为 192.168.1.110，操作命令如下所示：

```
[root@ftp ~]# ifconfig eth0 192.168.1.110
[root@host2 ~]# route add default gw 192.168.1.2
```

接着，在 Linux 虚拟机上创建帐户"aye"，并设置密码"aye.cn"，操作命令如下所示：

```
[root@net ~]# useradd aye
[root@net ~]# passwd aye
Changing password for user aye.
New UNIX password: aye.cn
```

```
Retype new UNIX password:aye. cn
passwd: all authentication tokens updated successfully.
```

最后,启动 FTP 服务器,操作命令如下所示:

```
[root@net ~]# service vsftpd start
为 vsftpd 启动 vsftpd:[确定]
```

(5) 客户机登录 FTP 服务器

例如,在 Winreshark 监听主机的命令提示符窗口中执行以下操作,即用 FTP 命令登录 FTP 服务器 192.168.1.110,输入登录的帐户和密码分别是“aye”和“aye. cn”,如图 6.2.18 所示。

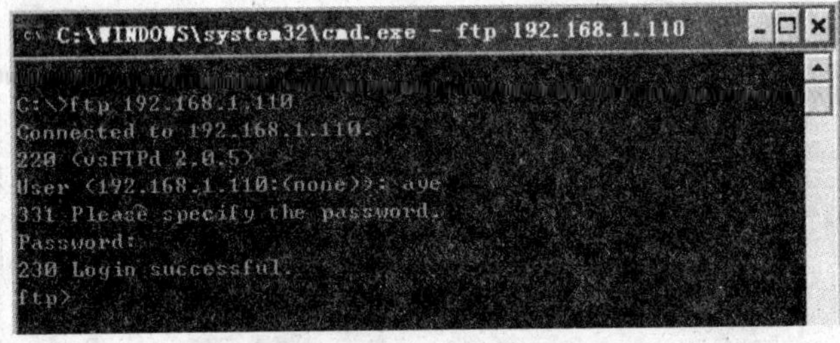

图 6.2.18　登录 FTP 服务器

当网络上有其他主机登录 FTP 服务器时,例如 Wireshark 监听主机通过用户名和密码分别是“aye”和“aye. cn”的用户登录到 IP 地址为 192.168.1.110 的 FTP 服务器,Wireshark 监听主机就可以获取发往 FTP 服务器 21 端口的数据包。这些数据包将会在分组列表窗口中显示。

(6) 停止监听

当 Wireshark 监听主机登录 FTP 服务器后(图 6.2.18),点击 Wireshark 操作界面菜单的“Capture →Stop”选项(图 6.2.5),停止监听和捕获数据包。

(7) 观察和分析 Wireshark 监听结果

从 Wireshark 操作界面的“分组列表”窗口中,可以看到 Wireshark 捕获的数据包,如图 6.2.19 所示。

从图 6.2.19 中可以看出,Wireshark 监听并捕捉到的第六个数据包是由主机 192.168.1.10 发送到 FTP 服务器(192.168.1.110)的 FTP 数据包,该数据包包含了登录的用户信息“aye”。同样,我们可以看到在由主机 192.168.1.10 发送到 FTP 服务器的第 10 个数据包中包含了用户的登录密码信息“aye. cn”。因此,通过 Wireshark 可以获取网络上传输的 FTP 登录帐户/密码信息,说明了 FTP 文件传输协议及其应用的不安全性。

(8) 用同样的方式监听基于 SSH 的帐户/密码信息及传输的数据信息。

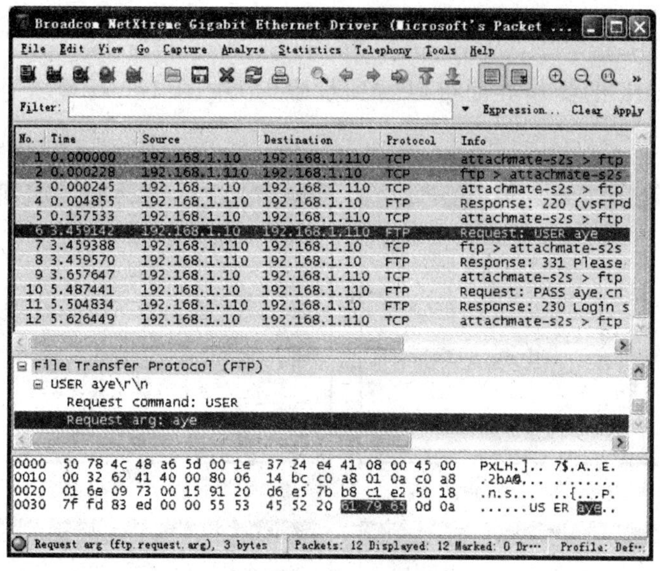

图 6.2.19　FTP 监听结果

(9) 用同样的方式监听基于 HTTP、SMTP 或 POP3 协议的帐户/密码。

4. 导入分析 TCPdump 数据

TCPdump 对监听捕获数据包的显示不如 Wireshark 直观，因此，可以将 TCPdump 监听捕获的数据信息导入到 Wireshark 中，并通过 Wireshark 对数据包进行分析，具体操作步骤如下所示。

(1) 用 TCPdump 进行网络监听

首先，在 Linux 虚拟机上用 TCPdump 监听 Telnet 密码，详细步骤参见实验 6.1 的实验内容 8。

然后，将输出的捕获数据包文件“telnet.pw”拷贝到 Wireshark 监听主机的“E:\Wireshark.file”目录下。

(2) 启动 Wireshark 软件

在 Wireshark 监听主机上双击可执行文件“wireshark.exe”，启动 Wirehark 软件。

(3) 打开 TCPdump 数据文件

点击 Wireshark 操作界面“工具栏”中的“”开始按钮，弹出如图 6.2.20 所示的对

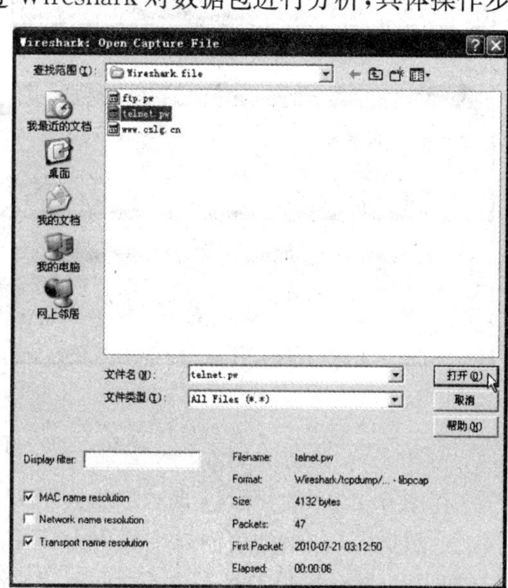

图 6.2.20　打开监听文件对话框

话框。

在图 6.2.20 中，指定“E:\Wireshark.file”目录下的文件“telnet.pw”，然后点击“打开”按钮。在 Wireshark 的操作界面可以看到步骤(1)中的 Telnet 登录通信数据包，如图 6.2.21所示。

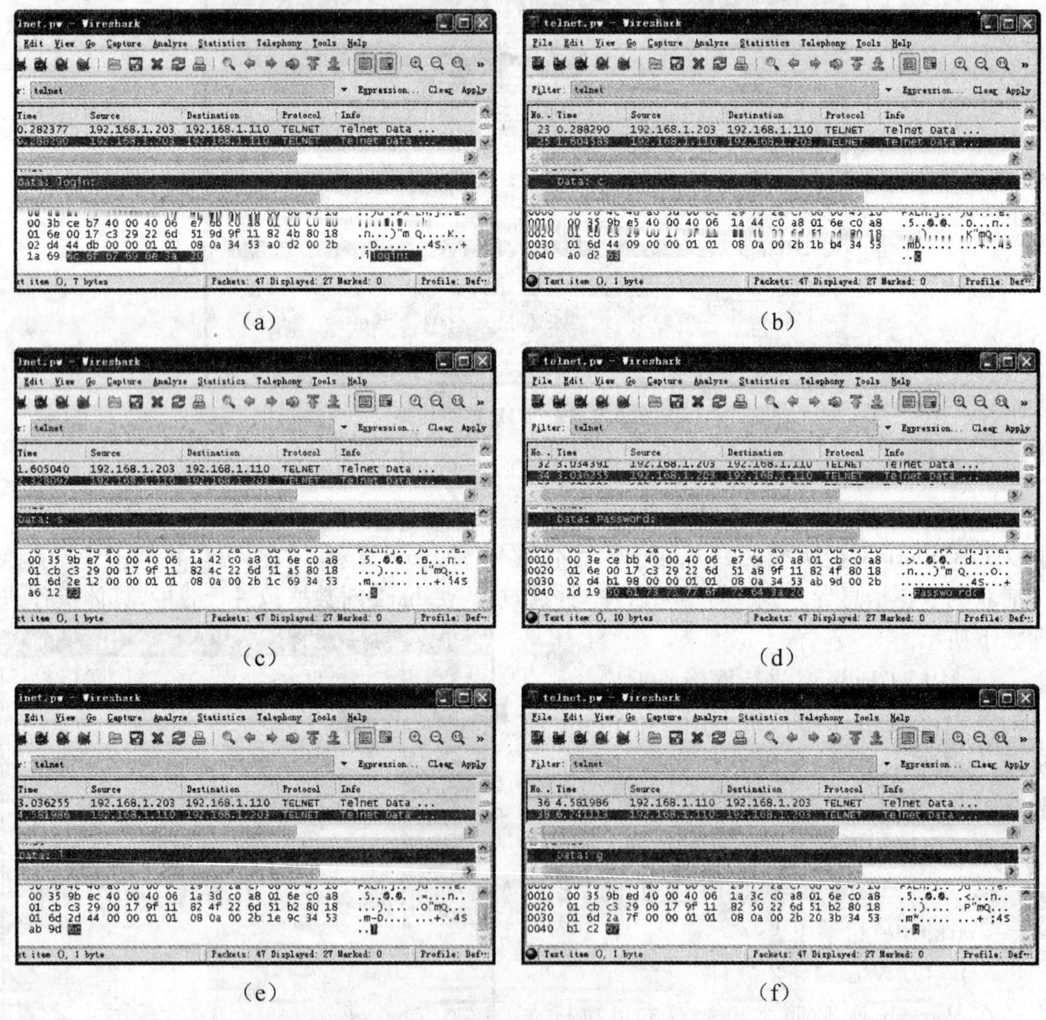

(a) (b) (c) (d) (e) (f)

图 6.2.21 打开监听文件对话框

在图 6.2.21 的显示过滤器中输入“Telnet”，然后按键盘的“Enter”键过滤掉非 Telnet 报文。然后，从分组列表窗口中找出由 Telnet 服务器(如 192.168.1.203)发送给 Telnet 客户(如 192.168.1.110)且包含有“login:”数据的报文，本例中为第 23 报文，如图 6.2.21(a)所示，接下去则由 192.168.1.110 发送给 192.168.1.203 的报文中将包含 Telnet 客户发送的帐户信息“cs”，如图 6.2.21(b)和 6.2.21(c)中的第 25 和第 28 报文。接着，找出由 192.168.1.203 发送给 192.168.1.110 且包含有“Password:”数据的报文，本例中为第 34 报文，如图 6.2.21(d)所示，则接下去由 192.168.1.110 发送给 192.168.1.203 的报文中将包含 Telnet 客户发送的密码信息“lg”，如图 6.2.21(e)和 6.2.21(f)中的第 36 和第 38 报文。

5. 用 Wireshark 诊断 ARP 风暴

参考实验 6.1 的实验内容 7 用 Wireshark 进行 ARP 风暴监测。

【实验报告】

(1) 请回答实验目的中的思考题。

(2) 说明 Wireshark 的功能和作用?

(3) Wireshark 捕获数据包的封装协议层次依次有哪些，为什么?

(4) 结合实验，举例说明 Wireshark 的两种包过滤功能。

(5) 举例说明如何通过 Wireshark 实现本地主机监听。

(6) 举例说明如何通过 Wireshark 实现目标主机监听。

(7) 举例说明如何通过 Wireshark 实现整个网络监听。

(8) 参考实验 6.1，说明如何用 Wireshark 诊断 ARP 风暴。

(9) 结合实验，举例说明 Wireshark 在网络安全分析中的应用。

(10) 请用 Wireshark 监听 SSH 通信的帐户/密码信息以及传输的数据信息，并观察、比较、分析监听结果。

(11) 请用 Wireshark 监听基于 Web 的 Email 通信的帐户/密码信息以及传输的数据信息，并观察、比较、分析监听结果(选做)。

(12) 请用 Wireshark 监听基于 SMTP/POP3 的 Email 通信的帐户/密码信息以及传输的数据信息，并观察、比较、分析监听结果(选做)。

(13) 请谈谈你对本实验的看法，并提出你的意见或建议。

第 7 章　入侵检测

入侵检测是指通过对行为、安全日志、审计数据或其他网络上可以获得的信息进行操作，检测到对系统的入侵或入侵企图，它具有威慑、检测、响应、损失情况评估、攻击预测和起诉支持的作用。为保证计算机系统的安全而设计与配置的一种能够及时发现并报告系统中未授权或异常现象的技术称为入侵检测技术，它是一种用于主动检测计算机网络中违反安全策略行为的网络安全技术。利用入侵检测技术进行入侵检测的软件与硬件的组合便是入侵检测系统。入侵检测系统是分析、诊断、测试网络性能和安全性的一种重要工具，同时也是防止入侵攻击的一种重要手段，所以，入侵检测是网络安全研究的核心技术之一。在本章中，我们将通过实验进一步了解入侵检测的基本概念，学习入侵检测基本技术，并掌握入侵检测系统的基本原理、操作与应用。

实验 7.1　Tripwire 网络入侵检测实验

【实验目的】

(1) 学习入侵检测基本原理。

(2) 理解入侵检测技术在网络攻防中的作用。

(3) 学习和掌握主机入侵检测系统 Tripwire 的原理与操作。

(4) 学习和掌握如何利用 Tripwire 进行主机完整性检测。

(5) 思考：

① 什么是入侵检测？

② 常见的入侵检测技术有哪些？

③ CIDF 入侵检测模型的基本组件有哪些？

④ 入侵检测的基本过程有哪些？

⑤ 入侵检测中对信息分析的方法有哪些？

⑥ 入侵检测完整性分析中使用的算法有哪些？

⑦ 如何提高 Tripwire 系统自身的安全性？

【实验原理】

1. 入侵检测

(1) 入侵检测概述

入侵检测是对计算机或网络系统的运行状态进行监视，发现各种入侵企图、入侵行为或者入侵结果，以保证系统资源的机密性、完整性与可用性。它的特点包括经济性、时效性、安全性和可扩展性。因此，这种为保证计算机网络系统的安全而设计与配置的一种能够及时发现并报告系统中未授权或异常现象的技术，称为入侵检测技术。入侵检测技术作为一种积极主动的安全防护技术，提供了对内部入侵、外部入侵和误操作的实时保护，能够在网络系统受到危害之前拦截和响应入侵。

进行入侵检测的软件与硬件的组合便是入侵检测系统(Intrusion Detection System, IDS)。IDS 通过从计算机网络或系统中的若干关键点收集信息，并对这些信息进行分析，从而发现网络或系统中是否有违反安全策略的行为和遭到攻击的迹象。与其他安全产品不同的是，入侵检测系统需要更多的智能，它必须能够将得到的数据进行分析，并得出有用的结果。为了使分布在网络中不同主机上的 IDS 能够互相通信、交换检测数据和分析结果，Stuart Staniford - Chen 等人提出了公共入侵检测框架(Common Intrusion Detection Framework,CIDF)。CIDF 阐述了一个入侵检测系统的通用模型，它将入侵检测系统分成事件产生器(Event Generators)、事件分析器(Event Analyzers)、响应单元(Response Units)和事件数据库(Event Databases)四个组件。其中，事件产生器是从计算机网络中获取数据包或从计算机系统日志中获取信息。事件分析器是分析事件产生器获取的事件，并做出总结。响应单元是根据事件分析器分析的结果做出响应，保护系统免受进一步攻击和破坏。事件数据库是记录事件产生器产生的所有事件以及事件分析器对事件分析的结果。

入侵检测类型根据检测属性不同分为异常检测模型(Anomaly Detection)和误用检测模型(Misuse Detection)。按照检测对象不同分为基于主机的入侵检测和基于网络的入侵检测。此外，根据体系结构不同，可将入侵检测分为集中式和分布式入侵检测系统。

(2) 入侵检测基本工作原理

根据入侵检测系统通用模型，入侵检测和分析包括信息收集、信息分析和结果处理三个过程。其中，信息收集是入侵检测的第一步，它由放置在不同子网的传感器或不同主机的代理来收集信息，包括系统和网络的通信数据与流量、用户的活动状态与行为、日志文件、非正常的目录和文件改变、非正常的程序执行等。收集到的有关系统和网络数据以及用户活动的状态和行为等信息，被送到检测引擎，检测引擎一般通过三种技术手段进行信息分析：模式匹配、统计分析和完整性分析。当检测到某种异常或误用模式时，产生一个告警并发送给控制台。控制台按照告警产生预先定义的响应采取相应措施，例如，重新配置路由器或防火墙、终止进程、切断连接或改变文件属性等。

2. 入侵检测系统完整性分析

为逃避检测和方便下次进入系统，入侵者成功侵入系统后，往往会修改、删除系统文件，或增加后门程序文件。因此，发现入侵行为很重要的一个方面就是保证系统文件的完整性。入侵检测中的完整性分析主要关注某些系统文件或对象（如内核、配置文件、可执行程序、库等，以及那些由第三方提供的可能影响到主机运行的资源）是否被更改，包括文件和目录的内容及属性。传统对文件内容的完整性检测保护是采用文件校验和的方式，如 CRC32 校验。然而，入侵者往往可以使用特殊技术骗过 CRC32 校验。因此，需要用户采用更安全的方法来进行数据内容完整性检测。目前，数据完整性保护与分析常用的方法是采用 Hash 密码机制，如 MD5、SHA1 算法等。这些算法使用单向散列函数的单向性，使入侵者很难逆推，也极难找到两个随机信息使其产生相同的摘要，从而使产生的摘要具有高度安全性。只要是入侵者对系统文件或其他对象进行任何改变，就可以通过对其信息摘要的计算比较检测发现。入侵检测完整性分析主要应用于基于主机的入侵检测系统。

3. Tripwire 完整性入侵检测系统

(1) Tripwire 概述

Tripwire 是有关数据和网络完整性保护的一种入侵检测系统，它能够检测和报告系统中任意文件被改动、增加、删除的详细情况，具有入侵检测、损失评估和证据保存等应用。Tripwire 支持 CRC32、MD5、SHA 和 HAVAL 等完整性检测算法，并可检测多种文件系统的不同属性，具有全面且准确的完整性检测结果，所以，它是网络安全中应用最为广泛的完整性入侵检测系统之一。

(2) Tripwire 基本原理

Tripwire 对于需要监视的文件会使用校验和来为文件的某个状态生成唯一的标识（即快照、Snapshot），并将其存放起来。当 Tripwire 程序运行时，它先计算新的标识，并与存放的原标识进行比较，如果发现不匹配的话，它就报告系统管理人员文件已经被修改。然后，系统管理员就可以利用这个不匹配来判断系统是否遭到了入侵。例如，如果 Tripwire 为 /bin/login 存放了快照，那么对它的大小、inode 号、权限、时间以及其他属性的任何修改，都会被 Tripwire 检测出来。

(3) Tripwire 系统组成

Tripwire 主要由系统配置、系统策略和数据库组成。其中，系统配置通过其配置文件（/etc/tripwire/twcfg. txt）定义数据库、策略文件和 Tripwire 可执行文件的位置。系统策略通过策略文件（/etc/tripwire/twpol. txt）定义检测的对象及违规时采取的响应等。它不仅指出 Tripwire 应检测的对象即文件和目录，而且还规定用于鉴定违规行为的规则，如对于/root、/bin 和/lib 目录及其中文件的任何修改都视为违规行为。数据库则用来存放策略中规定的检测对象的快照（/var/lib/tripwire/＄(HOSTNAME). twd）。通过建立系统策略和数据库，用户就可以随时用快照来比较当前的文件系统，然后生成一个完整性检测报告，从而判断系统的完整性是否受到攻击。

另外，Tripwire为了自身的安全，防止自身被篡改，设计了两个密钥(即Site和Local密钥)对自身进行加密和签名处理。其中，Site密钥(/etc/tripwire/site.key)用于保护策略文件和配置文件，只要使用相同的策略和配置的机器，都可以使用相同的Site密钥。Local密钥(/etc/tripwire/$(HOSTNAME)-local.key)用于保护数据库和分析报告。

(4) Tripwire命令

Tripwire的命令语法格式如下表示：

命令　选择的模式　[选项]　[文件名]

Tripwire支持的命令有四种，表7.1.1列出了4个命令及其主要功能描述。

表7.1.1　Tripwire命令及其描述

命　令	描　　述
tripwire	该命令可以实现数据库初始化、完整性检查、数据库升级、策略文件升级、测试等功能。它是Tripwire软件中最核心的命令。
twadmin	该命令可以实现创建和打印配置文件、创建和打印策略文件、加密和清除加密、验证加密、产生密钥等功能。
twprint	通常情况下，数据库文件和报告文件均已加密，无法直接查阅。twprint命令可以实现以文本格式查阅和打印数据库和报告的功能。
siggen	该命令可以显示特定文件的一个或多个Hash值。

(5) Tripwire策略文件

在Tripwire软件中，策略文件包含一系列的规则控制Tripwire软件如何检查系统的完整性。Tripwire的策略文件有五个标准组成部分，它们分别是规则、停止点、特征、指示符和预定义变量。

表7.1.2　Tripwire策略文件组成及其描述。

端口状态	描　　述
规则	规则是策略文件的基本组成部分，指明了Tripwire在进行检查时会对哪些文件或目录检测哪些属性的变化。
停止点	停止点指明Tripwire在进行检查时，不会对哪些文件或目录检测属性的变化。
特征	特征是为一条或一组规则提供其他信息而设。如果既有规则组特征，又有每条规则自己的特征，那么最终以每条规则自己的特征为准。
指示符	指示符允许Tripwire有条件的应用这组规则。
预定义变量	预定义变量是Tripwire内置的、已定义的变量，不同的变量代表了对文件不同的检测策略，也就是代表了不同的检测属性和不检测属性。

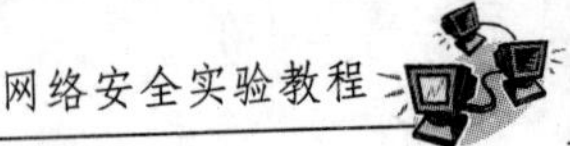

【实验环境】

1. 实验配置

本实验所需的软硬件配置如表 7.1.3 所示。

表 7.1.3 Tripwire 完整性入侵检测实验配置

配 置	描 述
硬件	CPU:Intel Core i7 4790 3.6GHz;主板:Intel Z97;内存:8G DDR3 1333
系统	Windows;Linux
应用软件	Vmware Workstation;Tripwire;Openssh

2. 实验环境网络拓扑

本实验的网络环境拓扑如图 7.1.1 所示。

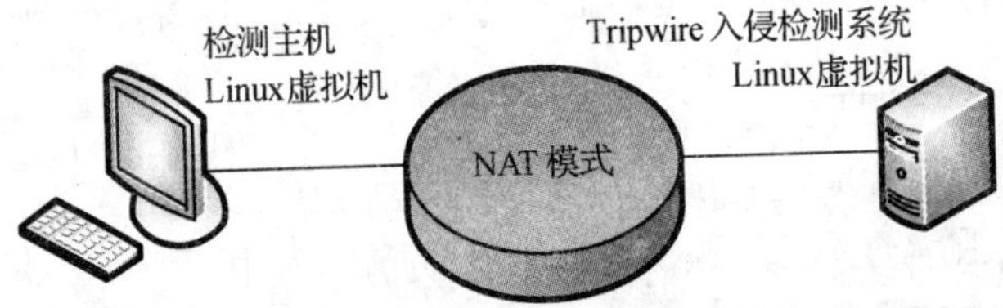

图 7.1.1 Tripwire 完整性入侵检测实验网络环境

【实验内容】

(1) Tripwire 系统配置。
(2) Tripwire 检测策略配置。
(3) Tripwire 安全配置。
(4) Tripwire 基准数据库初始化。
(5) Tripwire 完整性检测。
(6) 查看 Tripwire 检测报告。
(7) 更新 Tripwire 基准数据库。
(8) 更新 Tripwire 检测策略。
(9) 更新 Tripwire 系统配置。
(10) Tripwire 系统自动检测。

【实验步骤】

1. Tripwire 系统配置

Tripwire 通过 twcfg. txt 配置文件实现对完整性入侵检测的系统配置。首先，用 vi 编辑器打开文本格式的配置文件 twcfg. txt。然后，修改以下配置选项内容。

```
[root@net ~]# vi /etc/tripwire/twcfg.txt
ROOT                    =/usr/sbin
POLFILE                 =/etc/tripwire/tw.pol
DBFILE                  =/usr/lib/tripwire/$(HOSTNAME).twd
REPORTFILE              =/usr/lib/tripwire/report/$(HOSTNAME)-$(DATE).twr
SITEKEYFILE             =/etc/tripwire/site.key
LOCALKEYFILE            =/etc/tripwire/$(HOSTNAME)-local.key
EDITOR                  =/bin/vi
LATEPROMPTING           =true
LOOSEDIRECTORYCHECKING          =true
MAILNOVIOLATIONS                =true
EMAILREPORTLEVEL                =3
REPORTLEVEL                     =3
MAILMETHOD                      =SENDMAIL
SYSLOGREPORTING                 =false
MAILPROGRAM                     =/usr/sbin/sendmail -oi -t
```

在以上选项中，ROOT 设置 Tirpwire 命令位置，本例中为“/var/sbin”，POLFILE 设置加密后的策略文件，本例中为“/etc/tripwire/tw. pol”，DBFILE 设置 Tripwire 基准数据库文件及位置，本例中为“/var/lib/tripwire/$(HOSTNAME). twd”，其中“$(HOSTNAME)”表示本机的主机名。REPORTFILE 设置 Tripwire 生成的检测报告文件位置及文件名，本例中为“/var/lib/tripwire/report/$(HOSTNAME)- $(DATE). twr”，其中“$(DATE)”为检测的日期。SITEKEYFILE 设置 Site 的密钥文件，本例中为“/etc/tripwire/site. key”。LOCALKEYFILE 设置 Local 的密钥文件，本例中为“/etc/tripwire/$(HOSTNAME)-local. key”。EDITOR 设置 Tripwire 系统调用的编辑器，本例设置为“/bin/vi”。LATEPROMPTING 设置出现提示密码的时间，本例中为“true”表示系统将在最后时刻出现提示输入密码。LOOSEDIRECTORYCHECKING 设置目录改变提示，本例中设置为“true”表示不检测所有目录的文件完整性。MAILNOVIOLATIONS 设置通过电子邮件发送检测报告，本例设置为“true”表示不论是否产生告警都会周期性地将检测结果发送给电子邮件。EMAILREPORTLEVEL 设置邮件报告的等级（0～4），本例中为“3”。REPORTLEVEL 设置检测报告的默认级别，本例中为“3”。MAILMETHOD 设置邮件服务器，本例中采用 Sendmail 邮件服务器。MAILPROGRAM 设置邮件服务器的执行程序。SYSLOGREPORTING 设置是否将检测结果输入到系统日志中，本例设置为“false”表示不将检测结果输入到系统日志中。修改后保存退出。

2. Tripwire 检测策略配置

Tripwire 在安装时提供了一个默认检测策略文件/etc/tripwire/twpol. txt。打开文本格式的策略文件 twpol. txt。操作命令如下所示：

```
[root@net ~]# vi /etc/tripwire/twpol.txt
......
# Global Variable Definitions
@@section GLOBAL
TWROOT=/usr/sbin;
TWBIN=/usr/sbin;
TWPOL="/etc/tripwire";
TWDB="/var/lib/tripwire";
TWSKEY="/etc/tripwire";
TWLKEY="/etc/tripwire";
TWREPORT="/var/lib/tripwire/report";
HOSTNAME=localhost.localdomain;
@@section FS
SEC_CRIT    = $(IgnoreNone)-SHa;   # Critical files that cannot change
SEC_SUID    = $(IgnoreNone)-SHa ;   # Binaries with the SUID or SGID flags set
SEC_BIN    = $(ReadOnly) ;   # Binaries that should not change
SEC_CONFIG    = $(Dynamic) ;   # Config files that are changed infrequently but accessed often
SEC_LOG    = $(Growing) ;   # Files that grow, but that should never change ownership
SEC_INVARIANT    = +tpug ;   # Directories that should never change permission or ownership
SIG_LOW    = 33 ;   # Non-critical files that are of minimal security impact
SIG_MED    = 66 ;   # Non-critical files that are of significant security impact
SIG_HI    = 100 ;   # Critical files that are significant points of vulnerability

# Tripwire Binaries
(
    rulename = "Tripwire Binaries",
    severity = $(SIG_HI)
)
{
    $(TWBIN)/siggen      -> $(SEC_BIN) ;
    $(TWBIN)/tripwire      -> $(SEC_BIN) ;
    $(TWBIN)/twadmin      -> $(SEC_BIN) ;
    $(TWBIN)/twprint      -> $(SEC_BIN) ;
}
......
```

从以上策略文件可以看出，该策略文件包含了全局变量定义和默认的检查规则，如 Invariant Directories、Temporary directories、Tripwire Data Files 和 Critical devices 等。这

些默认的规则主要检查 Tripwire 自身文件的完整性和重要的系统文件。此外，这些默认规则中存在一些 Linux 系统不支持的文件类型，如/dev/kmem、/proc/ksyms、/proc/pci、/usr/sbin/fixrmtab、/sbin/busybox. anaconda 等，因此需要在规则中删除或用"＃"注释这些文件。修改完策略文件后存盘。

3. Tripwire 安全配置

Tripwire 本身作为一个入侵检测系统，往往也是入侵者重点攻击的目标。因此，为了安全，我们需要将 Tripwire 的明文系统配置文件和策略文件进行加密，其加密密钥文件(Site 和 Local 密钥)分别通过密码进行保护。设置 Site 密码和 Local 密码并生成加密的配置文件及策略文件操作可以通过 Tripwire 脚本命令/usr/sbin/tripwire-setup-keyfiles 一次完成，操作命令和步骤如下所示：

```
[root@net ~]# /usr/sbin/tripwire-setup-keyfiles
----------------------------------------------
The Tripwire site and local passphrases are used to sign a variety of
files, such as the configuration, policy, and database files.
Passphrases should be at least 8 characters in length and contain both
letters and numbers.
See the Tripwire manual for more information.
----------------------------------------------
Creating key files...
(When selecting a passphrase, keep in mind that good passphrases typically
have upper and lower case letters, digits and punctuation marks, and are
at least 8 characters in length.)
Enter the site keyfile passphrase: site123456
Verify the site keyfile passphrase: site123456
Generating key (this may take several minutes)... Key generation complete.
(When selecting a passphrase, keep in mind that good passphrases typically
have upper and lower case letters, digits and punctuation marks, and are
at least 8 characters in length.)
Enter the local keyfile passphrase: local123456
Verify the local keyfile passphrase: local123456
Generating key (this may take several minutes)... Key generation complete.
----------------------------------------------
Signing configuration file...
Please enter your site passphrase: site123456
Wrote configuration file: /etc/tripwire/tw.cfg
A clear-text version of the Tripwire configuration file:
/etc/tripwire/twcfg.txt has been preserved for your inspection. It is recommended that you move this
file to a secure location and/or encrypt it in place (using a tool such as GPG, for example) after you
have examined it.
----------------------------------------------
```

```
Signing policy file...
Please enter your site passphrase: site123456
Wrote policy file: /etc/tripwire/tw.pol
A clear-text version of the Tripwire policy file:
/etc/tripwire/twpol.txt has been preserved for your inspection. This implements a minimal policy, intended only to test essential Tripwire functionality. You should edit the policy file to describe your system, and then use twadmin to generate a new signed copy of the Tripwire policy.

Once you have a satisfactory Tripwire policy file, you should move the clear-text version to a secure location and/or encrypt it in place (using a tool such as GPG, for example).

Now run "tripwire --init" to enter Database Initialization Mode. This reads the policy file, generates a database based on its contents, and then cryptographically signs the resulting database. Options can be entered on the command line to specify which policy, configuration, and key files are used to create the database. The filename for the database can be specified as well. If no options are specified, the default values from the current configuration file are used.
```

在以上脚本命令执行过程中，首先通过设置 Site 密码和 Local 密码在/etc/tripwire 目录下分别生成了 Site 密钥文件(/etc/tripwire/site.key)和 Local 密钥文件(/etc/tripwire/$HOSTNAME-local.key)。注意：为了加强安全性密码最少为八位。然后，通过输入正确的 Site 密码来分别产生加密后的系统配置文件(/etc/tripwire/tw.cfg)和策略文件(/etc/tripwire/tw.pol)。当/usr/sbin/tripwire-setup- keyfiles 命令执行结束后，以上四个加密后的文件将被创建。通常情况下，这些加密文件的内容不会发生变化，所以一般不需要去修改它们。由于 Tripwire 程序运行读取的是加密后的配置文件，所以可以防止入侵者修改这些配置文件。

为不留安全隐患，删除明文格式的配置文件和策略文件。操作命令如下所示：

```
[root@net ~]# rm -f /etc/tripwire/twcfg.txt
[root@net ~]# rm -f /etc/tripwire/twpol.txt
```

4. Tripwire 基准数据库初始化

配置文件和策略文件都编辑和生成好了之后，下面应该根据配置文件的规则生成基准数据库。基准数据库在 Tripwire 安装完毕后生成一次即可。可以使用 Tripwire 命令来生成基准数据库。

```
[root@net ~]# /usr/sbin/tripwire --init
Please enter your local passphrase: local123456
Parsing policy file: /etc/tripwire/tw.pol
Generating the database...
*** Processing Unix File System ***
### Warning: File system error.
### Filename: /dev/kmem
```

```
### \xc3\xbb\xd3\xd0\xc4\xc7\xb8\xf6\xce\xc4\xbc\xfe\xbb\xf2\xc4\xbf\xc2\xbc
### Continuing...
...
Wrote database file: /var/lib/tripwire/list.cslg.cn.twd
The database was successfully generated.
```

基准数据库生成时，Tripwire 会提示用户输入 Local 密码，本例中 Local 密码为 local123456。这样可以通过 Local 密钥文件对基准数据库进行高强度加密，以防止对基准数据库文件内容的非法改变。它的存贮位置为/var/lib/tripwire/$(HOSTNAME).twd。在创建基准数据库的过程中，如果采用的是默认策略，那么由于默认策略的检测规则中有一些被检测的文件可能在系统中不存在，所以使用默认策略进行基准数据库的生成和完整性检查时，Tripwire 会报出一些文件找不到的错误，这是正常现象，不影响检查的结果。可以修改策略文件，在规则中删除或用"#"注释这些文件来避免这些错误。

当生成基准数据库后，我们可用下面的命令查看基准数据库内容：

```
[root@net ~]# /usr/sbin/twprint -m d --print-dbfile | less
……
Tripwire(R) 2.4.1 Database
Database generated by:          root
Database generated on:          2010年05月31日 星期一 11时32分19秒
Database last updated on:       Never
=============================================================
Database Summary:
=============================================================
Host name:                      net.cslg.cn
Host IP address:                192.168.1.110
Host ID:                        None
Policy file used:               /etc/tripwire/tw.pol
Configuration file used:        /etc/tripwire/tw.cfg
Database file used:             /var/lib/tripwire/net.cslg.cn.twd
Command line used:              /usr/sbin/tripwire --init
……
```

5. Tripwire 完整性检测

基准数据库生成完毕之后，就可以使用 Tripwire 命令进行系统完整性检查。具体操作步骤如下所示。

(1) 全面检测

如果需要对策略文件中设置的所有规则进行全面的检测，那么在 Tripwire 命令后加上"--check"参数，执行命令如下所示：

```
[root@net ~]# /usr/sbin/tripwire --check
……
```

```
  Rule Name                    Severity Level    Added    Removed    Modified
 ---------                     ------------      -------  -------    -------
  Invariant Directories        66                0        0          0
  Temporary directories        33                0        0          0
* Tripwire Data Files          100               1        0          0
……
* Root config files          100         0        0        1
Total objects scanned: 50854
Total violations found: 2
……
Added:
"/var/lib/tripwire/net.cslg.cn.twd"
Modified:
"/root/.lesshst"
……
```

从以上结果可以看出，Tripwire 对在策略文件中设置的所有规则(共 50 854 个对象)进行检测，并发现有两个对象出现违规。其中，新增加一个文件/var/lib/tripwire/net.cslg.cn.twd。另外，/root/.lesshst 文件也被修改。

(2) 指定规则检测

如果想要对策略文件中的某个特定的规则进行检测，可以通过添加"--rule-name 规则名"选项使用指定的规则名进行检查。例如，对 Tripwire Data Files 规则进行检测，其操作命令如下所示：

```
[root@net ~]# tripwire --check --rule-name "Tripwire Data Files"
……
  Rule Name                    Severity Level    Added    Removed    Modified
  ---------                    ------------      -------  -------
* Tripwire Data Files          100               1        0          0
Total objects scanned: 6
Total violations found: 1
……
-----------------------------------------
Added:
"/var/lib/tripwire/net.cslg.cn.twd"
……
```

(3) 指定对象检测

如果只检查指定的文件或目录，则可以通过添加"目录/文件名"选项来实现。例如，只检测"/etc"目录，其操作命令如下所示：

```
[root@net ~]# tripwire --check /etc
……
```

```
    Rule Name                 Severity Level     Added     Removed     Modified
    ---------                 --------------     -----     -------     --------
    Invariant Directories     66                 0         0           0
    (/etc)
Total objects scanned: 1
Total violations found: 0
......
```

(4) 带 Email 报告检测

如果需要在进行检查时发送 Email 报告结果，可以添加“-email-report”选项实现，操作命令如下所示：

```
[root@net ~]# tripwire --check --email-report
......
```

(5) 远程检测

Tripwire 作为基于主机的入侵检测系统，当整个网络系统上的主机数量很多时，为了管理方便，可以通过检测主机对网络系统中的远程主机进行统一管理检测。

例如，在检测主机上，对 Tripwire 入侵检测系统进行系统完整性检测，操作步骤如下所示。

首先，检查 Tripwire 入侵检测系统的 IP 地址，操作命令如下所示：

```
[root@net ~]# ifconfig
eth0        Link encap:Ethernet  HWaddr 00:0C:29:CD:36:01
            inet addr:192.168.1.110  Bcast:192.168.1.255  Mask:255.255.255.0
            inet6 addr: fe80::20c:29ff:fecd:3601/64 Scope:Link
            UP BROADCAST RUNNING MULTICAST  MTU:1500  Metric:1
            RX packets:109 errors:0 dropped:0 overruns:0 frame:0
            TX packets:90 errors:0 dropped:0 overruns:0 carrier:0
            collisions:0 txqueuelen:1000
            RX bytes:31602 (30.8 KiB)  TX bytes:10172 (9.9 KiB)
......
```

以上结果显示 Tripwire 入侵检测系统的 IP 地址为 192.168.1.110。

然后，在检测主机上执行以下命令。

```
[root@host1 ~]# ssh -n -l root 192.168.1.110 /usr/sbin/tripwire ---check
......
```

其中，192.168.1.110 为 Tripwire 入侵检测系统的 IP 地址。

6. 查看 Tripwire 检测报告

(1) 通过显示器查看检测报告

Tripwire 系统完成完整性检测后，会在显示器上显示检测结果，同时也自动产生每次检测的报告。该报告记录了哪些文件遭到了改动，改动了什么。该报告文件经过加密保存，可以用 Twprint 命令将加密的报告内容输出到显示器。例如，在本节实验内容 6 中，Tripwire 入侵检测系统主机执行了完整性检测后，在/var/lib/tripwire/report/目录下产生了检测报告文件：net. cslg. cn - 20100713 - 938. twr，通过以下命令可以查看检测报告内容。

```
[root@net ~]# twprint --print-report --twrfile /var/lib/tripwire/report/net. cslg. cn - 20100713 -
938. twr
……
```

（2）检测报告输出到文本文件

如果需要将加密的报告内容输出到一个文本文件，以便于用普通的文本阅读器阅读报告内容，可以通过以下命令实现。

```
[root@net ~]# twprint --print-report --twrfile /var/lib/tripwire/report/net. cslg. cn - 20100713 -
938. twr > mytripwirereport. txt
[root@net ~]# vi mytripwirereport. txt
…….
```

（3）设置检测报告输出级别

根据在实验内容 2 中系统配置文件的设置，Tripwire 默认的输出报告等级是 3。为了改变报告输出级别，可以通过"--report-level"选项进行设置。例如，在 Tripwire 入侵检测系统上将 net. cslg. cn - 20100713 - 000938. twr 报告输出的等级设置为 4，可以通过以下命令实现。

```
[root@net ~]# twprint --print-report --report-level 4 --twrfile /var/lib/tripwire/report/net. cslg. cn -
20100713 - 938. twr
……
```

7. 更新 Tripwire 基准数据库

如果在报告中发现了一些违反策略的错误，而实际上这些错误又是正常的，则可以使用 Tripwire 命令的"--update"选项根据检测报告结果进行更新基准数据库。例如，在本节实验内容 6 步骤(1)的完整性检测中发现两个违规错误都是正常的。因此，通过其检测报告文件 net. cslg. cn - 20100713 - 938. twr 执行以下命令更新基准数据库，操作命令如下所示：

```
[root@net ~]# tripwire --update --twrfile /var/lib/tripwire/report/net. cslg. cn - 20100713 - 938. twr
…

Please enter your local passphrase: ********
Wrote database file: /var/lib/tripwire/list. cslg. cn. twd
```

以上命令执行后，将提示输入 Local 密码。输入正确的 Local 密码，本例为 local123456。最后，出现提示成功更新基准数据库/var/lib/tripwire/list. cslg. cn. twd。

重新执行 Tripwire 完整性检测，操作命令如下所示：

```
[root@net ~]# tripwire --check
……
  Rule Name                   Severity Level   Added   Removed   Modified
  ………                        ……………           ………      ………
  Invariant Directories       66               0       0         0
  Temporary directories       33               0       0         0
  Tripwire Data Files         100              0       0         0
  ……
  Root config files           100              0       0         0
Total objects scanned：50854
Total violations found：0
……
```

以上检测结果与本节实验内容 6 中的检测结果相比，在“Tripwire Data Files”和“Root config files”中不再出现违规文件。

8. 更新 Tripwire 检测策略

随着系统的变化，原来的策略必然会不能满足需要，因此需要不断地更新策略文件中的规则。

（1）恢复明文策略文件

出于安全考虑，在实验内容 4 中已经删除了明文的策略文件。为此，首先需要恢复明文策略文件。恢复明文格式的 Tripwire 策略文件，可通过 Twadmin 命令实现。例如，在 Tripwire 入侵检测系统上，执行以下命令：

```
[root@net ~]# /usr/sbin/twadmin --print-polfile > /etc/tripwire/twpol.txt
[root@net ~]# ls /etc/tripwire/twpol.txt
/etc/tripwire/twpol.txt
```

以上显示结果说明，在/etc/tripwire/目录下还原 twpol.txt 明文策略文件。

（2）编辑明文策略文件

恢复明文策略文件后，可以用普通的文本编辑器编辑该文件，并在该文件中删除旧的安全规则，或添加新的安全规则。例如，添加一个新的安全规则，对系统帐户“ldg”的主目录/home/ldg 进行完整性检测。首先，用 useradd 命令新增系统帐户“ldg”。然后，用 passwd 命令设置“ldg”帐户密码“ldg.cn”，操作命令如下所示：

```
[root@net ~]# useradd ldg
[root@net ~]# passwd ldg
Changing password for user ldg.
New UNIX password：ldg.cn
Retype new UNIX password：ldg.cn
passwd：all authentication tokens updated successfully.
```

接着，在帐户“ldg”的主目录下创建两个新文件 file1.txt 和 file2.txt，操作命令如下所示：

```
[root@net ~]# cd /home/ldg/
[root@net ldg]# touch file1.txt
[root@net ldg]# touch file2.txt
```

最后,编辑策略文件 twpol.txt,删除该文件中的所有规则,并加入以下新规则。

```
[root@net ~]# vi /etc/tripwire/twpol.txt
..
#user ldg's home directory
(
    rulename = "ldg",
    severity = $(SIG_HI)
)
{
    /home/ldg                    -> $(SEC_CRIT);
}
...
```

在以上新增的安全规则中,定义了一个新规则。"rulename = "ldg""表示该规则的规则名为"ldg",安全级别设置为"severity = $(SIG_HI)"表示安全等级为 100。安全规则"/home/ldg → $(SEC_CRIT);"表示对帐户"ldg"的整个主目录及其子目录下的文件进行完整性保护。

(3) 创建新的策略文件

下面使用 Twadmin 命令进行策略更新,操作命令如下所示:

```
[root@net ~]# /usr/sbin/twadmin --create -polfile -S /etc/tripwire/site.key /etc/tripwire/twpol.txt
Please enter your site passphrase: **********
Wrote policy file: /etc/tripwire/tw.pol
```

在此步骤中,Tripwire 会要求你输入正确的 Site 密码,本例中 Site 密码为 site123456。

(4) 删除数据库

在创建新的策略后,同样需要更新基准数据库。首先,删除旧的基准数据库文件,操作命令如下所示:

```
[root@net ~]# rm -f /var/lib/tripwire/'hostname'.twd
```

(5) 重新初始化数据库

接着,用以下命令重新创建新的基准数据库。

```
[root@net ~]# /usr/sbin/tripwire --init
Please enter your local passphrase: ***********
Parsing policy file: /etc/tripwire/tw.pol
Generating the database...
*** Processing Unix File System ***
Wrote database file: /var/lib/tripwire/net.cslg.cn.twd
The database was successfully generated.
```

在此步骤中，Tripwire 会要求你输入正确的 Local 密码，本例中 Local 密码为 local123456。

（6）重新进行完整性检测

重新执行完整性检测，操作命令如下所示：

```
[root@net ~]# tripwire --check
……
  Rule Name          Severity Level      Added     Removed     Modified
  ---------          --------------      -----     -------     --------
  ldg                100                 0         0           0
  (/home/ldg)

Total objects scanned: 10
Total violations found: 0
……
```

以上检测结果显示，帐户“ldg”的主目录没有出现违规现象。

（7）修改用户目录

假设有入侵者对帐户“ldg”的主目录进行如下破坏操作：首先删除文件/home/ldg/file1.txt，然后再修改/home/ldg/file2.txt 文件内容，最后再新建文件/home/ldg/file3.txt，操作命令如下所示：

```
[root@net ~]# rm -f /home/ldg/file1.txt
```

```
[root@net ~]# vi /home/ldg/file2.txt
Hi! I am a hacker!
```

```
[root@net ~]# touch /home/ldg/file3.txt
```

（8）再次重新进行完整性检测

重新执行完整性检测，操作命令如下所示：

```
[root@net ~]# tripwire --check
……
  Rule Name          Severity Level      Added     Removed     Modified
  ---------          --------------      -----     -------     --------
* ldg                100                 1         1           2
(/home/ldg)

Total objects scanned: 12
Total violations found: 4
……
Added:
"/home/ldg/file3.txt"
```

```
Removed:
"/home/ldg/file1.txt"
Modified:
"/home/ldg"
"/home/ldg/file2.txt"
……
```

从以上检测结果可以看出，步骤(7)的所有操作行为（如删除、修改、新增文件等）都能被检测出来。

9. 更新 Tripwire 系统配置文件

如果需要对 Tripwire 系统进行重新配置，需要更新 Tripwire 加密配置文件 tw.cfg，操作步骤如下所示。

(1) 恢复明文配置文件

出于安全考虑，在本节实验内容 4 中已经删除了明文的策略文件。恢复明文格式的 Tripwire 配置文件，可通过 twadmin 命令实现。例如，在 Tripwire 入侵检测系统上，执行以下命令：

```
[root@net ~]# /usr/sbin/twadmin --print-cfgfile > /etc/tripwire/twcfg.txt
[root@net ~]# ls /etc/tripwire/twcfg.txt
/etc/tripwire/twcfg.txt
```

以上显示结果说明，在/etc/tripwire/目录下还原 twcfg.txt 明文配置文件。

(2) 编辑明文配置文件

然后，用 vi 命令编辑并修改明文配置文件 twcfg.txt，操作命令如下所示：

```
[root@net ~]# vi twcfg.txt
```

(3) 创建新的策略文件

最后，使用 twadmin 命令进行策略更新。

```
[root@net ~]# /usr/sbin/twadmin --create-cfgfile -S /etc/tripwire/site.key /etc/tripwire/twcfg.txt
Please enter your site passphrase: * * * * * * * * * * *
Wrote configuration file: /etc/tripwire/tw.cfg
```

在此步骤中，Tripwire 会要求你输入正确的 Site 密码，本例中 Site 密码为 site123456。以上结果显示，正确更新加密后的配置文件/etc/tripwire/tw.cfg。

10. Tripwire 系统自动检测

用 RPM 方式安装 Tripwire，系统会通过 Cron 任务/etc/cron.daily/tripwire-check 来运行 Tripwire 程序。

有时我们想让 Tripwire 在特定的时刻或每隔一段时间就自动进行检测。例如，我们希望每天的下午 2 点进行一次检测，则可以利用 Cron 来协助我们完成此项任务。我们可以在 root 用户的 crontab 文件中添加以下一项内容。

```
[root@net ~]# vi /etc/crontab
0 2 * * * /usr/sbin/tripwire --check
```

Cron 本身也可能受到攻击，因而可能出现不执行等意外情况。所以，我们可以在一个可信的远程机器上来执行 Cron 任务。例如，在检测主机（参见图 7.1.1）上的 crontab 中添加以下一个远程检测项。

```
[root@host 1 ~]# vi /etc/crontab
0 2 * * * ssh -n -l root 被检测主机 /usr/sbin/tripwire --check
```

【实验报告】

(1) 回答实验目的中的思考题。

(2) 说明 Tripwire 的功能和作用。

(3) 从 Tripwire 提供的策略文件中，举例分析说明检测规则。

(4) 说明如何更新 Tripwire 的检测策略及检测基准数据库。

(5) 说明如何实现 Tripwire 的自动检测。

(6) 结合实验，举例说明如何利用完整性入侵检测系统检测出主机中有文件被删除、修改或创建。

(7) 如何利用 Tripwire 保护 Web 数据（选做）？

(8) 请自己设计实现一个完整性入侵检测系统软件（选做）。

(9) 请谈谈你对本实验的看法，并提出你的意见或建议。

实验 7.2　Snort 网络入侵检测实验

【实验目的】

(1) 进一步学习网络入侵检测原理与技术。

(2) 理解 Snort 网络入侵检测基本原理。

(3) 学习和掌握 Snort 网络入侵检测系统的安装、配置和操作。

(4) 学习和掌握如何利用 Snort 进行网络入侵检测应用。

(5) 思考：

① Snort 系统由哪些组件构成？

② Snort 有哪几种工作模式？

③ Snort 入侵检测系统支持哪些报警输出？

④ 如何提高 Snort 网络入侵系统自身的安全性和运行效率（选做）？

【实验原理】

1. 入侵检测基本原理

参见实验 7.1。

2. Snort 入侵检测系统

(1) Snort 概述

Snort 是一款非常优秀的开源网络入侵检测系统软件，可以用来对网络状况进行记录、分析和报警，并且支持用户自定义规则库。Snort 在 Windows 平台和 Linux 平台上均可运行，详细介绍请访问 Snort 的官方网站 http://www.snort.org 。

(2) Snort 基本原理和组成

图 7.2.1 显示了 Snort 的主要系统组成和基本的数据处理流程。

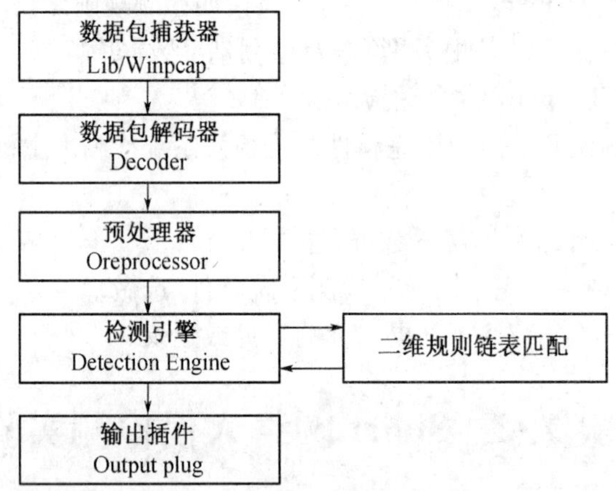

图 7.2.1　Snort 基本工作原理

从图 7.2.1 中可以看出，Snort 包含数据包捕获器、数据包解密器、预处理器、检测引擎和输出插件五个组件。基于网络的入侵检测系统需要捕获并分析所有传输到监控网络接口的数据，这就需要包捕获技术。Snort 通过两种机制来实现，首先是将网络接口设置为混杂模式，然后是利用 Libpcap/Winpcap 函数库从网卡捕获网络数据包。数据包解码器主要是对各种协议栈上的数据包进行解析，以便提交给检测引擎进行规则匹配。目前，Snort 解码器所支持的协议包括 Ethernet、SLIP 和 PPP 等。预处理模块的作用是对当前截获的异常数据包(如分片数据包等)进行预先处理，以便后续处理模块对数据包的处理操作。Snort 预处理器主要包括以下功能：① 模拟 TCP/IP 功能的插件，如 IP 碎片重组、TCP 流重组插件；② 各种解码插件：HTTP 解码插件、Unicode 解码插件、RPC 解码插件和 Telnet 解码插件等；③ 规则匹配无法进行攻击检测时所用的插件，如端口扫描插件、Spade 异常入侵检测插件、Bo 检测插件、ARP 欺骗检测插件等。检测引擎是入侵检测系统的核心内容，Snort 用一个二维链表存储它的检测规则，其中一维称为规则头，另一维为规则选项。规则头中放置的是一些公共属性特征，而规则选项中放置的是一些入侵特征。Snort 从配置文件读取规则文件的位置，并从规则文件读取规则，存储到二维链表中。Snort 的检测就是二维规则链表和网络数据匹配的过程，一旦匹配成功则把检测结果输出。输出方式采用插件，输出插件使得 Snort 向用户提供格式化输出时更加灵活。输出插件在 Snort 日志和报警子系统被调用时运行。日志和报警子系统可以在运行 Snort 的时候，以命令行交互的方式进行选择，如果在运行时指定命令行的输出开关，在 Snort 规则文件中指定的输出插件会被替代。例如，如果使用数据库输出插件，Snort 则将日志记入数据库。Snort 支持的数据库包括 Postgresql、MySQL、Oracle 和 ODBC 等。

(3) Snort 功能特点

Snort 作为一款优秀的网络入侵检测系统，它提供了多种入侵检测技术以及多种高级功能和特性。表 7.2.1 列出了 Snort 的功能特性。

表 7.2.1　Snort 功能特性

功能特性	描　　述
实时监测与响应	实时流量分析，快速地监测网络攻击，并能及时地发出警报。
多检测分析技术	支持 TCP/IP 各层协议和内容匹配分析的方式，能检测缓冲区溢出、SMB 探测及各种扫描攻击。
灵活插件	提供丰富的输入插件和输出插件，如 TCP 流插件、Mysql 数据库输出插件。方便管理员根据需要调用各种插件模块。此外，按照其输出插件规范，用户甚至可以自己编写插件，自己来处理报警的方式并进而作出响应，从而使 Snort 具有非常好的可扩展性和灵活性。
丰富输出	支持直接显示器输出及文本、XML 和 TCPDump 格式的文件输出。
规则描述简单	规则的检测机制十分简单和灵活，可以迅速对新的入侵行为做出反应，发现网络中潜在的安全漏洞。
规则库丰富	与 http://www.cert.org(负责全球的网络安全事件以及漏洞发布的应急响应中心)同步的规则库更新，提供直接使用 Snort 规则库。
跨平台	支持 Linux/Unix 和 Windows 系列等平台。

(4) Snort 操作与使用

Snort 采取命令行方式运行，其操作格式如下所示：

```
snort [options] <filters>
```

其中，表 7.2.2 列出了 options 中常用选项及其描述。

表 7.2.2 Snort 命令选项及其描述

选 项	描 述
-c <file>	读取配置文件的规则。
-A <alert>	设置告警方式。
-l <dir>	将包信息记录到目录<dir>下。
-b	以 TCPdump 二进制格式将数据包记入日志。
-r <file>	读取和处理 TCPdump 二进制格式的文件。
-C	仅抓取包中的 ASCII 字符。
-d	抓取应用层的数据包。
-D	在守护模式下运行 Snort。
-e	显示和记录网络层数据包头信息。
-a	显示 ARP 包。
-i <if>	选择监控的网卡,<if> 为网卡接口编号。
-N	关闭日志功能,告警功能仍然工作。
-o	改变应用于包的规则的顺序。标准的应用顺序是:Alert→Pass→Log;采用- o 选项后,顺序改为:Pass→Alert→Log。
-p	关闭混杂模式的嗅探。
-s	将告警信息记录到系统日志。日志文件可以出现在/var/log/secure 以及/var/log/messages 目录里。

(5) Snort 工作模式

Snort 有三种工作模式:嗅探器、数据包记录器和网络入侵检测系统。其中,嗅探器模式是从网络上抓取数据包并直接显示在终端上。数据包记录器模式将数据包记录到磁盘上。网络入侵检测模式是最复杂的,而且是可配置的。我们可以让 Snort 分析网络数据流以匹配用户定义的一些规则,并根据检测结果采取一定的动作。本实验主要学习和掌握 Snort 网络入侵检测系统的操作与应用。

(6) Snort 入侵检测系统输出

Snort 在网络入侵检测模式下的异常输出包括日志和报警两种动作方式,它们又分别有多种形式来配置 Snort 输出。其中,Snort 的日志形式有三种,报警形式有七种。Snort 可以将数据包以解码后的 ASCII 文本形式或者 TCPDump 的二进制形式进行记录。解码后的文本格式便于系统对数据进行分析,TCPDump 格式具有很高的磁盘记录功能效率,而第三种日志机制就是关闭日志服务。Snort 有 full、fast、socket、console、cmg、none 和 syslog 7 种报警机制。其中,前六种可以在命令行状态下使用"- A"选项设置。在默认情况下,

Snort 以 ASCII 格式记录日志，使用 full 报警机制。如果使用 full 报警机制，Snort 会在包头之后打印报警消息。如果不需要日志记录，可以使用"- N"选项。

表 7.2.3 Snort 报警机制

报警机制	描述
- A full	默认的报警模式。
- A fast	简单格式记录报警信息，包括时间戳、报警消息、源/目 IP 地址和端口。
- A unsock	把报警发送到其他程序能够监听的 Unix 套接字。
- A console	将 fast 模式报警信息送至终端机(如显示器)。
- A cmg	触发"cmg 样式"报警。
- A none	关闭报警机制。

(7) Snort 规则集

规则集是 Snort 的入侵检测特征库，每条规则是一条入侵标识，Snort 通过它来识别入侵行为。Snort 使用一种简单的、轻量级的规则描述语言，这种语言灵活而强大。一条 Snort 规则可以从逻辑上分为两个部分，规则头(即括号左边的内容)和规则选项(即括号内的内容)。其中，规则头包含有匹配的行为动作、协议类型、源/目的 IP 地址及端口、数据包方向。规则头的行为动作包括告警(Alert)、日志(Log)和通行(Pass)三类，表明 Snort 对包的三种处理方式。其中，最常用的就是 alert 动作，它会向报警日志中写入报警信息。另外，在源/目的 IP 地址及端口中可以使用 any 来代表任意的 IP 地址或端口，还可以使用符号！来表明取非运算。IP 地址可以被指定为一个 CIDR 的地址块，端口也可以指定一个范围，在目的和源地址之间可以使用标识符"←"和"→"来指明方向。

Snort 对规则选项的分析是入侵检测系统的核心。Snort 规则选项主要包括数据包相关各种特征的说明选项、与规则本身相关的一些说明选项、规则匹配后的动作选项、对某些选项的进一步修饰四类。Snort 规则的选项部分是由一个或几个选项的组合，选项之间用"；"分隔，选项关键字和值之间使用"："分隔。下面是 Snort 的一个规则范例：

```
alert tcp any any → 192.168.1.0/24 21 (content:"| f0 55 87 be |"; msg: "FTP Access")
```

以上规则表示检测的网络数据的协议为 TCP 协议，源地址、源端口为任意值，方向为由外向内，内部的网络子网地址为 192.168.1.0/24，端口号 21。当发现数据包中有"f0 55 87 be"内容时，Snort 会发送报警消息"FTP Access"。

【实验环境】

1. 实验配置

本实验所需的软硬件配置如表 7.2.4 所示。

表 7.2.4　Snort 网络入侵检测实验配置

配　置	描　　述
硬件	CPU:Intel Core i7 4790 3.6GHz;主板:Intel Z97;内存:8G DDR3 1333
系统	Windows;Linux
应用软件	Vmware Workstation ;Snort;Iptables;Guardian;Vsftpd;Openssh

2. 实验环境网络拓扑

本实验的网络环境拓扑如图 7.2.1 所示。

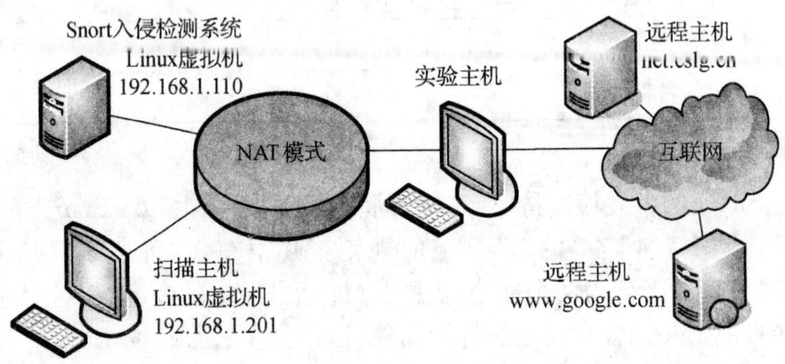

图 7.2.1　Snort 网络入侵检测实验网络环境

【实验内容】

(1) Snort 入侵检测系统配置。

(2) Snort 入侵检测系统检测 ICMP Ping 扫描。

(3) Snort 入侵检测系统检测来自外网的 ICMP Ping 扫描。

(4) Snort 入侵检测系统与防火墙联动。

【实验步骤】

1. Snort 入侵检测系统配置

Snort 入侵检测系统的主配置文件为/etc/snort/snort.conf,编辑该文件并修改相关配置选项。操作过程如下所示:

```
[root@net ~]# vi /etc/snort/snort.conf
#设置监控的范围
#var HOME_NET any
var HOME_NET 192.168.1.0/24
#var EXTERNAL_NET any
```

```
var EXTERNAL_NET ! $HOME_NET
#设置规则存放位置
var RULE_PATH /etc/snort/rules
#定义例外规则的一张列表
include threshold.conf
#在 local.rules 中添加用户自定义规则
include $RULE_PATH/local.rules
#注释掉其他规则文件
#include $RULE_PATH/exploit.rules
#include $RULE_PATH/ftp.rules
#include $RULE_PATH/telnet.rules
#include $RULE_PATH/rpc.rules
#include $RULE_PATH/rservices.rules
#include $RULE_PATH/dos.rules
#include $RULE_PATH/ddos.rules
#include $RULE_PATH/dns.rules

#include $RULE_PATH/web-cgi.rules
#include $RULE_PATH/web-coldfusion.rules
#include $RULE_PATH/web-iis.rules
#include $RULE_PATH/web-frontpage.rules
#include $RULE_PATH/web-misc.rules
#include $RULE_PATH/web-client.rules
#include $RULE_PATH/web-php.rules

#include $RULE_PATH/sql.rules
#include $RULE_PATH/x11.rules
#include $RULE_PATH/netbios.rules
#include $RULE_PATH/misc.rules
#include $RULE_PATH/attack-responses.rules
#include $RULE_PATH/oracle.rules
#include $RULE_PATH/mysql.rules

#include $RULE_PATH/smtp.rules
#include $RULE_PATH/imap.rules
#include $RULE_PATH/pop2.rules
#include $RULE_PATH/pop3.rules

#include $RULE_PATH/nntp.rules
#include $RULE_PATH/backdoor.rules
```

在以上配置文件中，将 HOME_NET 有关项注释掉，然后将 HOME_NET 设置为本机 IP 所在网络，在本例中 Snort 系统所在的本地网络地址为 192.168.1.0/24。将

EXTERNAL_NET 相关项注释掉，设置其为非本机网络“! $HOME_NET”。将 RULE_PATH 参数设置为 Snort 规则集所在的目录，在本例中为/etc/snort/rules。此外，将配置文件中包含的除 local. rules 之外的所有规则文件用“#”注释掉。修改后保存退出。

2. Snort 入侵检测系统检测 ICMP Ping 扫描

(1) 添加检测规则

创建并编辑/etc/snort/rules/local. rules 文件，并在该文件中添加以下一条检测规则。

```
[root@net ~]# touch /etc/snort/rules/local.rules
[root@net ~]# vi /etc/snort/rules/local.rules
alert icmp any any -> any any (msg:"Got an ICMP Ping Packet";sid:1000001;itype:8;)
```

以上规则表示对于网络上出现任何类型值为 8 的 ICMP 数据包，将产生报警。

(2) 执行检测

启动入侵检测，执行命令如下所示：

```
[root@net ~]# snort -c /etc/snort/snort.conf
...
Preprocessor Object: SF_DCERPC Version 1.1 <Build 5>
Preprocessor Object: SF_SSLPP Version 1.1 <Build 4>
Preprocessor Object: SF_DNS Version 1.1 <Build 4>
Preprocessor Object: SF_SMTP Version 1.1 <Build 9>
Preprocessor Object: SF_DCERPC2 Version 1.0 <Build 3>
Not Using PCAP_FRAMES
```

(3) 执行 Ping 扫描

在扫描主机上对目标主机进行 Ping 扫描操作。例如，在 192.168.1.201 扫描主机上对目标主机 192.168.1.110 执行如下操作命令：

```
[root@host1 ~]#ping 192.168.1.110
PING 192.168.1.110 (192.168.1.110) 56(84) bytes of data.
64 bytes from 192.168.1.110: icmp_seq=1 ttl=64 time=0.271 ms
64 bytes from 192.168.1.110: icmp_seq=2 ttl=64 time=0.232 ms
64 bytes from 192.168.1.110: icmp_seq=3 ttl=64 time=0.233 ms
...
```

(4) 查看检测结果

在 Snort 入侵检测系统上打开报警输出文件/var/log/snort/alert，可以看到以下报警信息。

```
[root@net ~]# cat /var/log/snort/alert
[**] [1:1000001:0] Got an ICMP Ping Packet [**]
[Priority: 0]
06/01-20:26:01.957963 192.168.1.201 -> 192.168.1.110
ICMP TTL:64 TOS:0x0 ID:0 IpLen:20 DgmLen:84 DF
Type:8    Code:0    ID:28754    Seq:1    ECHO
[**] [1:1000001:0] Got an ICMP Ping Packet [**]
```

```
[Priority: 0]
06/01-20:26:02.956768 192.168.1.201 -> 192.168.1.110
ICMP TTL:64 TOS:0x0 ID:0 IpLen:20 DgmLen:84 DF
Type:8    Code:0    ID:28754    Seq:2    ECHO
[**] [1:1000001:0] Got an ICMP Ping Packet [**]
[Priority: 0]
06/01-20:26:03.955574 192.168.1.201 -> 192.168.1.110
ICMP TTL:64 TOS:0x0 ID:0 IpLen:20 DgmLen:84 DF
Type:8    Code:0    ID:28754    Seq:3    ECHO
```

从以上报警结果信息可以看到，Snort 检测到有 192.168.1.201 主机向 192.168.1.110 发送了三个类型 8 的 ICMP 数据包。默认情况下 Snort 报警输出机制是采用 full 模式，每条报警包含了以下信息：IP 报头的 TTL 值、TOS 值、IP 报头长度、IP 包总长、ICMP 类型段和代码段、IP 包的 ID 和序列号，以及 ICMP 包的类型：ECHO。

(5) Fast 报警输出模式

如果需要把报警输出模式改为 fast 模式，则在步骤(2)执行检测时，添加命令行选项"-A fast"，如下所示：

```
[root@net ~]# snort -c /etc/snort/snort.conf -A fast
...
Preprocessor Object: SF_DCERPC    Version 1.1    <Build 5>
Preprocessor Object: SF_SSLPP    Version 1.1    <Build 4>
Preprocessor Object: SF_DNS    Version 1.1    <Build 4>
Preprocessor Object: SF_SMTP    Version 1.1    <Build 9>
Preprocessor Object: SF_DCERPC2    Version 1.0    <Build 3>
Not Using PCAP_FRAMES
```

重复执行步骤(3)后，可以在 Snort 入侵检测系统的报警输出文件/var/log/snort/alert 中看到以下报警信息。

```
[root@net ~]# cat /var/log/snort/alert
06/01-21:23:16.732875 [**] [1:1000001:0] Got an ICMP Ping Packet [**] [Priority: 0]
{ICMP} 192.168.1.201 -> 192.168.1.110
06/01-21:23:17.732171 [**] [1:1000001:0] Got an ICMP Ping Packet [**] [Priority: 0]
{ICMP} 192.168.1.201 -> 192.168.1.110
06/01-21:23:18.732036 [**] [1:1000001:0] Got an ICMP Ping Packet [**] [Priority: 0]
{ICMP} 192.168.1.201 -> 192.168.1.110
```

在 fast 模式下，每条报警包含了报警产生的日期和时间、表示在规则中的报警消息(本例中，该消息是 Got an ICMP Ping Packet)、包类型是 ICMP、源地址是 192.168.1.201、目的地址是 192.168.1.110。

3. Snort 入侵检测系统检测来自外网的 ICMP Ping 扫描

TTL 值反映了通信主机之间的距离。在检测规则中通过设置 ICMP 包的 TTL 值可以检测出来自外网的 Ping 扫描。

(1) 添加检测规则

编辑/etc/snort/rules/local. rules 文件，并在该文件中添加以下三条检测规则。

```
[root@net ~]# vi /etc/snort/rules/local.rules
pass icmp any any -> any any (msg:"Ping with TTL = 64";sid:2000001;ttl:64;)
pass icmp any any -> any any (msg:"Ping with TTL = 128";sid:2000002;ttl:128;)
alert icmp any any -> any any (msg:"Got an icmp packet from outside networks";sid:2000003;rev:1;)
```

其中第一条的 TTL 值设为 64 表示让本地 Linux 系统的 Ping 命令通过；第二条的 TTL 值设为 128 表示让本地 Windows 系统的 Ping 命令通过；第三条表示对其他的 Ping 产生报警。

(2) 执行检测

启动入侵检测，执行命令如下所示：

```
[root@net ~]# snort -c /etc/snort/snort.conf -A fast
...
Preprocessor Object: SF_DCERPC    Version 1.1    <Build 5>
Preprocessor Object: SF_SSLPP    Version 1.1    <Build 4>
Preprocessor Object: SF_DNS    Version 1.1    <Build 4>
Preprocessor Object: SF_SMTP    Version 1.1    <Build 9>
Preprocessor Object: SF_DCERPC2    Version    1.0 <Build 3>
Not Using PCAP_FRAMES
```

(3) 执行 Ping 扫描

在扫描主机上对目标主机进行 Ping 扫描操作。例如，在主机 192. 168. 1. 110 上对内网主机 192. 168. 1. 201 和远程主机 www. google. com 执行如下操作命令。

```
[root@net ~]# ping 192.168.1.110
PING 192.168.1.201 (192.168.1.201) 56(84) bytes of data.
64 bytes from 192.168.1.201: icmp_seq=1 ttl=64 time=1.74 ms
64 bytes from 192.168.1.201: icmp_seq=2 ttl=64 time=0.252 ms
64 bytes from 192.168.1.201: icmp_seq=3 ttl=64 time=0.262 ms
------ 192.168.1.201 ping statistics ------
3 packets transmitted, 3 received, 0% packet loss, time 2000ms
rtt min/avg/max/mdev = 0.252/0.753/1.745/0.701 ms
```

```
[root@net ~]# ping www.google.com
PING www.l.google.com (66.249.89.104) 56(84) bytes of data.
64 bytes from nrt04s01-in-f104.1e100.net (66.249.89.104): icmp_seq=1 ttl=45 time=106 ms
64 bytes from nrt04s01-in-f104.1e100.net (66.249.89.104): icmp_seq=2 ttl=45 time=105 ms
64 bytes from nrt04s01-in-f104.1e100.net (66.249.89.104): icmp_seq=3 ttl=45 time=105 ms
------ www.l.google.com ping statistics ------
3 packets transmitted, 3 received, 0% packet loss, time 8554ms
rtt min/avg/max/mdev = 105.908/106.190/106.687/0.441 ms
```

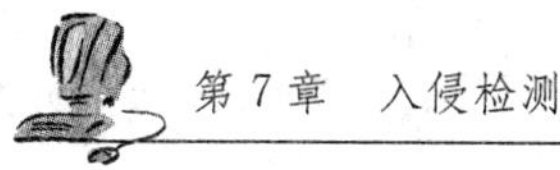

（4）查看检测结果

在 Snort 入侵检测系统上打开报警输出文件/var/log/snort/alert，可以看到以下报警信息。

```
[root@net ~]# cat /var/log/snort/alert
06/02-08:59:33.945680 [**] [1:2000003:1] Got an icmp packet from outside networks [**]
[Priority: 0] {ICMP} 66.249.89.104 -> 192.168.1.110
06/02-08:59:41.499045 [**] [1:2000003:1] Got an icmp packet from outside networks [**]
[Priority: 0] {ICMP} 66.249.89.104 -> 192.168.1.110
06/02-08:59:42.499689 [**] [1:2000003:1] Got an icmp packet from outside networks [**]
[Priority: 0] {ICMP} 66.249.89.104 -> 192.168.1.110
```

从以上检测报警结果可以看出，只有在对外部网络的主机进行 Ping 扫描时，Snort 可以检测到该行为，并产生了报警信息。

4. Snort 入侵检测系统与防火墙联动

当入侵检测系统发现潜在的网络入侵行为时，报警系统将消息发送给联动模块并记录报警日志，由联动模块负责向防火墙动态添加拦截规则，有效地制止各种可能的网络入侵行为。Guardian 是基于 Snort＋Iptables 的一个主动防火墙，它分析 Snort 的日志文件，根据一定的判据，自动将某些恶意的 IP 自动加入 Iptables 的输入链，将其数据报丢弃。下面，我们将进行通过 Guardian 实现 Snort 与 Netfilter/Iptables 防火墙联动的实验，具体操作步骤如下所示。

（1）配置 Netfilter/Iptables 防火墙

如果系统没有安装 Netfilter/Iptables 防火墙，则首先用以下命令安装防火墙。

```
[root@net ~]# rpm -ivh iptables-1.4.7-9.el6.x86-64.rpm
Preparing... ###########################################
###### [100%]
1:iptables ###########################################
#### [100%]
```

在系统安装配置好 Netfilter/Iptables 防火墙后，需要启动防火墙，操作命令如下所示：

```
[root@net ~]# service iptables start
应用 iptables 防火墙规则:[确定]
载入额外 iptables 模块:ip_conntrack_netbios_ns ip_conntrack_ftp [确定]
```

接着，进行初始化设置，即清除当前 Iptables 的 filter 表状态及默认策略，操作命令如下所示：

```
[root@net ~]# iptables -F
[root@net ~]# iptables -X
```

最后，进行默认策略设置，即将 filter 表链的默认策略设置为“ACCEPT”，操作命令如下所示：

```
[root@net ~]# iptables -P INPUT ACCEPT
[root@net ~]# iptables -P FORWARD ACCEPT
[root@net ~]# iptables -P OUTPUT ACCEPT
```

(2) 安装 Guardian

从 Guardian 的网站(http://www.chaotic.org/guardian/)下载最新版的 Guardian 源程序 guardian-1.7.tar.gz。然后,根据以下操作步骤进行安装:

```
[root@net ~]# tar zxvf guardian-1.7.tar.gz
[root@net ~]# cd guardian-1.7
[root@net guardian-1.7]# echo > /etc/guardian.ignore
[root@net guardian-1.7]# touch /var/log/guardian.log
[root@net guardian-1.7]# cp guardian.pl /usr/local/bin/
[root@net guardian-1.7]# cp scripts/iptables_block.sh /usr/local/bin/guardian_block.sh
[root@net guardian-1.7]# chmod 744 /usr/local/bin/guardian_block.sh
[root@net guardian-1.7]# cp scripts/iptables_unblock.sh /usr/local/bin/guardian_unblock.sh
[root@net guardian-1.7]# chmod 744 /usr/local/bin/guardian_unblock.sh
[root@net guardian-1.7]# cp guardian.conf /etc/guardian.conf
```

(3) 配置 Guardian

编辑 Guardian 配置文件/etc/guardian.conf,并对以下配置选项进行设置,操作命令如下所示:

```
[root@net guardian-1.7]# vi /etc/guardian.conf
HostIpAddr 192.168.1.110
Interface          eth0
HostGatewayByte        254
LogFile                /var/log/guardian.log
AlertFile              /var/log/snort/alert
IgnoreFile             /etc/guardian.ignore
TargetFile             /etc/guardian.target
TimeLimit              86400
```

在以上配置选项中,HostIpAddr 表示本系统的 IP 地址,本例中 IP 地址为 192.168.1.110;Interface 表示系统监听的网络接口,本例中的网络接口为 eth0;HostGatewayByte 表示本地网关的主机地址,本例中的本地网络网关主机地址为 192.168.1.2;LogFile 表示 Guardian 的日志文件;AlterFile 表示从 Snort 读取的日志文件,本例中的 Snort 系统的告警文件为/var/log/snort/alert;IgnoreFile 表示 Guardian 信任的主机;TimeLimit 表示封锁 IP 的时间。

(4) 修改 guardian.pl

编辑/usr/local/bin/guardian.pl 执行脚本,并修改以下内容:

```
[root@net guardian-1.7]# vi /usr/local/bin/guardian.pl
#   foreach $mypath (split (/:/, $ENV{PATH})) {
```

```
#       if (-x "$mypath/guardian_block.sh") {
#             $blockpath = "$mypath/guardian_block.sh";
              $blockpath = "/usr/local/bin/guardian_block.sh";
#       }
#       if (-x "$mypath/guardian_unblock.sh") {
#             $unblockpath = "$mypath/guardian_unblock.sh";
              $unblockpath = "/usr/local/bin/guardian_unblock.sh";
#       }
#   }
```

(5) 启动 Guardian

执行以下命令启动 Guardian 服务。

```
[root@net guardian-1.7]# perl /usr/local/bin/guardian.pl -c /etc/guardian.conf
OS shows Linux
Warning! HostIpAddr is undefined! Attempting to guess..
Got it.. your HostIpAddr is 10.28.67.61
My ip address and interface are: 10.28.67.61 eth0
Loaded 0 addresses from /etc/guardian.ignore
Becoming a daemon...
```

(6) 测试验证

在 192.168.1.110 主机上启动 FTP 服务器，操作命令如下所示：

```
[root@net guardian-1.7]# service vsftpd start
为 vsftpd 启动 vsftpd:[确定]
[root@net guardian-1.7]#
```

设置 Snort 规则，在/etc/snort/snort.conf 中添加以下规则。

```
[root@net guardian-1.7]# vi /etc/snort/snort.conf
alert tcp any any -> 192.168.1.110 21 (sid:1000006;msg:"FTP connect from outside network";)
```

以上告警规则表示，如果有其他主机试图连接 192.168.1.110 主机的 21 端口，则产生告警。接着，我们通过以下命令启动 Snort 系统。

```
[root@net guardian-1.7]# snort -c /etc/snort/snort.conf
```

在 192.168.1.201 主机上对目标主机 192.168.1.110 发起一个 FTP 连接请求，操作命令如下所示：

```
[root@host1 ~]# ftp 192.168.1.110
Connected to 192.168.1.110.
220 (vsFTPd 2.0.5)
```

这时，可以发现 192.168.1.201 主机无法连接 192.168.1.110 主机的 FTP 服务器。这是由于 Guardian 根据 Snort 对该连接行为的告警信息与 Iptables 产生联动，在防火墙中增加了一条对 192.168.1.201 主机拒绝连接请求的规则，阻断了 192.168.1.201 主机的连接

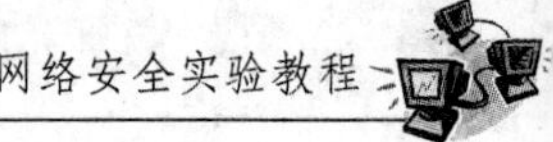

请求。我们可以通过以下命令查看 Iptables 规则表。

```
[root@host1 ~]# iptables -L
Chain INPUT (policy ACCEPT)
target      prot opt source          destination
DROP        all - 192.168.1.201          anywhere
...
```

【实验报告】

(1) 回答实验目的中的思考题。
(2) 说明 Snort 的功能和作用。
(3) 结合实验,分析说明 Snort 系统的配置文件 snort.conf。
(4) 举例说明 Snort 进行系统入侵检测的基本过程。
(5) 举例说明如何设置检测规则。
(6) 说明如何实现 Snort 和 Netfilter/Iptables 防火墙的联动响应。
(7) 举例说明 Snort 的预处理(如 ARP 欺骗攻击预处理)(选做)。
(8) 举例说明 Snort 的 Syslog 输出(选做)。
(9) 说明如何实现 Snort 的 Web 联动输出(选做)。
(10) 请说明基于 Windows 的 Snort 入侵检测系统的实现与应用操作(选做)。
(11) 请自己设计实现一个网络入侵检测系统软件(选做)。
(12) 请谈谈你对本实验的看法,并提出你的意见或建议。

第 8 章　数据恢复

在计算机网络通信中，网络入侵者入侵计算机系统后删除系统存储介质中的数据信息，甚至破坏整个计算机存储系统时，可以通过数据恢复技术将有用的信息从被破坏的系统中提取、还原或恢复，使其重新获得可用的信息。因此，数据恢复是网络安全中的重要响应技术之一，也为计算机取证提供了有力的技术保障。在本章中，我们将通过实验进一步了解数据恢复的基本概念，学习数据恢复基本技术与原理，并掌握数据恢复的基本操作和方法，包括磁盘克隆与镜像、删除文件恢复、格式化恢复等。

实验 8.1　WinHex 磁盘克隆与镜像实验

【实验目的】

(1) 了解和学习磁盘克隆与磁盘镜像基本原理。

(2) 了解 WinHex 磁盘编辑工具。

(3) 学习和掌握如何利用 WinHex 进行磁盘克隆与磁盘镜像。

(4) 思考：

① 在磁盘克隆或镜像中如何处理磁盘坏块？

② 如何实现对磁盘镜像进行完整性检查？

③ 如何进行驱动器的克隆？

④ 如何复制指定扇区？

⑤ 比较说明 WinHex 克隆/镜像的复制方式与 Windows 系统自带的复制方式有什么不同？

【实验原理】

针对数据进行的备份，可以直接用存储介质克隆所要备份的数据，或者将数据转换为镜像文件保存在存储介质中。

1. *磁盘克隆*

磁盘克隆(Disk Clone)是指将一个物理磁盘或逻辑磁盘卷上的数据复制到另一个物理磁盘或若干个逻辑磁盘卷上，以确保其连续可用性、一致性及准确性。例如，磁盘整列中的 RAID1 技术，它将用户写入硬盘的数据百分之百地自动复制到另外一个硬盘上，对存储的数据进行百分之百的备份。磁盘克隆技术被广泛用于数据备份恢复。

2. 磁盘镜像

磁盘镜像(Disk Image)是指将磁盘储存介质内的完整结构及内容保存为一个文件。例如,诺顿 Ghost 工具可以为磁盘产生 GHO 格式的镜像文件,从而保存磁盘的结构及完整性。另外,常用到的磁盘镜像是光盘镜像,它是指从 CD/DVD 制作的镜像,即将 CD/DVD 盘的结构和存储的所有资料都存在一个文件中。

3. WinHex 概述

(1) WinHex 简介

WinHex 是由 X-Ways 软件技术有限公司开发的一款专业二进制磁盘编辑工具。WinHex 不但能够编辑任何一种文件类型的二进制内容,而且可以编辑物理磁盘或逻辑磁盘的任意扇区。此外,WinHex 有完善的分区管理功能和文件管理功能,能自动分析分区链和文件簇链,能对硬盘进行不同方式不同程度的备份,甚至克隆整个硬盘。WinHex 的详细介绍可参考官方网站 http://www.x-ways.net/winhex/index-m.html

(2) WinHex 功能特点

WinHex 不但是一款优秀的磁盘编辑器,它还可以用来检查和修复各种文件、恢复删除文件、硬盘损坏造成的数据丢失等,是手工恢复数据的重要工具。另外,它还可以看到其他程序隐藏起来的文件和数据。因此,WinHex 以通用的二进制编辑器为核心,具有专门用来对付计算机取证、数据恢复、低级数据处理,以及 IT 安全性等方面的功能特点。表 8.1.1 列出了 WinHex 的功能特性。

表 8.1.1 WinHex 功能特性

功能特性	描 述
多种存储介质	支持硬盘,软盘,CD-ROM 和 DVD,ZIP,Smart Media,Compact Flash。
多文件系统	支持 FAT,NTFS,Ext2/3,Reiser4,UFS,CDFS,UDF 文件系统。
数据恢复	多种数据恢复技术。
克隆/镜像	支持磁盘克隆,并提供驱动器镜像和备份。
数据擦除	可彻底清除存储介质中残留数据。
加密与完整性	支持磁盘/文件的 AES 加密和哈希算法(MD5,SHA-1...),CRC32,校验和的完整性检查保护。
数据解析	能解释 20 多种数据类型。
原始文件	可分析 RAW 格式原始数据镜像文件中的完整目录结构。
磁盘阵列	支持对磁盘阵列 RAID 系统和动态磁盘的重组、分析和数据恢复。
可扩展	支持程序接口(API)和脚本编程扩展。

(3) WinHex 操作界面

WinHex 启动运行后的操作界面如图 8.1.1 所示。

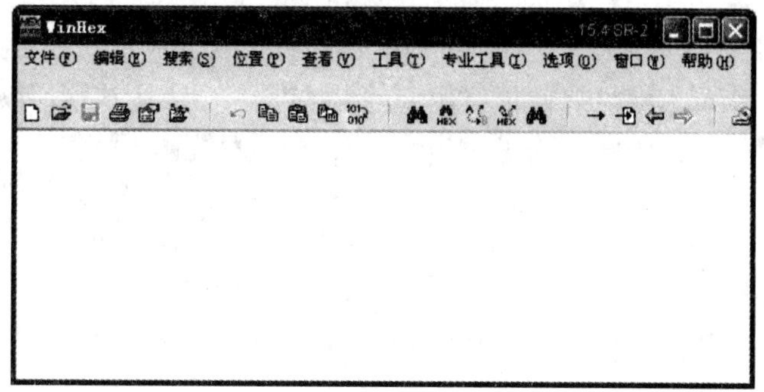

图 8.1.1 WinHex 操作窗口

从图 8.1.1 可以看出，WinHex 的操作界面主要由三部分组成：菜单、工具栏和磁盘信息窗口。其中，WinHex 操作界面的菜单栏由 9 个菜单项组成。它们分别是文件、编辑、搜索、位置、查看、工具/专业工具、选项、窗口和帮助菜单。表 8.1.2 列出了各个菜单选项功能描述。

表 8.1.2 WinHex 菜单选项功能

菜 单	描 述
文件	该菜单除了常规的新建、打开文件和保存以及退出命令以外，还有备份管理、创建备份和载入备份功能。
编辑	该菜单除了常规的复制、粘贴和剪切功能外，还有数据格式转换和修改功能。
搜索	该菜单可以查找或替换文本内容和十六进制文件，搜索整数值和浮点数值。
位置	该菜单能够方便地进行定位，如在编辑大体积文件的时候，可以根据其中的偏移地址或者是区块的位置来快速定位。
查看	该菜单可以将磁盘的数据以 ASCII 或十六进制形式显示，也可通过模板管理器显示文件系统结构。
工具	该菜单包括磁盘编辑工具、文本编辑工具、计算器、模板管理工具和 Hex 转换器等实用工具。
选项	该菜单包括常规选项设置、安全性设置和还原选项设置等。
窗口	支持多窗口显示管理。

WinHex 的工具栏中，包括文件新建、打开、保存、打印属性工具，剪切、粘贴和复制编辑工具，查找文本和 Hex 值、替换文本和 Hex 值，文件定位工具、RAM 编辑器、计算器、区块分析和磁盘编辑工具，选项设置工具和帮助工具按钮。使用工具栏中的快捷按钮可以更方

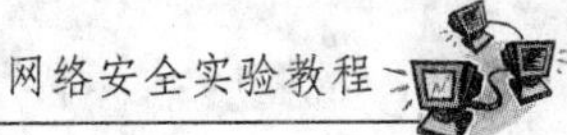

便的进行操作。

(4) WinHex 磁盘复制功能

WinHex 的磁盘克隆与镜像和其他的普通复制备份相比，普通复制只能克隆或者镜像分区内正常的数据，删除的数据不会被复制，所以在数据恢复应用中，普通复制作用不大，而使用 WinHex 克隆或镜像硬盘数据时，WinHex 会对每一个扇区数据拷贝。在本实验中，我们将学习和掌握 WinHex 的硬盘镜像成“img”文件和磁盘克隆操作。

【实验环境】

1. 实验配置

本实验所需的软硬件配置如表 8.1.3 所示。

表 8.1.3　WinHex 磁盘克隆与镜像实验配置

配　置	描　　述
硬件	CPU：Intel Core i7 4790 3.6GHz；主板：Intel Z97；内存：8G DDR3 1333
系统	Windows
应用软件	Vmware Workstation ；WinHex

2. 实验网络

本实验的环境如图 8.1.2 所示。

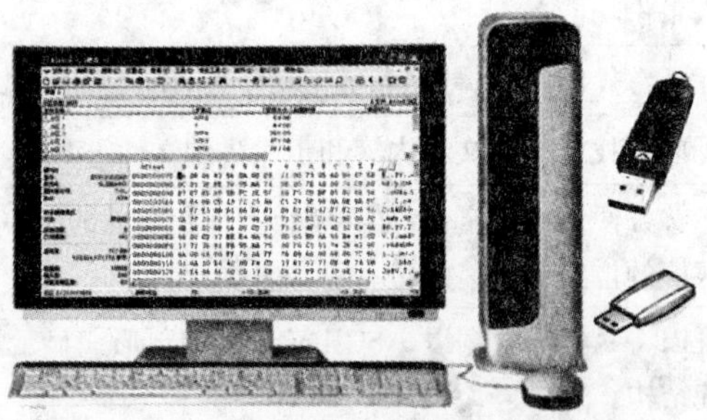

图 8.1.2　WinHex 磁盘克隆与镜像实验环境

【实验内容】

(1) 用 WinHex 克隆磁盘。

(2) 用 WinHex 创建磁盘镜像。

(3) 用 WinHex 恢复镜像文件。

【实验步骤】

1. 用户 WinHex 克隆磁盘

在本实验内容中，我们将学习用 WinHex 实现物理磁盘到物理磁盘的克隆，操作步骤如下所示。

(1) 启动 WinHex

在 Windows 系统下双击 WinHex 可执行文件“WinHex. exe”，出现如图 8. 1. 1 所示窗口。

(2) 打开磁盘克隆对话框

在 WinHex 操作界面的“工具”菜单中，选择“磁盘工具→克隆磁盘”，如图 8. 1. 3 所示。

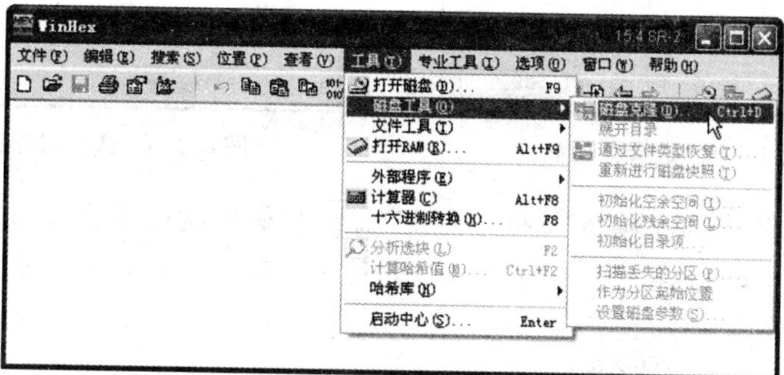

图 8. 1. 3　磁盘克隆菜单选项

点击鼠标后，弹出如图 8. 1. 4 所示的“磁盘克隆”对话框。

图 8. 1. 4　磁盘克隆对话框

(3) 选择源磁盘和目标磁盘

在图 8. 1. 4 所示的“磁盘克隆”对话框中点击“ ”源磁盘选择按钮，选择需要克隆的源磁盘。在本例中，源磁盘为物理驱动器“RM2，Newsmy FLASH DISK(3. 7 GB，USB)”，

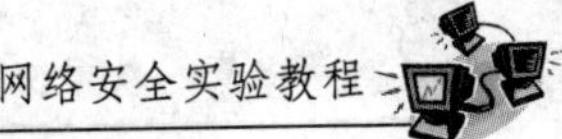

如图 8.1.5 所示。点击"确定"按钮。

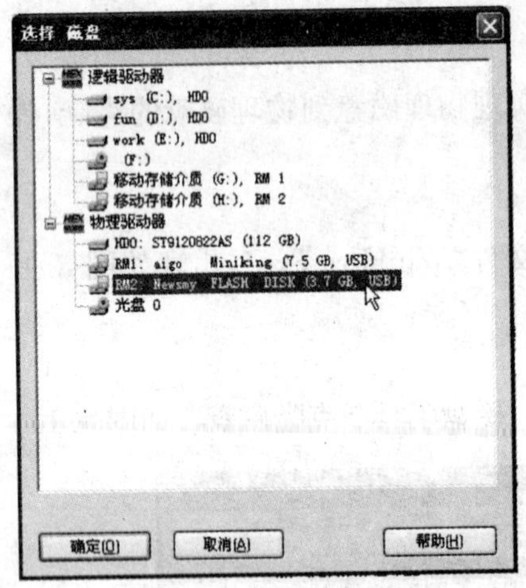

图 8.1.5　选择源磁盘

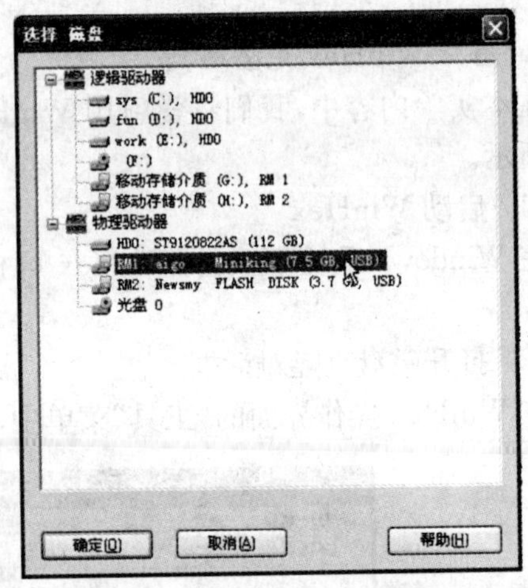

图 8.1.6　选择目标磁盘

在图 8.1.4 的"磁盘克隆"对话框中点击"▭"目标磁盘选择按钮，选择需要克隆的目标磁盘。在本例中，目标磁盘为物理驱动器"RM1，aigo Miniking(7.5 GB，USB)"，如图 8.1.6所示。点击"确定"按钮。

(4) 选择完整复制存储介质

在图 8.1.4 所示的"磁盘克隆"对话框中，点击选中"完整复制存储介质"复选框，表示 WinHex 将完整的复制磁盘的每个存储单元。

(5) 开始复制

在图 8.1.4 所示的"磁盘克隆"对话框中，点击"确定"按钮。WinHex 将出现图 8.1.7 所示的复制扇区提示框，表示 WinHex 正进行磁盘复制。

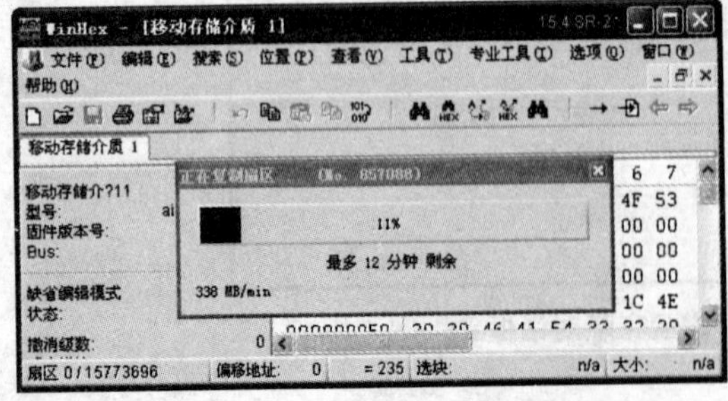

图 8.1.7　WinHex 执行磁盘复制

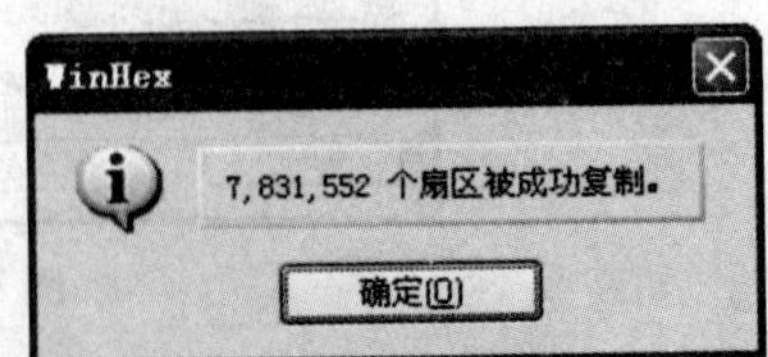

图 8.1.8　磁盘复制结束

当 WinHex 磁盘复制结束时，出现如图 8.1.8 所示提示框。点击提示框的"确定"按钮，完成磁盘复制。

(6) 查看复制结果

用 WinHex 分别打开物理驱动器"RM2,Newsmy FLASH DISK(3.7 GB,USB)"和物理驱动器"RM1,aigo Miniking(7.5 GB,USB)",如图 8.1.9 所示。

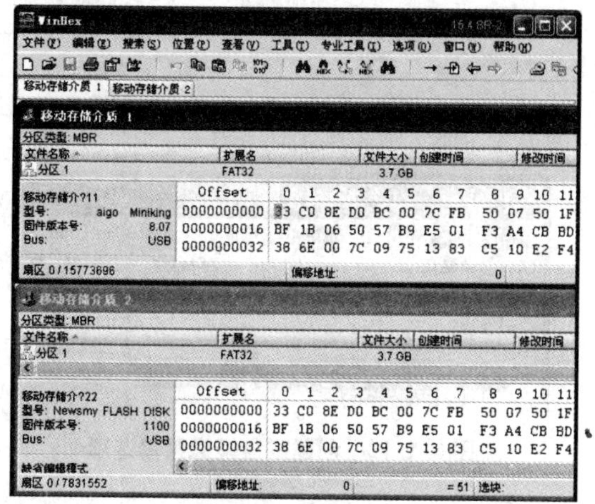

图 8.1.9　拷贝后的存储介质 1 与存储介质 2 信息

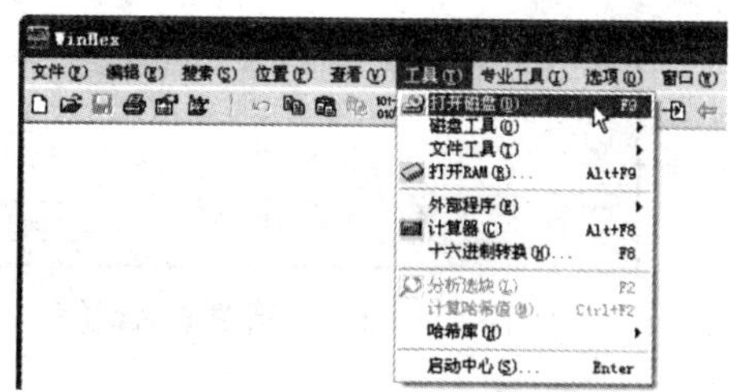

图 8.1.10　打开磁盘菜单选项

从图 8.1.9 中,我们可以发现这两个存储介质具有完全相同的存储信息。

(7) 物理磁盘到逻辑磁盘克隆

重复以上步骤,实现从物理磁盘到逻辑磁盘的克隆。例如,将物理驱动器"RM2,Newsmy FLASH DISK(3.7 GB,USB)"克隆到硬盘(HD0)的 F 分区 "Backup(F:),HD0"。

(8) 逻辑磁盘到物理磁盘克隆

重复步骤(1)~(6),实现从逻辑磁盘到物理磁盘的克隆。例如,将硬盘(HD0)的 F 分区 "Backup(F:),HD0"克隆到物理驱动器"RM1,aigo Miniking(7.5 GB,USB)"。

(9) 逻辑磁盘到逻辑磁盘克隆

重复步骤(1)~(6),实现从逻辑磁盘到逻辑磁盘的克隆。例如,将硬盘(HD0)的 F 分区 "Backup(F:),HD0"克隆到硬盘(HD0)的 G 分区 "Backup2(G:),HD0"。

2. 用 WinHex 创建磁盘镜像

在本实验内容中,我们将进行从物理磁盘到镜像文件的复制实验操作,具体操作步骤如下所示。

(1) 重新启动 WinHex

(2) 打开磁盘

在 WinHex 的操作界面中,选择"工具"菜单的"打开磁盘..."项,如图 8.1.10 所示。

在弹出的"编辑磁盘"对话框中选择物理驱动器"RM1:Newsmy FLASH DISK(3.7G,USB)",如图 8.1.11 所示。点击"确定"按钮。

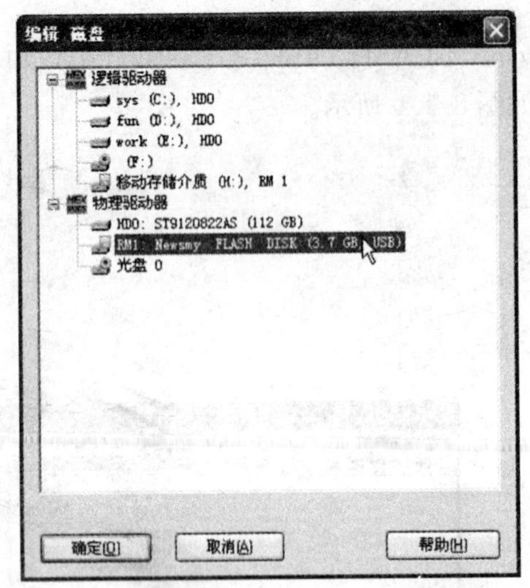

图 8.1.11 编辑磁盘对话框

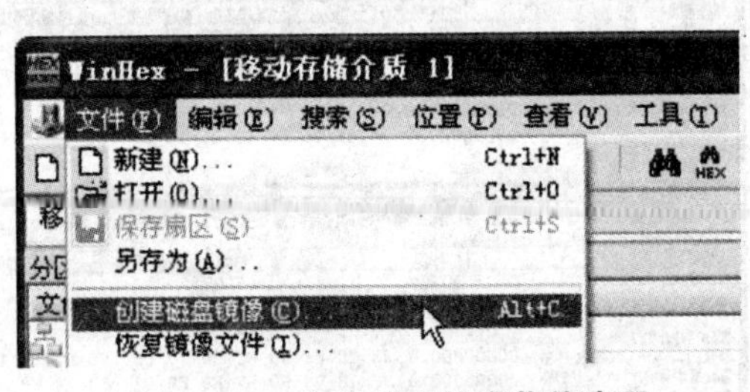

图 8.1.12 创建磁盘镜像菜单选项

(3) 创建磁盘镜像

在 WinHex 的操作界面中，选择“文件”菜单的“创建磁盘镜像...”项，如图 8.1.12 所示。

弹出“创建磁盘镜像”对话框，如图 8.1.13 所示。

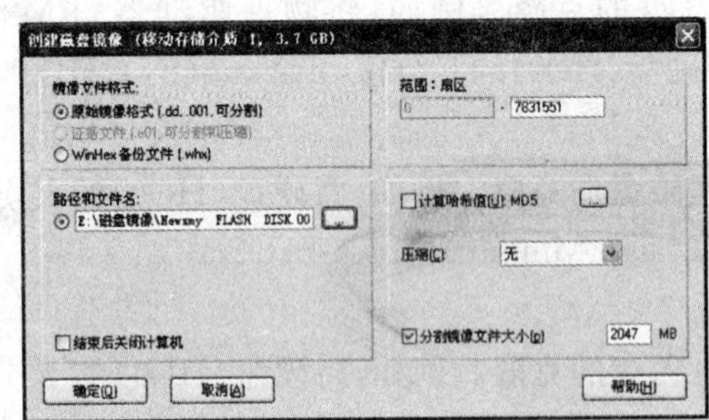

图 8.1.13 创建磁盘镜像对话框

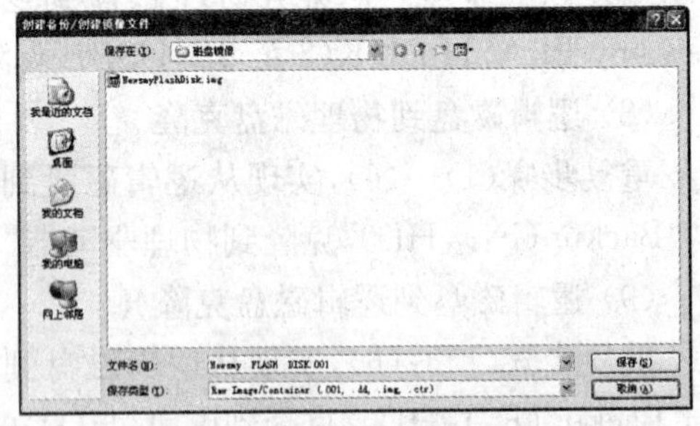

图 8.1.14 创建备份/镜像文件对话框

在弹出的“创建磁盘镜像”对话框中，镜像文件格式选择“原始镜像格式”；点击选择“路径和文件名”按钮。在弹出的“创建备份/镜像文件”对话框中，选择备份的目录，并设定镜像文件名，如图8.1.14所示。

点击图 8.1.14 的“保存”按钮，然后再点击图 8.1.13 的“确定”按钮，WinHex 开始备份创建磁盘镜像，如图 8.1.15 所示。

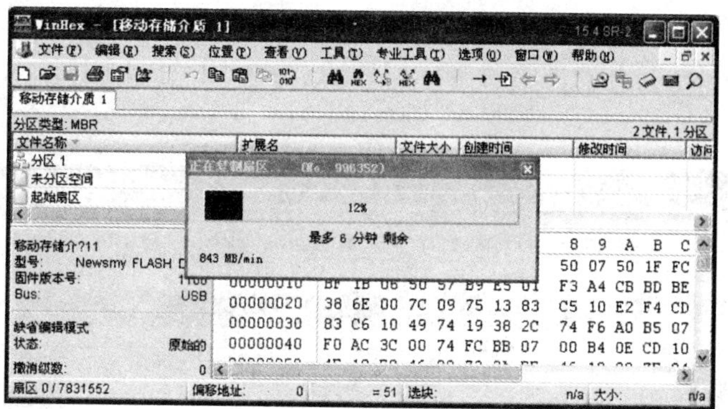

图 8.1.15　复制扇区提示框

WinHex 完成磁盘镜像复制后，出现如图 8.1.16 所示的提示框，点击"确定"按钮，磁盘镜像结束。

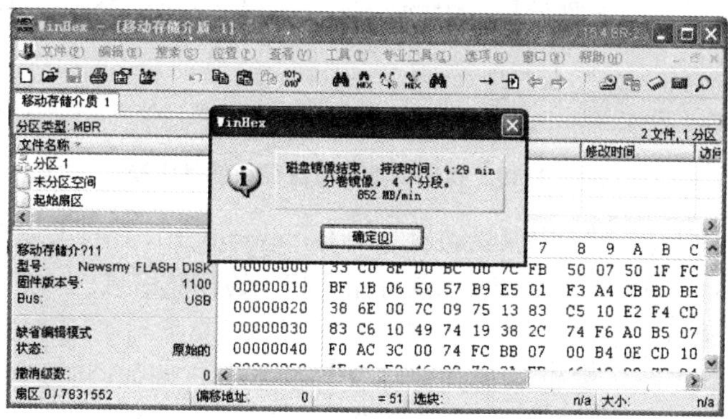

图 8.1.16　磁盘镜像结束提示框

(4) 查看磁盘镜像

用 WinHex 分别打开镜像文件和磁盘。首先，点击 WinHex 界面的"文件"菜单，选择"打开..."选项，如图 8.1.17 所示。

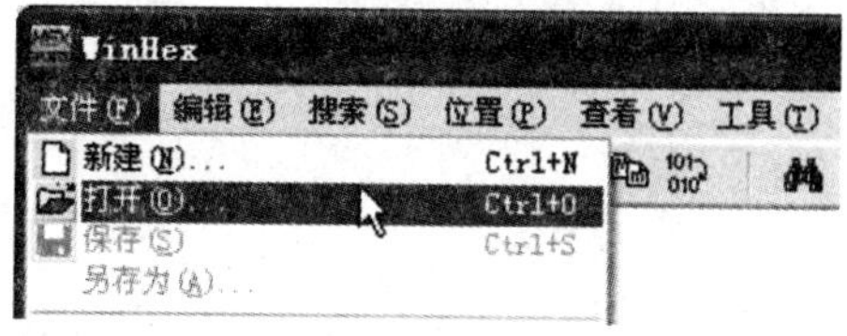

图 8.1.17　打开文件菜单选项

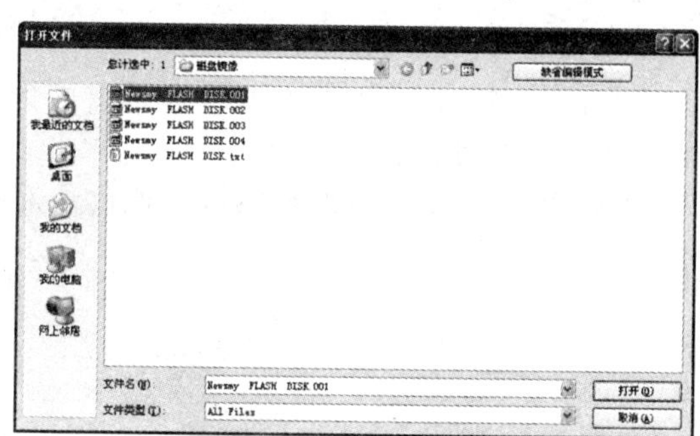

图 8.1.18　选择镜像文件

在弹出的“打开文件”对话框中选择步骤(3)产生的镜像文件，如图 8.1.18 所示。

然后，用 WinHex 打开物理驱动器“RM1：Newsmy FLASH DISK(3.7G，USB)”，如图 8.1.19 所示。

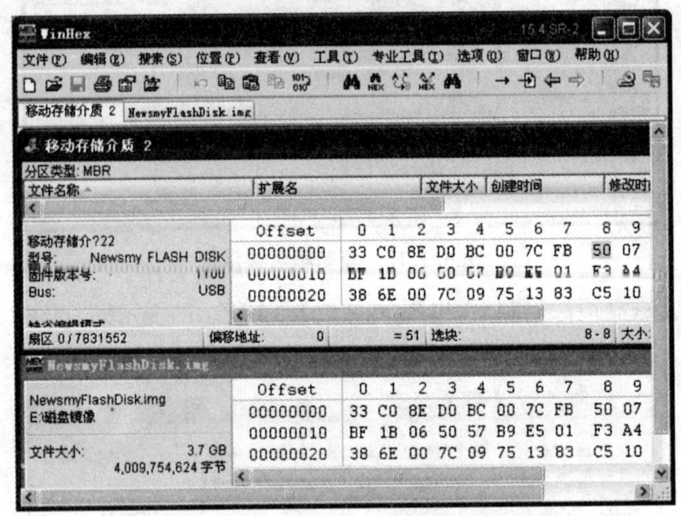

图 8.1.19 物理磁盘与磁盘镜像信息比较

从图 8.1.19 中可以发现，物理驱动器“RM1：Newsmy FLASH DISK(3.7G，USB)”和镜像文件“Newsmy FLASH DISK.001”具有完全相同的存储信息。

(5) 逻辑磁盘镜像

重复以上步骤，实现从逻辑磁盘到镜像文件的复制。例如，将硬盘(HD0)的 F 分区“Backup(F:)，HD0”复制到“HD0.F.001”镜像文件中。

3. 用 WinHex 恢复镜像文件

有时，我们需要将镜像文件的信息恢复到磁盘中，这时可以使用恢复镜像文件功能，操作步骤如下所示。

(1) 选中恢复的镜像文件

打开 WinHex 操作界面，在 WinHex 界面的“文件”菜单中，选择“恢复镜像文件...”选项，如图 8.1.20 所示。

在弹出的“打开文件”对话框中，选择在本节实验内容 2 中产生的镜像文件，如图8.1.21 所示。

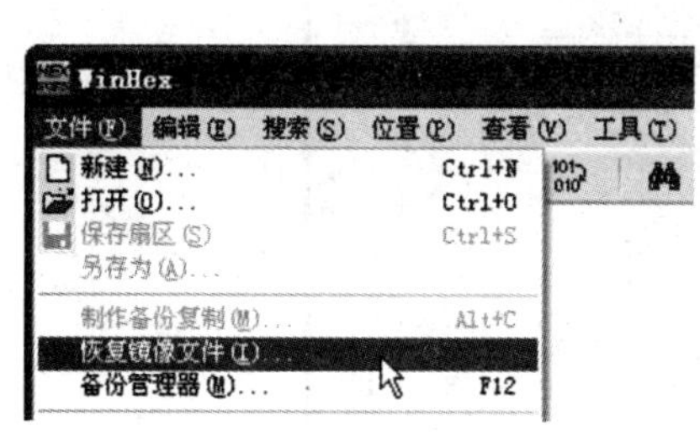

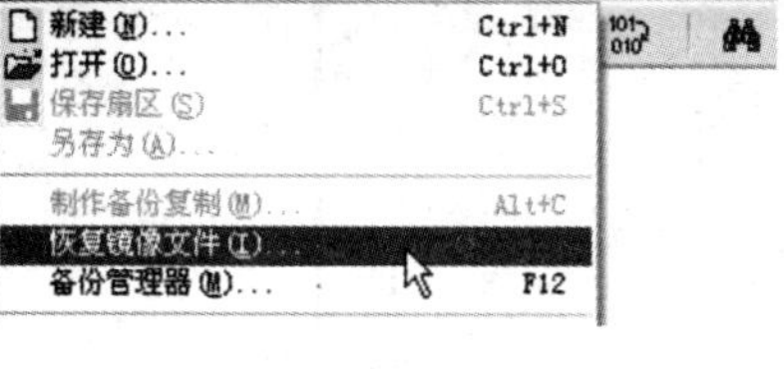

图 8.1.20　恢复镜像文件菜单选项

图 8.1.21　选择镜像文件

(2) 选择目标磁盘

然后,在弹出的"选择目标磁盘"对话框中选择物理驱动器"RM1:Newsmy FLASH DISK(3.7G,USB)",如图 8.1.22 所示。

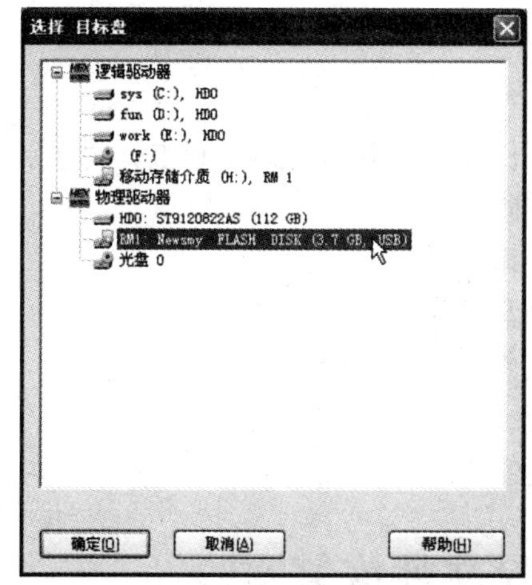

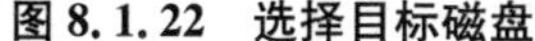

图 8.1.22　选择目标磁盘

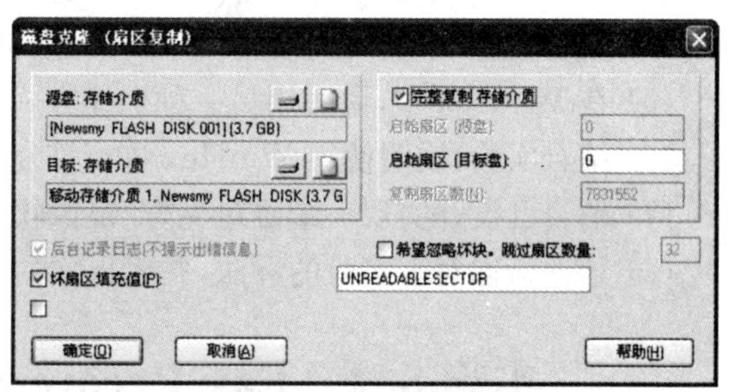

图 8.1.23　克隆磁盘对话框

点击图 8.1.22 的"确定"按钮。出现如图 8.1.23 所示的"磁盘克隆"对话框。

点击图 8.1.23 的"确定"按钮,WinHex 开始将镜像文件"Newsmy FLASH DISK.001"的内容复制到物理驱动器"RM1:Newsmy FLASH DISK(3.7G,USB)"中。

(3) 查看恢复结果

WinHex 完成将镜像文件恢复到磁盘后,用 WinHex 打开该磁盘,可以看到如图 8.1.24 所示的结果。

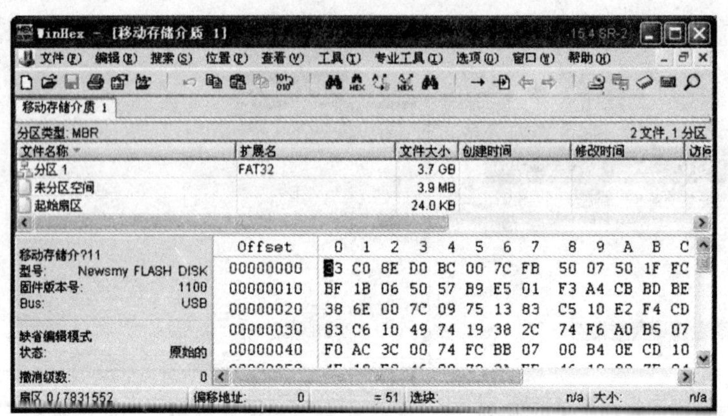

图 8.1.24 从镜像文件恢复的磁盘信息

从图 8.1.24 中可以看出，物理驱动器"RM1：Newsmy FLASH DISK(3.7G，USB)"的磁盘存储信息和图 8.1.19 所示的内容一样。

【实验报告】

(1) 请回答实验目的中的思考题。
(2) 说明 WinHex 的磁盘克隆功能和作用，并分析比较它与其他普通复制工具的区别。
(3) 结合实验，举例说明使用 WinHex 进行磁盘克隆。
(4) 结合实验，举例说明使用 WinHex 进行磁盘镜像。
(5) 在 WinHex 中，说明用另一种操作方式实现磁盘镜像。
(6) 结合实验，说明使用 WinHex 进行恢复镜像文件的操作步骤。
(7) 请自己设计实现一个磁盘克隆/镜像软件(选做)。
(8) 请谈谈你对本实验的看法，并提出你的意见或建议。

实验 8.2 EasyRecovery 删除文件恢复实验

【实验目的】

(1) 了解和学习数据恢复概念和基本原理。
(2) 了解 EasyRecovery 的功能、工作原理和基本操作。
(3) 学习和掌握 EasyRecovery 中删除文件数据恢复的方法。
(4) 思考：
① 数据恢复中的安全操作注意事项有哪些?

② 在选择恢复目的地的时候，需要注意什么问题？

③ 为防止在数据恢复过程中出现意外，或误操作，应该事先对需要恢复的删除文件所在存储介质进行怎么样处理？

④ 如果恢复出来的文件无法正常打开，请问是什么原因，该如何处理？

【实验原理】

1. 数据恢复基本概念

当存储介质由于软件问题或硬件原因导致数据丢失时，通过数据恢复技术将存储介质上的数据全部或者部分还原的过程称为数据恢复。因此，数据恢复过程主要是将保存在存储介质上的资料重新拼接整理，即使数据被删除或者硬盘驱动器出现故障，只要在存储介质的数据存储区域没有严重受损的情况下，还是可以通过数据恢复技术将资料完好无损地恢复出来。

根据数据丢失原因的不同，数据恢复分为软件问题数据恢复和硬件问题数据恢复。其中，软件问题（如误删除、格式化、病毒破坏或系统故障等）引起数据丢失的情况下，大部分数据根据存储介质及其文件系统结构，通过数据恢复软件（如 Easyrecovery、FinalData、HandyRecovery、WinHex 或 R-Studio 等）将其恢复。如果是因为存储介质（如硬盘、移动硬盘、U 盘、软盘、SD 卡和闪存等）本身物理故障问题（如震荡、撞击、电路板或磁头损坏、机械故障等）而无法读取资料时，需要通过专业的数据恢复工程师，在无尘环境下维修和更换发生故障的零件来修复物理受损的存储介质，使存储介质能被系统所识别而重新获取其数据。

2. 删除文件恢复原理与技术

Windows 系统中删除文件的方式有两种：① 将文件移动到回收站里面。这种删除其实只是移动了文件的位置，我们可以看到将文件移动到回收站内后，剩余空间大小也并没有改变。因此，可以进入回收站，通过 Windows 系统提供的回收站“还原”功能，就可以找回删除的文件。② 按键盘的“Shift＋Delete”键彻底删除文件，或者是清空回收站的删除。使用这种方式删除文件时，其实文件也并未真正被删除，Windows 系统会做一个标记，表明该文件被删除，可以写入新的数据，与该文件有关的 Windows 系统文件结构和数据内容信息仍然保留在存储介质上。例如，删除 NTFS 文件系统上的文件时，只需将该文件在 DIR 区中的第一个字符改成 E5，在文件分配表中把该文件占用的各簇表项清 0，就表示将该文件删除，而它实际上并不对 DATA 区进行任何改写。正因为 DATA 区中的数据不易被改写，从而也为恢复数据带来了机会。事实上，各种数据恢复软件正是利用 DATA 区中残留的种种痕迹，来恢复数据，这就是删除数据恢复的基本原理。

3. EasyRecovery 概述

(1) EasyRecovery 简介

EasyRecovery 是由 Ontrack 数据恢复公司开发的一款数据恢复软件，它的最新资讯可从官方网站 http://www.ontrackdatarecovery.com/中获得。EasyRecovery 能够恢复存储介质丢失的数据，其支持的储存介质包括 IDE/ATA/EIDE/SATA/SCSI 硬盘驱动器、U盘、Jaz/Zip 可移动媒体和数码媒体介质(如闪盘、CompactFlash、SmartMedia、记忆棒等)。EasyRecovery 不仅支持各种内部与外部存储设备的数据恢复，还支持修复损坏的 Office 文档，包括 Word 文档、Excel 电子表格、PowerPoint 演示幻灯片和 Access 数据库等，以及 ZIP 压缩包和邮件等。此外，还能够通过恢复硬盘中丢失的引导记录、BIOS 参数数据块、分区表、FAT 表，甚至于引导区等来重建文件系统。

(2) EasyRecovery 操作界面

EasyRecovery 启动运行后的操作界面如图 8.2.1 所示。

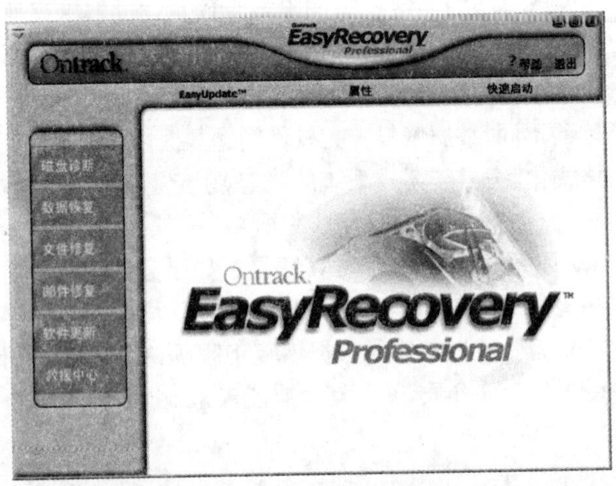

图 8.2.1 EasyRecovery 操作窗口

从图 8.2.1 可以看出，EasyRecovery 的操作界面主要由两部分组成：功能选项和信息主窗口。其中，EasyRecovery 操作界面的功能选项有 6 个，它们分别是磁盘诊断、数据恢复、文件修复、邮件修复、软件更新和救援中心。表 8.2.1 列出了各个选项功能及其描述。

表 8.2.1 EasyRecovery 功能特性

选项功能	描述
磁盘诊断	EasyRecovery 的磁盘诊断功能包括：① 驱动器测试，即测试驱动器以寻找潜在的硬件问题；② SMART 测试，即监视并报告潜在的磁盘驱动器问题；③ 空间管理器，即磁盘驱动器空间情况的详细信息；④ 跳线查看，即查找 IDE/ATA 磁盘驱动器的跳线设置；⑤ 分区测试，即分析现有的文件系统结构；⑥ 数据顾问，即创建自引导诊断工具。

（续表）

选项功能	描　述
数据恢复	EasyRecovery 的数据恢复方式包括：① 高级恢复，使用高级选项自定义数据恢复；② 删除恢复，即查找并恢复已删除的文件；③ 格式化恢复，即从格式化过的卷中恢复文件；④ Raw 恢复，即忽略任何文件系统信息进行恢复；⑤ 继续恢复，即继续一个保存的数据恢复进度；⑥ 紧急启动盘，即创建自引导紧急启动盘。
文件修复	EasyRecovery 支持的文件修复格式包括：Microsoft Access、Microsoft Excel、Microsoft PowerPoint、Microsoft Word、Zip 压缩文件。
邮件修复	EasyRecovery 的邮件修复中心支持 Microsoft Outlook 和 Microsoft OutlookExpress 两种邮件格式的数据修复。
软件更新	EasyRecovery 软件更新中心还可实时在线检查可用的新产品组件，并支持自动升级软件至最新版。
救援中心	EasyRecovery 救援中心提供的实验室数据恢复、有偿数据恢复方案等极具专业性的数据恢复外援渠道。

(3) EasyRecovery 数据恢复技术

在本实验中，我们主要用到 EasyRecovery 的数据恢复功能。EasyRecovery 的数据恢复是使用 Ontrack 公司复杂的模式识别技术找回分布在硬盘上不同地方的文件碎块，并根据统计信息对这些文件碎块进行重整。然后，EasyRecovery 在内存中建立一个虚拟的文件系统，并列出所有的恢复文件和目录。

【实验环境】

1. 实验配置

本实验所需的软硬件配置如表 8.2.2 所示。

表 8.2.2　EasyRecovery 删除文件恢复实验配置

配　置	描　述
硬件	CPU：Intel Core i7 4790 3.6GHz；主板：Intel Z97；内存：8G DDR3 1333
系统	Windows
应用软件	Vmware Workstation；EasyRecovery；Microsoft Office

2. 实验环境

本实验的网络环境如图 8.2.2 所示。

图 8.2.2 EasyRecovery 删除文件恢复实验环境

【实验内容】

(1) 创建并删除文件。
(2) 备份删除文件所在的分区。
(3) 用 EasyRecovery 恢复被删除的文件。
(4) 删除文件所在的分区写入数据后的数据恢复。

【实验步骤】

1. 创建并删除文件

(1) 格式化磁盘

在 Windows 系统中打开资源管理器,选择实验用磁盘,在本例中为“可移动磁盘(G:)”。右键点击该磁盘,在弹出菜单中选择“格式化...”,如图 8.2.3 所示。

图 8.2.3 磁盘格式化

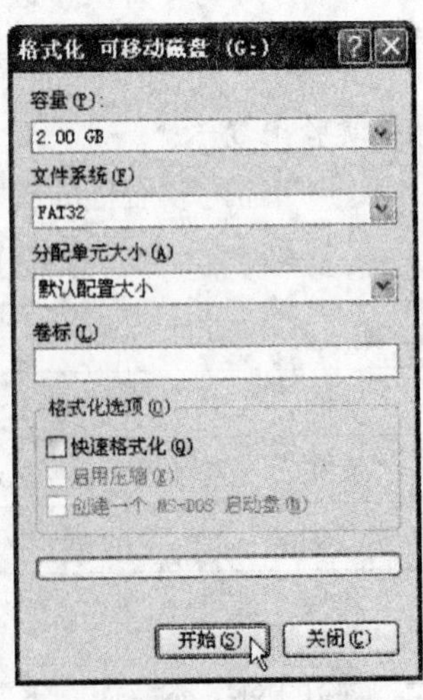

图 8.2.4 格式化对话框

在弹出的 Windows 系统“格式化”对话框中，点击“开始”按钮，如图 8.2.4 所示。

(2) 创建一个 Word 文件

用 Windows 系统的资源管理器打开格式化后的实验磁盘，并在该磁盘上创建一个 Word 新文件，操作方式如图 8.2.5 所示。

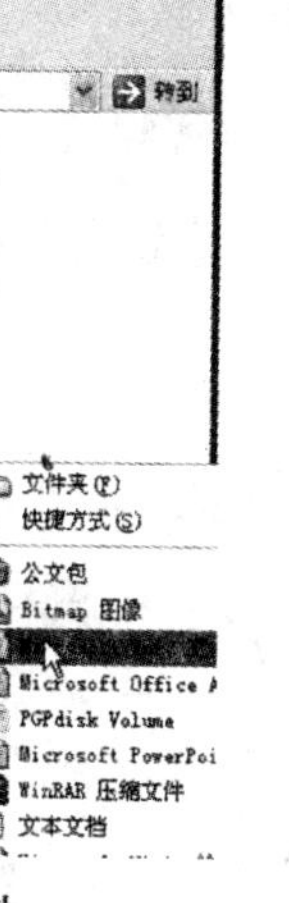

图 8.2.5　创建 Word 新文件

图 8.2.6　添加 Word 文件内容

修改文件名为“网络安全作业. doc”，然后用 Microsoft Office 打开该文件，并添加文字信息，如图 8.2.6 所示。

(3) 删除 Word 文件

用键盘的“Shift+Delete”键把步骤(2)创建的 Word 文件删除。

2. 备份删除文件所在的分区

为了防止出现误操作而破坏被删除数据所在分区中的数据信息，首先需要将删除文件所在的分区克隆或进行镜像备份。操作步骤参见实验 8.1。

3. 用 EasyRecovery 恢复被删除的文件

(1) 启动 EasyRecovery

在 Windows 系统下双击 EasyRecovery 可执行文件“EasyRecovery. exe”，出现如图 8.2.1 所示窗口。

(2) 选择数据恢复

在 EasyRecovery 的操作界面中，选择左边的“数据恢复”功能选项，在主窗口中出现如图 8.2.7 所示的六种数据恢复方式。

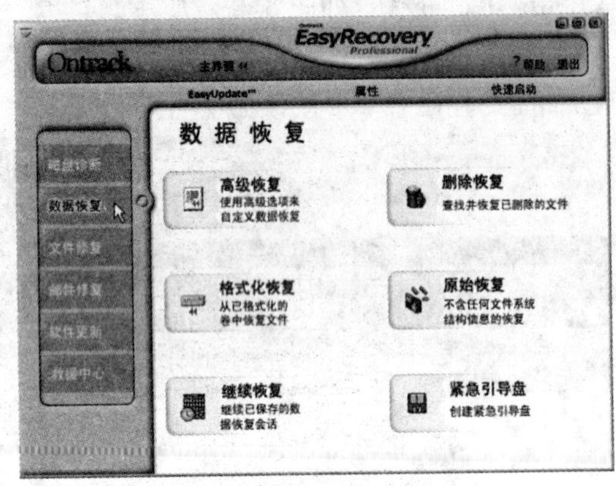

图 8.2.7 数据恢复窗口

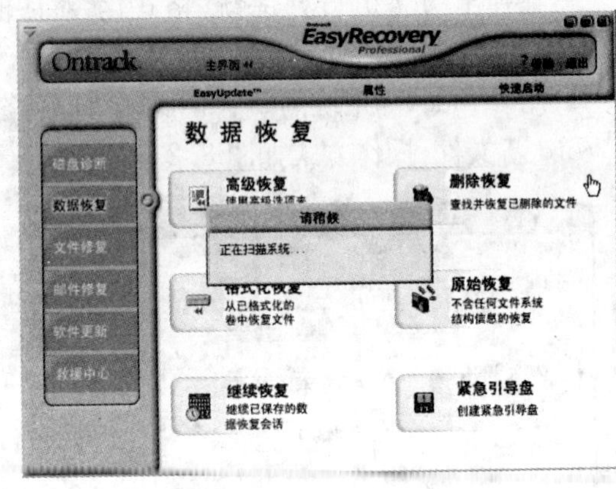

图 8.2.8 删除恢复方式

(3) 删除恢复

在图 8.2.7 所示的六种数据恢复方式中，选择“删除恢复”方式，这时 EasyRecovery 开始扫描系统，如图 8.2.8 所示。

(4) 选择删除文件所在分区

EasyRecovery 扫描系统结束后，将出现如图 8.2.9 所示的对话框。

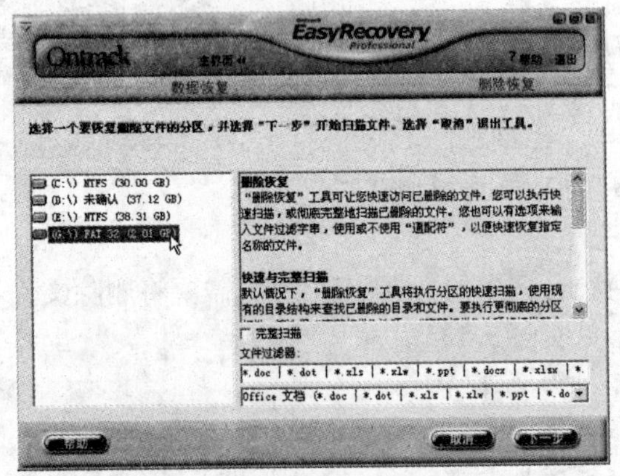

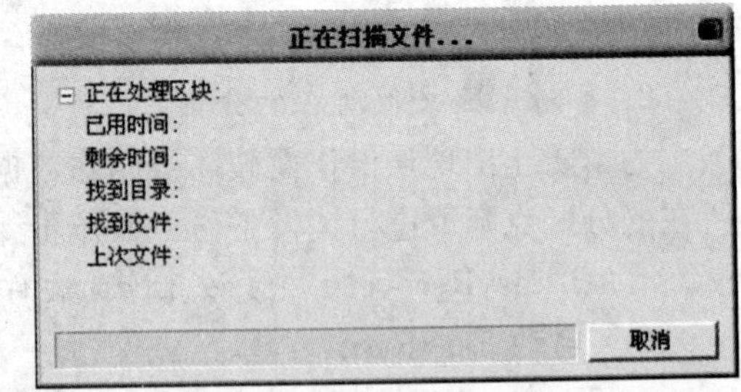

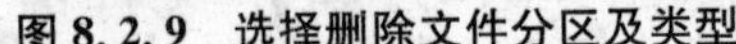
图 8.2.9 选择删除文件分区及类型

图 8.2.10 文件扫描

在图 8.2.9 所示的可恢复的磁盘分区栏中，点击鼠标选择删除文件所在的分区，本例为分区 G。此外，在文件过滤器栏目中选择需要恢复的删除文件类型，在本例中选中 Word 文档类型。点击“下一步”按钮，EasyRecovery 开始进行文件扫描，如图 8.2.10 所示。

(5) 选择删除文件

文件扫描结束后，出现图 8.2.11 所示的对话框。该对话框列出了被删除的文件。从被删除文件列表中，选择我们所要恢复的文件，在本例中我们选择“网络安全作业.doc”文档。点击“下一步”按钮。

图 8.2.11　选择删除文件

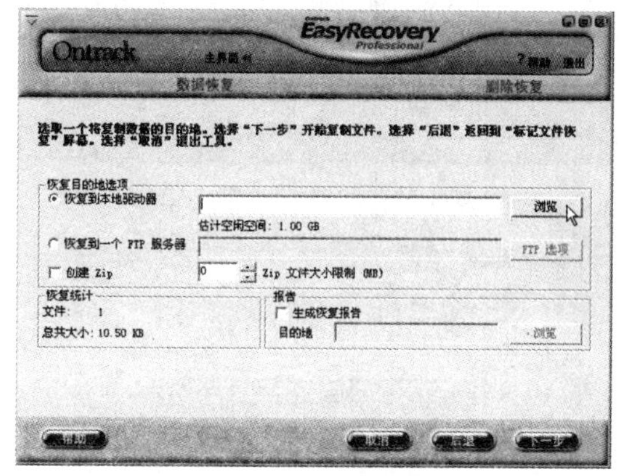

图 8.2.12　恢复目的地

(6) 选择复制被删除文件的目的地

选择需要恢复的删除文件后，将出现图 8.2.12 所示对话框。

在图 8.2.12 的对话框中，可以设置恢复文件的存储位置。EasyRecovery 支持将删除文件恢复到本地驱动器，或者恢复到一个 FTP 服务器上。在本例中，我们选择将删除文件恢复到本地驱动器中。因此，首先选择“恢复到本地驱动器”单选框，然后点击“浏览”按钮。在弹出的图 8.2.13 所示对话框中，选择本地分区 E 的“恢复删除文件”目录，即“E:\恢复删除文件”。

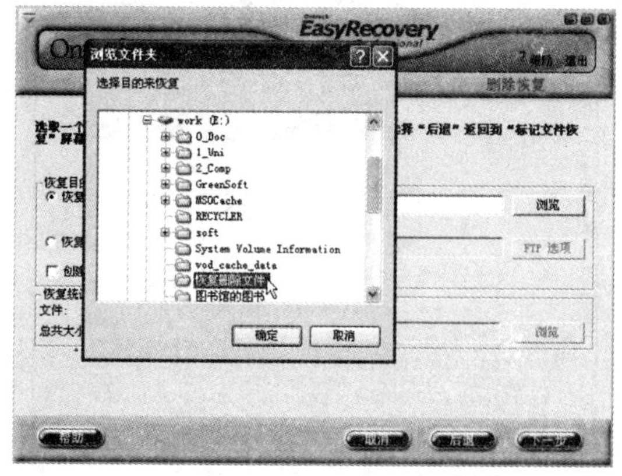

图 8.2.13　设置本地磁盘

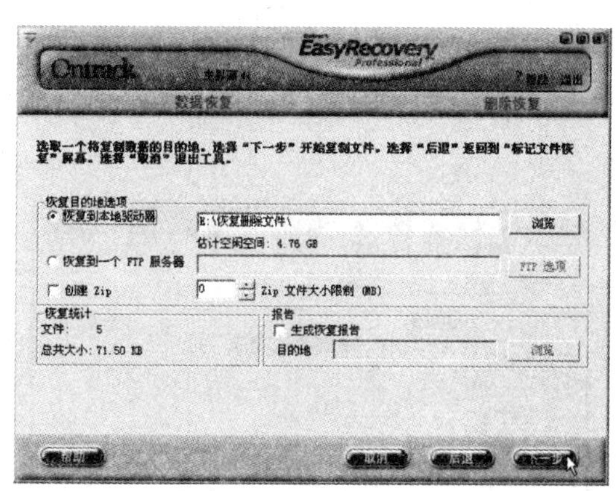

图 8.2.14　恢复目的地为本地磁盘驱动器 E

然后，点击“确定”按钮，如图 8.2.14 所示。

(7) 复制删除文件

设置好恢复目的地后，在图 8.2.14 中点击“下一步”按钮，EasyRecovery 开始复制删除的文件到指定的存储位置中，如图 8.2.15 所示。

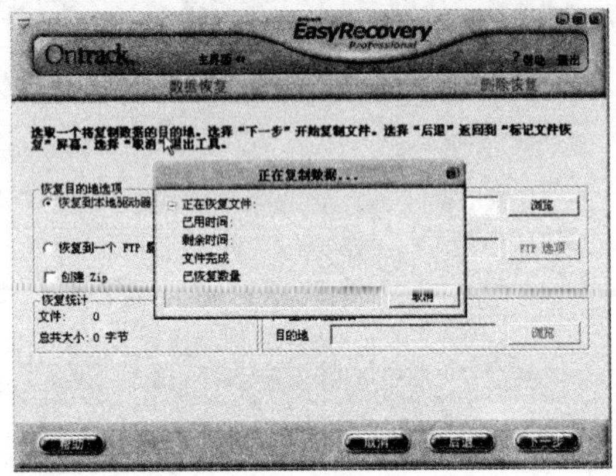

图 8.2.15　复制删除文件

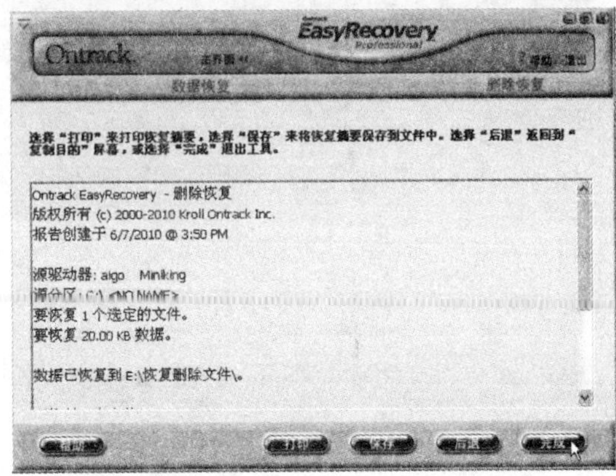

图 8.2.16　完成恢复

EasyRecovery 复制删除文件成功后，出现图 8.2.16 所示对话框。点击“完成”按钮，完成删除文件的数据恢复。

(8) 恢复验证

用 Windows 资源管理器找到通过 EasyRecovery 恢复出来的删除文件，如图 8.2.17 所示。

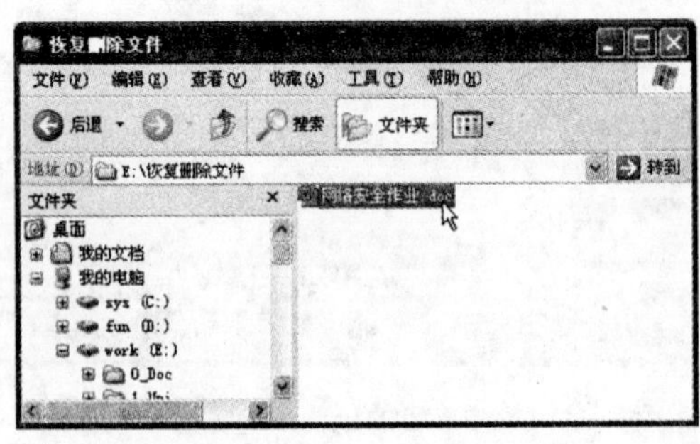

图 8.2.17　恢复文件位置

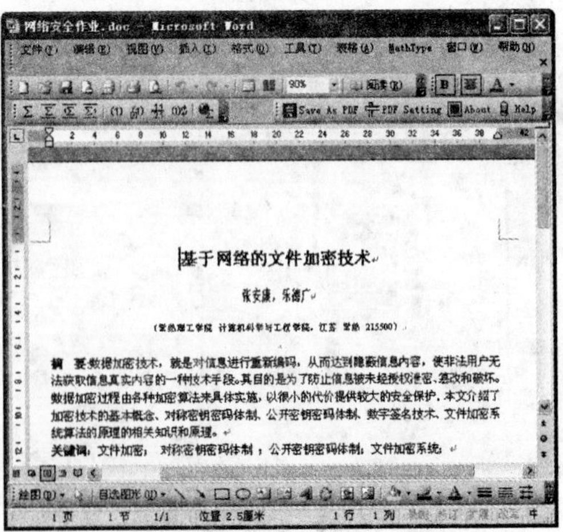

图 8.2.18　恢复的删除文件

用 Microsoft Office 软件打开删除文件“网络安全作业. doc”，可以看到图 8.2.18 所示的结果。

我们可以看出，图 8.2.18 所示的结果和图 8.2.6 中删除之前的文件的内容一样，说明 EasyRecovery 恢复删除文件成功。

4. 删除文件所在的分区写入数据后的数据恢复

(1) 添加数据

通过复制或新建的方式在实验磁盘上添加数据。例如，在实验磁盘上添加一个 100MB 的文件或目录数据。

(2) 用 EasyRecovery 进行数据恢复

重复实验内容 3 的步骤(1)～(7)，对删除文件再次进行数据恢复操作。

(3) 恢复验证

用 Microsoft Office 打开通过 EasyRecovery 恢复后的“网络安全作业. doc”，并观察是否能够正常打开，或打开后的内容是否和删除前的内容是一样的，分析说明实验结果。

【实验报告】

(1) 请回答实验目的中的思考题。

(2) 说明 EasyRecovery 的数据恢复功能和作用。

(3) 结合实验，举例说明使用 EasyRecovery 进行删除数据恢复的操作步骤。

(4) 观察并分析说明在对删除文件所在磁盘添加数据后，使用 EasyRecovery 进行删除数据恢复的情况。

(5) 说明在使用 EasyRecovery 进行删除数据恢复前，为什么需要备份删除文件所在的分区或磁盘。

(6) 请自己设计实现一个删除文件恢复软件(选做)。

(7) 请谈谈你对本实验的看法，并提出你的意见或建议。

第 9 章　综合实训

网络安全技术不是独立的，不同的网络安全技术相互影响、相互补充，只有综合运用它们才能构成一个真正有效的网络安全系统。在本章中，我们将通过综合实训进一步学习和掌握网络安全的各种技术原理与应用，以及在一个实际网络通信系统中综合运用并有效设计和实现。

实验 9.1　网络安全系统设计与实现

【实训目的】

(1) 分析公司网络需求，综合运用网络安全技术构建公司网络的安全系统。

(2) 通过该实训项目检验学生对网络安全技术的综合运用能力。

【实训原理】

网络系统的安全是一项系统工程。它利用网络安全理论来规范、指导、设计、实施和监管网络安全系统建设，从安全制度建设和技术手段方面着手，加强安全意识的教育和培训，自始至终坚持安全防范意识，采取全面、可行的安全防护措施，并不断改进和完善安全管理，将网络安全风险降低到最小程度，打造网络系统的安全堡垒。本实训将以企业网络系统为例，综合应用网络安全的各种技术(如加密技术、身份认证技术、防火墙技术、VPN 技术、PGP、SSH 安全通信技术、网络安全扫描、监听与入侵检测技术、数据备份与还原技术等)来实现公司网络系统中的各种网络安全服务。

【实训环境】

1. 实训配置

本实训所需的软硬件配置如表 9.1.1 所示。

表 9.1.1　网络安全综合实训配置

配　置	描　　述
硬件	主机、服务器、交换机、网卡
系统	Linux；Windows
应用软件	Vmware Workstation；Microsoft Office；dsCrypt；TrueCrypt；Freeradius；radiusclient；Openssh；WinSSHD；Putty；WinSCP；PGP Desktop；Ppp；Pptpd；kernel_ppp_mppe；LeapFTP；Iptables；nmap；Httpd；Vsftpd；Bind；Dhcp；telnet；Sendmail；Tcpdump；Wireshark；Tripwire；Snort；Guardian；WinHex；EasyRecovery

2. 实训环境网络拓扑

本实训的参考网络环境拓扑如图 9.1.1 所示。

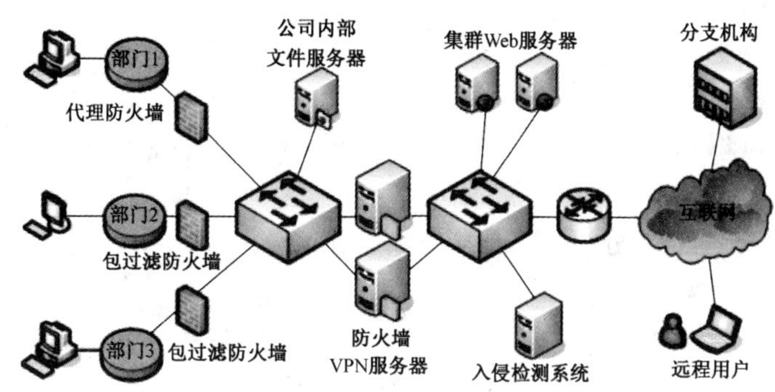

图 9.1.1　网络安全综合实训网络环境

【实训内容】

(1) 公司及其网络需求调研。
(2) 分析公司网络安全需求。
(3) 设计公司网络的安全系统结构。
(4) 加强公司网络系统数据的机密性。
(5) 加强公司网络主机系统的安全性。
(6) 部署公司内网与外网的安全通信系统。
(7) 部署公司网络系统通过 Internet 的安全通信系统。
(8) 部署公司网络入侵检测系统。
(9) 公司网络系统受损数据恢复。
(10) 加强公司网络系统的可用性。
(11) 公司网络系统安全管理。

【实训步骤】

1. 公司及其网络需求调研

实训人员首先调查并选定某种行业的某个具体公司，然后介绍该公司的特点、现状，并分析其对网络系统的需求。

2. 公司网络安全性分析

实训人员根据对某个具体公司和其网络需求的研究结果，进一步从公司的网络系统所面临的安全风险、公司网络系统的安全需求以及公司网络系统采取哪些安全策略等方面进行说明分析。

(1) 网络系统安全风险/威胁分析

① 来自公共互联网风险

② 来自公司内部网风险

③ 来自外联分支机构风险

④ 来自合作机构风险

⑤ 安全管理风险

⑥ 其他安全风险

(2) 公司网络安全需求分析

① 数据机密性与完整性

② 通信机密性与完整性

③ 通信数据和通信对象的鉴别性

④ 系统与网络可用性

⑤ 入侵公司网络系统行为的不可否认性

⑥ 其他安全需求

(3) 公司网络安全策略分析

① 网络系统安全策略

② 网络边界安全策略

③ 应用层安全策略

④ 计算机系统平台安全策略

⑤ 其他安全策略

3. 设计公司网络的安全系统结构

实训人员根据公司网络安全性分析结果，设计一个具体公司网络系统的安全体系结构，给出网络结构拓扑图，并进行具体说明。

4. 加强公司网络系统数据的机密性

要求公司网络系统主机上的所有重要数据信息必须加密保存。结合实际，举例说明具体方案和操作步骤。

5. 加强公司网络主机系统的安全性

网络终端(如职工办公电脑、公司应用服务器等)作为公司网络系统的重要组成部分和信息数据的最终存储载体,其安全性非常重要。网络终端由硬件和软件组成,其中,软件又包括操作系统和各种应用服务软件。一般网络终端硬件很少引起人为的网络安全问题,因此其运行操作系统的安全性就显得尤为重要,我们可以通过操作系统的访问控制加强整个公司网络系统的安全性。

(1) 系统身份认证

禁止公司网络系统上的主机自动登录系统,必须通过身份认证才能登录系统。结合实际,举例说明具体方案和操作步骤。

(2) 防病毒系统

公司网络系统上的主机安装防病毒系统。结合实际,举例说明具体方案和操作步骤。

(3) 加强应用系统安全

结合公司网络系统中提供的具体应用服务,如 Email 服务、FTP 服务、Web 服务网等,举例说明加强这些应用系统安全性的具体方案和操作步骤。

(4) 其他安全策略

6. 部署公司内网与外网的安全通信系统

当公司网络系统的主机需要与 Internet 上其他不信任的主机或子网进行通信时,为了保证这种通信的安全,可以通过部署公司网络边界防火墙系统提高公司内网与外网的通信安全性。因此,防火墙是网络系统中提高网络安全的一道闸门。

(1) NAT 防火墙

结合公司网络系统的实际需求,设计与实现隐藏公司内部网络的防火墙系统。结合实际,举例说明具体方案和操作步骤。

(2) 包过滤防护墙

设计与实现能够过滤特定服务或恶意主机的包过滤防火墙系统。结合实际,举例说明具体方案和操作步骤。

(3) 代理防火墙

设计与实现能够提供某种应用服务的代理防火墙。结合实际,举例说明具体方案和操作步骤。

(4) 其他防火墙

7. 部署公司网络系统通过 Internet 的安全通信系统

当公司职员不在公司时,如在外出差或在家办公时,需要通过 Internet 与公司网络系统建立连接和通信。此外,公司的分支机构或合作伙伴往往也需要通过 Internet 和公司总部网络建立连接和通信。这些连接与通信的安全性可以通过 SSH、PGP 和 VPN 等技术实现进行加强。

(1) 安全远程登录

设计与实现具有身份认证和数据加密通信的安全远程登录系统。结合实际,举例说明具体方案和操作步骤。

(2) 安全文件传输

设计并实现具有身份认证和文件加密传输通信系统。结合实际,举例说明具体方案和操作步骤。

(3) 安全 Email 通信

设计与实现具有数字签名身份认证和数据加密传输的安全 Email 通信。结合实际,举例说明具体方案和操作步骤。

(4) 设计与实现 VPN 通信系统

与 NAT 防火墙结合,并在 VPN 系统实现身份认证、数据加密传输及数据隧道通信。结合实际,举例说明具体方案和操作步骤。

(5) 其他安全通信应用与系统

8. 部署公司网络入侵检测系统

入侵检测系统是防火墙之后的第二道安全闸门。利用主动检测技术对公司网络系统进行不间断的扫描和监控,扩大网络防御的纵深度。首先,通过网络扫描器和嗅探器分析公司存在的安全隐患和出现的网络问题,定位公司网络系统的故障。这样,不但保障公司网络的安全,同时还保障网络的健康运行、提高公司网络的可用性。其次,在主动检测中对公司网络数据流进行实时智能分析,判断来自公司网络内部和外部的入侵企图,进行报警,响应和防范,提高公司网络的鉴别性安全服务。此外,通过网络信息审计,可对公司网络的运行、使用情况进行全面的监控、记录、审计和重放,使用户对网络的运行状况一目了然,提高公司网络的不可否认性安全服务。

(1) 网络安全扫描

对公司网络及系统设备(包括主机、服务器、路由器等)进行安全扫描,发现并弥补系统漏洞。结合实际,举例说明具体方案和操作步骤。

(2) 网络安全监听

对公司网络流量及系统信息进行监听,并实时保存公司网络系统中的通信数据。结合实际,举例说明具体方案和操作步骤。

(3) 网络入侵检测

对公司网络系统中的流量数据或主机系统进行入侵检测。结合实际,举例说明具体方案和操作步骤。

9. 公司网络系统受损数据恢复

以上采用的网络安全防护策略和主动检测策略仍然无法保证公司网络系统的绝对安全。因此,一旦出现网络安全问题,如何及时响应和恢复公司网络系统是公司网络安全架构的又一重要内容。本项实训内容将进行通过对损坏数据的安全响应,提高公司网络系统中

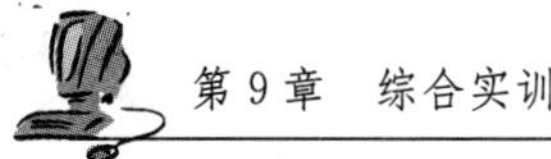

数据的完整性和可用性安全服务。

(1) 数据备份与还原

对公司网络系统中的重要数据进行磁盘克隆或镜像备份，一旦因为公司网络系统被入侵而使公司重要数据的完整性受到破坏时，通过磁盘克隆或镜像的数据进行还原，重新获得公司的重要数据。结合实际，举例说明具体方案和操作步骤。

(2) 损坏数据恢复

当公司重要数据遭受损坏(如被删除)而又未进行及时备份时，可以通过数据恢复技术重新获得重要数据。结合实际，举例说明具体方案和操作步骤。

10. 加强公司网络系统的可用性

本项实训内容将进行通过对网络系统安全响应(包括网络链路和设备的故障恢复响应)提高公司网络系统的可用性安全服务。

(1) 集群服务器

对公司网络系统中的一些重要应用服务，需要设计并部署集群服务器。当公司网络系统中的某一应用服务器出现故障或被入侵时，通过集群技术保证公司的网络应用服务的可用性。结合实际，举例说明具体方案和操作步骤。

(2) 冗余链路

设计并部署冗余链路。当公司网络系统的一条链路出现故障时，通过冗余技术使公司网络系统通过其他链路的连接通信，保证公司网络系统的可用性。结合实际，举例说明具体方案和操作步骤。

11. 公司网络系统安全管理

以上的所有网络安全策略都是针对公司网络系统自身，并通过各种网络安全技术来提高其安全性。在实际的公司网络系统中，它离不开人的操作与使用。因此，“人”是公司网络系统另一个安全因素。需要通过对“人”在使用网络系统中的有效安全管理，才能真正保证公司网络系统的安全性。

(1) 公司网络系统维护与管理人员的操作规范化

(2) 公司职员网络操作的规范化

(3) 对网络系统设备存储接口(如 USB 接口)的安全操作管理

(4) 其他安全网络管理

【实训报告】

(1) 请详细分析公司网络系统的安全性。

(2) 围绕公司网络系统的安全性问题和安全需求，设计并实现相应的安全系统，以提高公司网络系统的安全性。

参考文献

[1] 段欣，杨杰. Word 2003 实用教程[M]. 北京：电子工业出版社，2009.

[2] 魏茂林. Windows XP 中文版应用基础[M]. 第 2 版. 北京：电子工业出版社，2010.

[3] P. Jones. US Secure Hash Algorithm 1（SHA1）[S]. RFC 3174，IETF. September，2001. Online Available：http://www.ietf.org/rfc/rfc3174.txt

[4] J. Daemen，V. Rijmen. The Design of Rijndael：AES—The Advanced Encryption Standard[M]. New York，USA，Springer-Verlag，2002.

[5] L. Mamakos，K. Lidl and J. Evarts et al. A Method for Transmitting PPP Over Ethernet（PPPoE）[S]. RFC 2516，IETF. February 1999. Online Available：http://www.ietf.org/rfc/rfc2516.txt

[6] T. Ylonen，C. Lonvick. The Secure Shell（SSH）Authentication Protocol[S]. RFC 4252，IETF. January 2006. Online Available：http://www.ietf.org/rfc/rfc4252.txt

[7] Michael W. Lucas. PGP & GPG：email for the practical paranoid [M]. San Francisco：No Starch Press，Inc.，April 2006.

[8] K. Hamzeh，G. Pall and W. Verthein. Point-to-Point Tunneling Protocol（PPTP）[S]. RFC 2637，IETF. July 1999. Online Available：http://www.ietf.org/rfc/rfc2637.txt

[9] 金汉均. VPN 虚拟专用网安全实践教程[M]. 北京：清华大学出版社，2010.

[10] 吴秀梅，毕烨，王见，傅嘉伟. 防火墙技术及应用教程[M]. 北京：清华大学出版社，2010.

[11] 张玉清，戴祖锋，谢崇斌. 安全扫描技术[M]. 北京：清华大学出版社，2004.

[12] Ulf Lamping. Wireshark User's Guide[EB/OL].（2010－12－7）. http://www.wireshark.org/docs/wsug_html_chunked/

[13] 夏添，李绍文. 黑客攻防实战技术完全手册：扫描、嗅探、入侵与防御[M]. 北京：人民邮电出版社，2009.

[14] 鲜永菊. 入侵检测[M]. 西安：西安电子科技大学出版社，2009.

[15] 陈伟，周继军，许德武. Snort 轻量级入侵检测系统全攻略[M]. 北京：北京邮电大学出版社，2009.

[16] 刘伟. 数据恢复技术深度揭秘[M]. 北京：电子工业出版社，2010.

[17] Stefan Fleischmann. WinHex：Computer Forensics & Data Recovery Software，Hex Editor & Disk Editor [EB/OL].（2010－12－7）. http://www.winhex.com/winhex/index-m.html

[18] Ontrack. Data Recovery[EB/OL].（2010－12－7）. http://www.ontrackdatarecovery.com